Материалы II международной научно-практической конференции

Фундаментальная наука и технологии - перспективные разработки

28-29 ноября 2013 г.

Москва

УДК 4+37+51+53+54+55+57+91+61+159.9+316+62+101+330

ББК 72

ISBN: 978-1494408671

В сборнике представлены материалы докладов II международной научно-практической конференции   " Фундаментальная наука и технологии - перспективные разработки "

Все статьи представлены в авторской редакции.

© Авторы научных статей

Содержание

Биологические науки

Болотникова О.И., Михайлова Н.П., Гинак А.И.
ОСОБЕННОСТИ МИКРОАЭРОБНОЙ ФЕРМЕНТАЦИИ D-КСИЛОЗЫ МУТАНТАМИ ДРОЖЖЕЙ PACHYSOLEN TANNOPHILUS 1

Ветеринарные науки

Руденок В.А.
ЭЛЕКТРОХИМИЧЕСКИЙ СИНТЕЗ ГИПОХЛОРИТА И ЭЛЕМЕНТАРНОГО ВОДОРОДА В ТОКЕ КРОВИ 5

Географические науки

Петухова Л.Н.
РАСПРЕДЕЛЕНИЕ РУСЕЛ РЕК РАЗНЫХ МОРФОДИНАМИЧЕСКИХ ТИПОВ НА ТЕРРИТОРИИ УДМУРТИИ 8

Павлович Н.А.
АРХАНГЕЛЬСКАЯ ОБЛАСТЬ НА КАРТАХ XVIII ВЕКА 12

Зольникова Ю.Ф., Меренкова Е.В.
МИГРАЦИОННЫЕ ПРОЦЕССЫ В ГОРОДЕ-КУРОРТЕ СОЧИ В ПРЕДДВЕРИИ ОЛИМПИАДЫ 15

Геолого-минералогические науки

Харченко В.М., Домарева А.Е., Логвинова Т.В.
МЕТОДИКА ПРОГНОЗА И ПРЕДУПРЕЖДЕНИЯ АНОМАЛЬНЫХ ВОЛН И ПРОЦЕССОВ ЗАТОПЛЕНИЯ (На основе анализа ситуаций в ст. Новомарьевской Ставропольского края и г. Крымска Краснодарского края) 18

Исторические науки

Максимов Е.А.
РОССИЙСКИЕ АДРЕС – КАЛЕНДАРНЫЕ ИСТОЧНИКИ НОВОГО ВРЕМЕНИ: ОСОБЕННОСТИ ИЗУЧЕНИЯ 24

Чернышев И.В.
ПАЛЕСТИНСКАЯ ПРОБЛЕМА В СОВРЕМЕННОЙ ЗАРУБЕЖНОЙ ИСТОРИОГРАФИИ 30

Подберезных И.Е.
КАМБОДЖА: ПОЛИТИЧЕСКИ-ЭКОНОМИЧЕСКОЕ РАЗВИТИЕ И МИРОВОЕ ПАРТНЕРСТВО НА СОВРЕМЕННОМ ЭТАПЕ 34

Содержание

Медицинские науки

Ибадильдин А.С., Мухамеджанов Г.К., Жантілеу Е.Б.
АНАТОМО-ТЕХНИЧЕСКИЕ АСПЕКТЫ ОБУЧЕНИЯ И ТЕСТИРОВАНИЯ ХИРУРГОВ 38

Богданова Т.М., Бакуткин В.В., Кузнецова М.В., Бакуткин И.В., Мельников Л.А., Наливаева А.В.
ОПРЕДЕЛЕНИЯ ЦВЕТОВЫХ ХАРАКТЕРИСТИК КОЖИ: СОВРЕМЕННЫЕ ПРЕДСТАВЛЕНИЯ 41

Димитрова А.Г., Коленко Ю.Г.
ПРИМЕНЕНИЕ ИММУНОМОДУЛЯТОРОВ В КОМПЛЕКСНОМ ЛЕЧЕНИИ ГЕНЕРАЛИЗОВАННОГО ПАРОДОНТИТА 44

Витрищак С.В., Клименко А.К., Савина Е.Л., Погорелова И.А., Изоркина И.И., Клименко А.В., Санина Е.В., Сичанова Е.В., Акберов А.Э.
ПРОБЛЕМА МАРГИНАЛЬНОСТИ – ФУНКЦИОНАЛЬНЫЙ ПРОДУКТ ЖИЗНЕДЕЯТЕЛЬНОСТИ ОБЩЕСТВА 49

Науки о земле

Терентьев Д.Ю.
К ВОПРОСУ ОЦЕНКИ ТОЧНОСТИ ПЛОЩАДЕЙ ЗЕМЕЛЬНЫХ УЧАСТКОВ 52

Konnov V.I., Smolyanin A.A.
FORMS OF WORK INFLUENCING ON THE RIVERS CONDITION DURING THE OPEN GOLD OUTPUT IN THE ZABAIKALSKY REGION 58

Балханов В.К., Башкуев Ю.Б., Лухнёва О.Ф., Лухнёв А.В.
ОБРАЗОВАНИЕ ДУГООБРАЗНОЙ ФОРМЫ ОЗЕРА БАЙКАЛ 65

Педагогические науки

Янгирова Р.Р., Мурзина Е.Д., Полякова С.А.
ПРОБЛЕМА ВНЕДРЕНИЯ ЭКОЛОГИЧЕСКОГО МЕНЕДЖМЕНТА НА ПРЕДПРИЯТИЯХ РОССИИ (на примере города Томска) 69

Омельяненко А.В.
ЛИНГВОДИДАКТИЧЕСКИЕ ОСНОВЫ ОБУЧЕНИЯ СТАРШИХ ДОШКОЛЬНИКОВ СОСТАВЛЕНИЮ РАССКАЗОВ – РАЗМЫШЛЕНИЙ 72

Казанцева Л.И.
ОБУЧЕНИЕ ДОШКОЛЬНИКОВ УКРАИНСКОМУ ЯЗЫКУ КАК НЕРОДНОМУ: ОПТИМИЗАЦИЯ ЛИНГВОДИДАКТИЧЕСКОЙ СИСТЕМЫ 75

Тельчарова Е.А.
ПЕДАГОГИЧЕСКИЕ УСЛОВИЯ ПРЕОДОЛЕНИЯ НЕУВЕРЕННОСТИ У СТАРШИХ ДОШКОЛЬНИКОВ ... 89

Кот Н.А.
УЧЕБНО-ИГРОВАЯ СРЕДА ЗАНЯТИЯ ПО ФИЗИЧЕСКОЙ КУЛЬТУРЕ КАК УСЛОВИЕ ВОСПИТАНИЯ НРАВСТВЕННО-ВОЛЕВЫХ КАЧЕСТВ СТАРШИХ ДОШКОЛЬНИКОВ 92

Содержание

Белякова Н.В.
ПРОФЕССИОНАЛЬНАЯ МОБИЛЬНОСТЬ - ПОКАЗАТЕЛЬ УСПЕШНОСТИ ПЕДАГОГИЧЕСКИХ КАДРОВ 96

Политические науки

Лымарь М.Ю.
ИДЕЙНЫЕ ИСТОКИ ИНТЕГРАЦИОННЫХ ПРОЦЕССОВ В ЕВРОПЕ 101

Психологические науки

Загустина Д.А., Ланских М.В.
ОСОБЕННОСТИ САМООЦЕНКИ СТАРШИХ ШКОЛЬНИКОВ С РАЗНЫМИ ТИПАМИ МЕЖЛИЧНОСТНЫХ ОТНОШЕНИЙ В КЛАССЕ 105

Сельскохозяйственные науки

Шахваева А.Н., Черевко М.Н.
ВЛИЯНИЕ ГОЛШТИНОВ НА ЭКСТЕРЬЕРНЫЕ ОСОБЕННОСТИ КОРОВ КРАСНОЙ СТЕПНОЙ ПОРОДЫ 110

Шахваева А.Н.
ИЗМЕНЕННИЕ ПРОДУКТИВНЫХ КАЧЕСТВ КОРОВ КРАСНОЙ СТЕПНОЙ ПОРОДЫ РАЗНОЙ ДОЛИ КРОВНОСТИ 114

Технические науки

Almukhametov V.F.
VISUALIZATION OF DYNAMIC MULTIFACTORIAL PROCESSES 118

Адам А.М., Дацкевич С.Ю., Журков М.Ю., Муратов В.М.
ЭЛЕКТРОИМПУЛЬСНОЕ БУРЕНИЕ СКВАЖИН В ГОРНЫХ ПОРОДАХ ДЛЯ ХРАНЕНИЯ РАДИОАКТИВНЫХ ОТХОДОВ 121

Шитов И.С.
АКТУАЛЬНОСТЬ ИСПОЛЬЗОВАНИЯ УНИВЕРСАЛЬНОЙ СИСТЕМЫ УДАЛЕННОГО ДОСТУПА К ОБОРУДОВАНИЮ В ДИСТАНЦИОННОМ ОБРАЗОВАНИИ 128

Плаксина Е.В.
АНАЛИЗ СУЩЕСТВУЮЩИХ СИСТЕМ НАПОЛЬНОГО ОТОПЛЕНИЯ 131

Сысоева И.Н., Кожевников С.Г.
МАТЕМАТИЧЕСКОЕ МОДЕЛИРОВАНИЕ ХАРАКТЕРИСТИК ЦЕНТРОБЕЖНЫХ НАСОСОВ ШАХТНЫХ ВОДООТЛИВНЫХ УСТАНОВОК 134

Швалев С.А., Куюков В.В.
АНАЛИЗ И СОВЕРШЕНСТВОВАНИЕ ТЕХНОЛОГИИ И ОБОРУДОВАНИЯ ДЛЯ РЕМОНТА ТОПЛИВНОЙ АППАРАТУРЫ ДИЗЕЛЕЙ 137

Содержание

Самигуллина Н.А., Яхин Р.Р., Яхин Р.Г.
ВЛИЯНИЕ СВЧ-ИЗЛУЧЕНИЯ НА ПРОДУКТЫ ПИТАНИЯ 141

Семёнова М.Н., Сафонова Е.А., Силаева Е.В.
ОСНОВНЫЕ НАПРАВЛЕНИЯ ДЕЯТЕЛЬНОСТИ И ФУНКЦИОНИРОВАНИЯ СИСТЕМЫ УПРАВЛЕНИЯ ОХРАНОЙ ТРУДА В РОССИЙСКОЙ ФЕДЕРАЦИИ 144

Трубаков Е.О., Гулаков В.К.
АНАЛИЗ МЕТОДОВ ПОСТРОЕНИЯ ПРОСТРАНСТВЕННО-ВРЕМЕННЫХ СТРУКТУР ДАННЫХ ДЛЯ МОНИТОРИНГА МОБИЛЬНЫХ ОБЪЕКТОВ 147

Лапшина К.Н., Удалов Д.А.
РАЗРАБОТКА ПРОЕКТА ОБЕСПЕЧЕНИЯ АКВАЦЕНТРА ЭЛЕКТРОЭНЕРГИЕЙ С ИСПОЛЬЗОВАНИЕМ ЭНЕРГИИ ВЕТРА 150

Барханов А.И.
ИССЛЕДОВАНИЕ ВЛИЯНИЯ УЗЛОВЫХ ЭЛЕМЕНТОВ НА КОЛЕБАНИЯ СБОРНЫХ ЖЕЛЕЗОБЕТОННЫХ КАРКАСОВ ВЫСОТНЫХ ЗДАНИЙ 153

Шумаков И.В.
ИННОВАЦИОННЫЕ АСПЕКТЫ ЗАЩИТЫ ПОДЗЕМНЫХ ЧАСТЕЙ ЗДАНИЙ 159

Бикбулатова А.А.
ИССЛЕДОВАНИЕ ВЛИЯНИЯ ВИДА ПАКЕТА МАТЕРИАЛОВ НА КОМПРЕССИОННОЕ ВОЗДЕЙСТВИЕ ОКАЗЫВАЕМОЕ ДЕТАЛЯМИ КОРРЕКТОРА ОСАНКИ 163

Данилов В.А.
ВИБРОЗАЩИТА ОПЕРАТОРОВ МОБИЛЬНЫХ МАШИН – ЗАЛОГ ВЫСОКОГО КАЧЕСТВА И КОНКУРЕНТОСПОСОБНОСТИ ПРОИЗВОДИМОЙ ТЕХНИКИ 166

Крюкова Н.В., Пищиков Г.Б., Гаврилов А.С., Ахметова Г.З.
РАЗРАБОТКА СЕНСОРНОГО ПРОФИЛЯ И СЕНСОРНОЙ КАРТЫ ПОМАД 170

Фармацевтические науки

Клишкова М.Л., Ганичева Л.М.
ОЦЕНКА ПРЕДПОЧТЕНИЙ ВРАЧЕЙ-ПЕДИАТРОВ В ВЫБОРЕ ЛС ДЛЯ ЛЕЧЕНИЯ ОРВИ И ГРИППА У ДЕТЕЙ РАННЕГО ВОЗРАСТА 173

Ганичева Л.М., Голубева Ю.А.
СРАВНИТЕЛЬНЫЙ АНАЛИЗ БОНУСНЫХ ПРОГРАММ ПРИВЛЕЧЕНИЯ ПОКУПАТЕЛЕЙ НА ПРИМЕРЕ АПТЕЧНЫХ СЕТЕЙ РОССИИ И ДРУГИХ СТРАН 176

Ганичева Л.М., Вышемирская Е.В.
МЕДИЦИНСКИЕ И ФАРМАЦЕВТИЧЕСКИЕ СПЕЦИАЛИСТЫ О ПРОБЛЕМАХ ПРИВЕРЖЕННОСТИ ЛЕЧЕНИЮ АМБУЛАТОРНЫХ ПАЦИЕНТОВ 179

Содержание

Физико-математические науки

Тавлыкаев Р.Ф., Абдрахманов Н.И., Ягодкин В.М.
ВЛИЯНИЕ ИЗБЫТОЧНЫХ ЭЛЕКТРОНОВ НА ДИСПЕРСИОННЫЕ ПАРАМЕТРЫ МОЛЕКУЛЯРНЫХ АРОМАТИЧЕСКИХ СИСТЕМ 182

Parfenova E.S., Knyazeva A.G.
MATHEMATICAL MODELING OF PROCESS INTERACTION BETWEEN THE ION BEAM AND THE METAL SURFACE WITH VACANCIES FORMATION 187

Поддуев А.Н.
ВЫСОКИЙ УРОВЕНЬ МАТЕМАТИЧЕСКОЙ КУЛЬТУРЫ СТУДЕНТА – ГАРАНТ ФОРМИРОВАНИЯ ПРОФЕССИОНАЛЬНЫХ КОМПЕТЕНЦИЙ СПЕЦИАЛИСТА 190

Филологические науки

Пышная Л.М.
АНГЛО-АМЕРИКАНИЗМЫ В СОВРЕМЕННОЙ НЕМЕЦКОЙ ТЕРМИНОЛОГИИ 196

Готадзе А.С., Черкашина А.А.
ПРЕСС-РЕЛИЗ КАК ИНСТРУМЕНТ PR-КОММУНИКАЦИИ ПАРЛАМЕНТА ВЕЛИКОБРИТАНИИ 199

Аблова Н.А.
ИСТОКИ ЭТНОЛИНГВИСТИЧЕСКИХ И ЛИНГВОКУЛЬТУРОЛОГИЧЕСКИХ ТЕОРИЙ В СОВРЕМЕННОМ ГЕРМАНСКОМ ЯЗЫКОЗНАНИИ 202

Философские науки

Иванов В.В.
ЗНАЧЕНИЕ ЭТНИЧЕСКОЙ КУЛЬТУРЫ В МЕНЯЮЩЕМСЯ МИРЕ 205

Бакланов И.С., Бакланова О.А.
МЕЖДИСЦИПЛИНАРНЫЙ ПРИНЦИП ФИЛОСОФСКОГО ИССЛЕДОВАНИЯ СОЦИАЛЬНОСТИ 208

Михайлов Е.П., Михайлов А.П., Михайлова Н.П.
ИННОВАЦИОННАЯ МЕТОДОЛОГИЯ ИССЛЕДОВАНИЯ ЕСТЕСТВЕННЫХ СИСТЕМ 213

Химические науки

Илела А.Э., Лямина Г.В., Тайыбов А.Ф.
ПОЛУЧЕНИЕ НАНОПОРОШКОВ ОКСИДА АЛЮМИНИЯ И ЦИРКОНИЯ С ПОМОЩЬЮ МЕТОДА ОБРАТНОГО ОСАЖДЕНИЯ 215

Елина В.В., Садомцева О.С., Шакирова В.В., Зверева М.А., Бровко Е.В., Кожина А.Д.
СОЗДАНИЕ НОВОЙ ДИАГНОСТИЧЕСКОЙ ТЕСТ-СИСТЕМЫ ИНДЕФИКАЦИИ ПИРИДОКСИНА 218

Содержание

Экономические науки

Пискунов В.А., Маняева В.А.
АНАЛИЗ, УЧЕТ И КОНТРОЛЬ В СТРАТЕГИЧЕСКОМ УПРАВЛЕНИИ ХОЗЯЙСТВУЮЩИМ СУБЪЕКТОМ 221

Бондаренко Е.С.
ОБОСНОВАНИЕ ФАКТОРОВ ВЛИЯНИЯ НА УПРАВЛЕНИЕ ФИНАНСОВЫМИ ПОТОКАМИ В ЛОГИСТИЧЕСКИХ СИСТЕМАХ 224

Пацукова И.Г.
ФИНАНСОВАЯ УСТОЙЧИВОСТЬ ПРЕДПРИЯТИЙ 229

Черноножкина Н.В.
ПОВЫШЕНИЕ ЭФФЕКТИВНОСТИ ИСПОЛЬЗОВАНИЯ ЗЕМЕЛЬНЫХ РЕСУРСОВ В АГРАРНОМ СЕКТОРЕ ЭКОНОМИКИ ОМСКОЙ ОБЛАСТИ 232

Сабирова Г.Т.
ПРЕДПРИНИМАТЕЛЬСТВО В УСЛОВИЯХ ИННОВАЦИОННОГО РАЗВИТИЯ 236

Славиковская Т.О., Кравченко М.В.
ПРЕИМУЩЕСТВА ИСПОЛЬЗОВАНИЯ ИНТЕРНЕТ-САЙТА МАЛЫМ БИЗНЕСОМ 239

Фещенко Е.С., Кравченко М.В.
ОЦЕНКА ИСПОЛЬЗОВАНИЯ ИНТЕРНЕТ-САЙТОВ МАЛЫМ БИЗНЕСОМ 243

Болсуновская Ю.А.
РИСКИ РАЗВИТИЯ ТРАНСПОРТНОЙ ИНФРАСТРУКТУРЫ АРКТИЧЕСКОГО РЕГИОНА РОССИЙСКОЙ ФЕДЕРАЦИИ 247

Юридические науки

Довган Б.В.
УЧАСТИЕ КОРЕННЫХ НАРОДОВ В ОТПРАВЛЕНИИ ПРАВОСУДИЯ 250

Камилова Д.В., Мусалова З.М.
КОНСТИТУЦИОННО-ПРАВОВЫЕ ОСНОВЫ ПРОТИВОДЕЙСТВИЯ ЭКСТРЕМИЗМУ В РОССИЙСКОЙ ФЕДЕРАЦИИ 254

Тогайбаева Ш.С.
УГОЛОВНАЯ ОТВЕТСТВЕННОСТЬ ЗА РАЗГЛАШЕНИЕ ИНСАЙДЕРСКОЙ ИНФОРМАЦИИ 257

Болотникова О.И.[1], Михайлова Н.П.[2], Гинак А.И.[3]

1- доцент, к.б.н., каф. молекулярной биологии, биологической и органической химии Петрозаводского государственного университета, e-mail: bolot@onego.ru;
2- ст. науч. сотрудник, д.б.н., каф. молекулярной биотехнологии Санкт-Петербургского государственного технологического института (технического университета);
3- профессор, д.х.н., каф. молекулярной биотехнологии Санкт-Петербургского государственного технологического института (технического университета).

ОСОБЕННОСТИ МИКРОАЭРОБНОЙ ФЕРМЕНТАЦИИ D-КСИЛОЗЫ МУТАНТАМИ ДРОЖЖЕЙ PACHYSOLEN TANNOPHILUS

Направленность распада D-ксилозы у ксилозоассимилирующих дрожжей зависит от интенсивности аэрации. При дефиците кислорода штаммы одних видов начинают продуцировать ксилит, в то время как другие - этанол [1,305]. Причины такого феномена до конца не известны. Удобным объектом для их анализа могут служить биохимические мутанты *P.tannophilus* [1,304]. Однако работу с коллекционными штаммами дрожжей упомянутого вида часто осложняла внутрипопуляционная гетерогенность, вызванная одновременным присутствием вегетативных и спорулирующих клеток [2,485]. В ходе предварительных экспериментов нами был получен устойчивый гаплоидный штамм *P.tannophilus* 22-Y-1532 [2,485;3,26]. Селективный отбор мутантов осуществляли, учитывая особенности роста гаплоидов на питательных средах с D-ксилозой, ксилитом, этиловым спиртом или D-глюкозой в качестве единственного источника углерода (табл.1).

Ферментацию D-ксилозы мутантными штаммами *P.tannophilus* изучили в условиях аэрации, благоприятствующих накоплению ксилита и этанола [4,16]. Данные исходного гаплоида служили контролем (табл.2). Большинство мутантов, за исключением № 390 и 442, отличала низкая степень и скорость потребления D ксилозы. Лучший выход ксилита - в 2,4 раза превосходивший контрольные данные - зафиксировали у мутанта №664 (0,25 грамм ксилита на 1 грамм потребленной D-ксилозы). Наибольшую эффективность спиртообразования демонстрировали мутанты №390 и №442 (0,24 и 0,26 грамм этанола на 1 грамм потребленной D-ксилозы, соответственно), что практически на 20% улучшило аналогичный результат *P.tannophilus* 22-Y-1532. Остальные мутантные штаммы продуцировали, главным образом, биомассу. Ее прирост варьировал от 0,07 до 0,17 грамм на 1 грамм потребленной D-ксилозы.

Таблица 1.
Рост мутантов *P.tannophilus* на различных источниках углерода

№	ИСТОЧНИК УГЛЕРОДА				Фенотип
	Глюкоза*	Ксилоза*	Ксилит	Этанол	
4	±	±	±	±	Glu$^±$Xyl$^±$XylOH$^±$EtOH$^±$
13	+	+	±	-	Glu$^+$Xyl$^+$XylOH$^±$EtOH$^-$
228	+	+	**+**	+	Glu$^+$Xyl$^+$XylOH$^{\bf+}$EtOH$^+$
390	+	+	±	-	Glu$^+$Xyl$^+$XylOH$^±$EtOH$^-$
442	+	+	-	+	Glu$^+$Xyl$^+$XylOH$^-$EtOH$^+$
497	+	+	-	+	Glu$^+$Xyl$^+$XylOH$^-$EtOH$^+$
517	+	+	+	±	Glu$^+$Xyl$^+$XylOH$^+$EtOH$^±$
664	+	±	±	±	Glu$^+$Xyl$^±$XylOH$^±$EtOH$^±$
686	+	+	+	±	Glu$^+$Xyl$^+$XylOH$^+$EtOH$^±$
К	+	+	+	+	Glu$^+$Xyl$^+$XylOH$^+$EtOH$^+$

Примечания:
* - D-изомеры сахаров;
В качестве контроля использовали рост исходного штамма *P.tannophilus* 22-Y-1532.
Условные обозначения:
+ - активный ⎫
+ - хороший ⎬ рост на селективной среде;
± - слабый ⎭
- полное отсутствие роста на селективной среде.

    Таким образом, исследованные мутанты *P.tannophilus* хорошо иллюстрировали особенности микроаэробной биоконверсии D-ксилозы, выявленные ранее у коллекционных штаммов ксилозоассимилирующих дрожжей [1,305]. Это открывает возможность для анализа стадий, лимитирующих продукцию ксилита и этанола, используя один модельный объект. Так, слабый рост мутантов *P.tannophilus* на D-глюкозе и D-ксилозе может являться следствием нарушения транспорта, либо активности ксилозоредуктазы [5,3321;6,2879]. Неспособность дрожжей ассимилировать ксилит в качестве единственного источника углерода, вероятно, обусловлена дефектами ксилитдегидрогеназы [7,228]. И, наконец, плохой рост мутантов на этаноле может указывать на ингибирование работы дыхательных цепей [8,495], ферментов цикла Кребса [9,1257] или алкогольдегидрогеназы [10,37]. Поэтому дальнейшее изучение каталитической активности мутантов *P.tannophilus* будет способствовать определению стратегии конструирования дрожжевых продуцентов ксилита и этанола.

Таблица 2.
Ферментация D-ксилозы мутантными штаммами *P.tannophilus* в микроаэробных условиях

№ МУТАНТА	D-КСИЛОЗА		ЭКОНОМИЧЕСКИЙ КОЭФФИЦИЕНТ ОБРАЗОВАНИЯ ПРОДУКТА, Г/Г*		
	Степень потребления, %	Скорость потребления, г/л•ч	Ксилит	Этанол	Биомасса
4	53,6	0,5	<0,01	0,23	0,62
13	59,8		0,46	0,57	1,44
228	64,6		0,36	0,41	1,12
390	86,0	0,7	0,11	1,19	0,80
442	78,6		0,12	1,27	0,80
497	59,1		0,32	0,74	0,95
517	54,7	0,5	0,26	0,85	1,14
664	56,0		2,35	0,26	0,65
686	58,6		0,80	0,62	1,27
К	68,8	0,6	1,0	1,0	1,0

Примечания:
* - за единицу взята продуктивность исходного штамма *P.tannophilus* 22-У-1532 (К);
Максимальная ошибка в каждой экспериментальной точке не превышала 5,0%.

Литература

1. Особенности ферментации D-ксилозы и D-глюкозы ксилозоассимилирующими дрожжами /Е.Н. Яблочкова, О.И. Болотникова, Н.П. Михайлова, Н.Н. Немова, А.И. Гинак //Прикладная биохим. и микробиол. – 2003. – Т.39, №3. – С.303-306.
2. Условия дифференциации и стабилизации фаз жизненного цикла дрожжей Pachysolen tannophilus /О.И. Болотникова, Н.П. Михайлова, М.В. Шабалина, Е.Н. Бодунова, А.И. Гинак //Микробиология. – 2005. – Т.74, №4. – С. 483-488.
3. Болотникова О.И., Михайлова Н.П., Гинак А.И. Образование ксилита и этанола штаммами ксилозоассимилирующих дрожжей Pachysolen tannophilus различной плоидности //Ученые записки Петрозаводского государственного университета. Серия естественные и технические науки.- 2012г. -№8(129),Т.I. - С. 25-28.
4. Болотникова О.И., Михайлова Н.П., Немова Н.Н. Влияние аэрации на образование продуктов биотрансформации D-ксилозы дрожжами Pachysolen tannophilus /О.И. Болотникова, Н.П. Михайлова, А.И. Гинак, Н.Н. Немова //Ученые записки Петрозаводского государственного университета, Серия: естественные и технические науки. – 2010г. -№ 6(III). - С.14-18.
5. Does A.L., Bisson L.F. Isolation and characterization of Pichia hedii mutants defective in xylose uptake // Appl. Environ. Microbiol. - 1990. - V.11. - P. 3321-3328.
6. Schneider H., Lee H., Barbosa M.D.F.S., James A.P. Physiological properties of a mutant of Pachysolen tannophilus deficient in NADPH-dependent D-xylose reductase // Appl. Environ. Microb. - 1989. - V.55, №11. - P. 2877-2881.
7. Xylitol dehydrogenase mutants of Pachysolen tannophilus and the role of xylitol in D-xylose catabolism. / R. Maleszka, L.G. Neirinch, A.P. James, H. Rutten, H. Schneider // FEMS Microbiol. Lett. – 1983. – V.17. – P. 227-229.
8. Alexander N.J. Characterization of a respiratory-deficient mutant of Pachysolen tannophilus //Curr. Genet. - 1990. - V.17. - P. 493-497.
9. Lee H., James A.P., Zahab D.M. Mutants of Pachysolen tannophilus with improved production of ethanol from D-xylose // Appl. Environ. Microb. - 1986. -V.51, №6. - P. 1252-1258.
10. Prior B.A., Alexander M.A., Yang V., Jeffries T.W. The role of ADH in the fermentation of D-xylose by Candida shehatae ATCC 22984 // Biotechnol. Lett. - 1988. - №10. - P. 37-43.

Руденок В.А.
доцент, кандидат химических наук, ФГОУ ВПО Ижевская ГСХА
rudenva@rambler.ru

ЭЛЕКТРОХИМИЧЕСКИЙ СИНТЕЗ ГИПОХЛОРИТА И ЭЛЕМЕНТАРНОГО ВОДОРОДА В ТОКЕ КРОВИ

Эфферентные методы лечения находят в медицине все более широкое распространение. Одним из наиболее эффективных методов является электрохимическое воздействие. Автором [1] с сотрудниками разработано и изготавливается устройство для электрохимической детоксикации организма непрямым электрохимическим окислением крови. При этом проводится электролиз физиологического раствора в электрохимической ячейке, и продукт электролиза вводится в кровеносную систему с помощью капельницы. Показано, что процесс электрохимического окисления хлор-иона, входящего в состав физиологического раствора, сопровождающийся образованием гипохлорита, моделирует работу печени. Печень, используя фермент цитохром Р-450, синтезирует в организме гипохлорит-ион, являющийся эффективным детоксикатором, разрушающим бактерии и их токсины. Электролиз дублирует и усиливает естественные процессы, протекающие в клетках печени. Описанный метод не лишен недостатков. Так, объем вводимого внутривенно раствора не должен превышать 10% объема циркулирующей крови при невысокой концентрации конечного продукта, что снижает эффективность метода.

Нами разработана методика прямого электрохимического окисления крови путем ее электролиза непосредственно в кровеносном сосуде [2]. В соответствии с методикой платиновый проволочный электрод вводится в кровеносный сосуд вдоль его оси и поляризуется постоянным электрическим током, протекающим между дополнительными накладными электродами, расположенными у концов проволочного электрода на кожной поверхности пациента. Моделирование процесса в электрохимической ячейке показало, что при биполярном включении протяженного проволочного платинового электрода электрохимический потенциал распределяется по его длине, и на одном из его концов потенциал поляризации соответствует процессу окисления хлор - иона, а на втором (катоде) потенциал поляризации соответствует потенциалу восстановления водорода [3,35-38]. В этом случае в крови накапливаются одновременно два продукта электролиза: гипохлорит-ион и элементарный водород.

Воздействие синтезированного в токе крови гипохлорита испытано с положительным эффектом на кроликах и телятах при стафилококковой инфекции и пневмонии [4,41-44] и методика внедрена в ветеринарной клинике при лечении кожных заболеваний у собак.

Кроме того, известно, что введение элементарного водорода в кровь снижает некрологический эффект в присутствии препаратов химиотерапии, не снижая при этом их лечебного эффекта [5]. Поскольку в процессе электролиза в кровеносном сосуде одновременно с гипохлоритом выделяется эквивалентное количество водорода [6,210-212], теряющегося при непрямом электрохимическом окислении, предлагаемая методика обеспечивает восстановление неравновесных радикалов, являющихся причиной побочных явлений при химиотерапии в онкологии. Методика, обеспечивающая возможность раздельного синтеза в токе крови либо только гипохлорита, либо только элементарного водорода, разработана автором и находится на патентовании. Реализация этой методики может дать возможность широкого использования технологии электролиза крови непосредственно в кровеносном сосуде, помимо ветеринарии, также и в гуманитарной медицине.

Литература

1. Петросян Э.А. Патогенетические принципы и обоснование лечения гнойной хирургической инфекции методом непрямого электрохимического окисления: Автореферат диссертации доктора мед. наук. – Л., 1991.

2. Способ детоксикации организма и устройство для осуществления способа: пат.№ 2229300 Рос.Федерации,МПК 7А61К 33/14/ ,Руденок В.А., Марасинская Е.И., Закомырдин А.А ;заявители и патентообладатели авторы.- заявка №2002120848/14;заявл.30.07.2002,опубл.27.5.2004,Бюл. №15.

3. Руденок В.А. Измерение распределения потенциалов по длине проволочного электрода при биполярной поляризации./Руденок В.А. //Научное обеспечение инновационного развития АПК: мат. Всероссийской научно-практической конференции, посвященной 90-летию государственности Удмуртии 16-19 февраля 2010 года / ФГОУ ВПО Ижевская ГСХА. – Ижевск, 2010. – С.35-38.

4. Руденок В.А. Детоксикация организма прямым электрохимическим окислением крови. / Руденок В.А., Марасинская Е.И., Закомырдин А.А // ж.Ветеринария. – 2008.- №4. – С.41-44.

5. Молекулярный водород снижает индуцированную нефротоксичность на противоопухолевый препарат цисплатин без ущерба на противоопухолевую активность у мышей. Haomu Nakaghima – Kamimura [и др.]. – Режим доступа: - http://translate. googleusercontent. com/translate _c?depth=idhe=rudlangpair=en%7crudrurl=tra…(08.02.2013).

6. Руденок В.А.,Газовыделение при электролизе в кровеносном сосуде./Руденок В.А., Марасинская Е.И.//Современные проблемы аграрной науки и пути их решения.Мат. Всероссийской научно-практической

конференции 15-18 февраля 2005 г./ФГОУ ВПО Ижевская ГСХА. - Ижевск,2005,С.210-212.

Аннотация

Разработана технология электрохимического синтеза в токе крови непосредственно в кровеносном соуде гипохлорит-иона и элементарного водорода. Гипохлорит обеспечивает детоксикацию организма. Вород в крови снижает некрологический эффект в присутствии препаратов химиотерапии, не снижая при этом их лечебного эффекта в онкологии.

Петухова Л.Н.
кандидат географических наук,
доцент кафедры физической географии и ландшафтной экологии
Удмуртского государственного университета

РАСПРЕДЕЛЕНИЕ РУСЕЛ РЕК РАЗНЫХ МОРФОДИНАМИЧЕСКИХ ТИПОВ НА ТЕРРИТОРИИ УДМУРТИИ

На территории Удмуртии, расположенной в междуречьи Вятки и Камы, по особенностям развития русловых процессов наибольшее распространение имеют равнинные реки. В верховьях рек, где водоток имеет порядок ниже 3-го (по Философову-Стралеру), где уклоны велики, встречаются участки полугорного русла.

Равнинный рельеф, широкие унаследованные поймы, распространение легкоразмываемых отложений четвертичного периода обусловили преобладание свободных условий руслоформирования и широкопойменных рек. Поэтому в рамках районирования Камского бассейна по факторам и формам проявления русловых процессов на малых и средних реках [3,10] территория Удмуртии входит в состав Камско-Вятского района, характеризующегося преобладанием широкопойменных русел.

Основой для выделения той или иной формы русла служат его конфигурация в плане и наличие в русле островов. В первом случае неразветвленные русла разделяются на извилистые и относительно прямолинейные, во втором – русла являются разветвленными на рукава.

От общей протяженности рек Удмуртии 78% составляют извилистые меандрирующие русла; на прямолинейные неразветвленные участки русла приходится 22%; разветвленные русла не имеют самостоятельного значения. Данная закономерность характерна как в целом для Удмуртии, так и для отдельных речных бассейнов.

Благодаря широкому развитию процессов меандрирования наиболее распространенной формой русла на территории Удмуртии являются излучины. Согласно морфодинамической классификации, в первую очередь излучины подразделяются на свободные, врезанные и адаптированные, формирование которых определяется геолого-геоморфологическим условиями. На следующем этапе – собственно морфодинамическом – излучины делятся по форме в плане, характеру их деформаций. Выделяются сегментные, прорванные, петлеобразные и синусоидальные излучины [2,117]. Геолого-геоморфологические условия территории Удмуртии обусловили преобладание свободных излучин.

В процессе своего развития свободные излучины проходят несколько стадий, каждая из которых различается по интенсивности и направленности трансформации плановых очертаний самой излучины.

Сегментные излучины являются наиболее распространенными на территории Удмуртии; доля их в среднем по республике составляет 62%. Значительное их количество отражает различные стадии развития излучин и является косвенным свидетельством активного процесса переформирования извилистого русла в целом. Чаще на реках встречаются все три стадии развития сегментных излучин – от пологих до крутых. По отдельным речным бассейнам республики доля сегментных излучин колеблется от 56% в бассейне Чепцы до 69-72% на притоках Камы и Вятки. Среди сегментных излучин значительная доля приходится на пологие: доля их составляет в среднем 47% среди всех типов излучин и около 53% среди всех сегментных. Далее по распространенности следуют сегментные развитые (соответственно 25% и 31%) и сегментные крутые (13% и 16%).

Условия руслоформирования на территории Удмуртии и, прежде всего крайне низкая обеспеченность верхнего интервала руслоформирующих расходов, неблагоприятны для образования прорванных излучин. Поэтому самостоятельного морфодинамического типа эти излучины не образуют, а встречаются лишь как отдельные элементы среди других типов русла. Если спрямление крутой сегментной излучины не происходит, она трансформируется в излучину петлеобразной или синусоидальной формы. Доля таких излучин на территории Удмуртии высока - составляет 10% от суммарной протяженности рек и 13% среди различных видов излучин. Чаще петлеобразные и синусоидальные излучины встречаются в средних и нижних участках средних и крупных рек Удмуртии. Наибольшее их количество характерно для рек бассейнов Чепцы и Кильмези, Валы – 14-17%. Среди отдельных рек со значительной протяженностью излучин русла данного типа можно отметить Лозу, Иту, Лекму, Чепцу, Иж, Лумпун, Уть, Кильмезь, Уву.

Разветвленные русла не имеют самостоятельного значения. Острова и осередки встречаются и в меандрирующих, и в прямолинейных руслах (русловая многорукавность), образуя формы второго порядка. Лишь в очень редких случаях они определяют морфологию коротких участков русел. Данная разновидность русла встречается в основном на крупных и средних реках Удмуртии (например, в среднем течении р. Чепцы встречаются одиночные разветвления, образованные отдельными островами или группами островов).

Часто участки разветвленного русла могут возникать при спрямлении излучин, развитии прорванных излучин, образуя разветвлено-извилистое русло. Впоследствии образовавшиеся рукава отчленяются от русла, превращаются в старицы, а затем в озера. Но из-за крайне низкой обеспеченности верхнего интервала руслоформирующих расходов на реках Удмуртии данная разновидность разветвленного русла представлена очень слабо. Можно встретить такие формы русла на реках Чепца, Кильмезь, Вала, Сива.

Неширокое распространение на территории республики имеют адаптированные (вынужденные) излучины (около 2%). В тех местах, где русло реки подходит или расположено возле коренного берега эти излучины образуются как одиночные формы русла. Небольшими по протяженности участками данный тип излучин встречается в бассейне р.р. Чепцы, Лозы, Иты, характерен для верховий Вятки и Камы.

Относительно прямолинейные неразветвленные участки русла составляют 22% от всей длины рек Удмуртии. Среди широкопойменных прямолинейных русел выделяют две разновидности, отличающиеся друг от друга с точки зрения их генезиса. К первой относятся русла, сформировавшиеся с самого начала как прямолинейные и длительное время сохраняющие свои плановые очертания. Их можно назвать «нетрансформирующимися» [1,67]. Основным условием динамической устойчивости прямолинейной формы русла на территории Удмуртии является малый сток руслообразующих наносов. В этом случае формы рельефа русла имеют небольшую высоту, не образуют прирусловых отмелей (побочней, осередков), обсыхающих в межень и не могут составлять основы для развития пойменных сегментов или элементарных островов. Русла данного типа чаще всего встречаются в верхнем течении рек, где они не успели еще получить от размыва дна и берегов и с площади водосбора достаточное для образования групп гряд количество твердого материала. На территории республики данный тип русла характерен для верхних участков всех малых рек.

На реках Удмуртии очень часто спрямление русла происходит при встречном размыве берегов на крыльях петлеобразных излучин, развивающихся в условиях широких двусторонних пойм. Данная разновидность прямолинейного русла часто встречается среди меандрирующего русла Кильмези, Валы, Ижа и др. средних и крупных рек республики.

Однако в ряде случаев повторное развитие излучин не происходит, и трансформирующиеся русла могут превратиться в нетрансформирующиеся. Обычно это бывает при изменении руслоформирующих факторов. Например, при прорыве излучин вдоль коренного берега последний может оказать на поток решающее воздействие, вследствие чего русло приобретает динамическую устойчивость, изменяя свой морфодинамический тип. Расположение потока вдоль коренного берега является наиболее частой причиной формирования прямолинейного русла, поскольку в этом случае ему соответствует определенная структура его скоростного поля и поперечная циркуляция, направленная в сторону пойменного берега и обеспечивающая вынос туда транспортируемого материала [2,97].

Подобные условия формирования прямолинейного русла можно встретить на реках Удмуртии: такого рода участки встречаются в среднем и нижнем течении р. Чепцы, Кильмези и др. рек республики. Поймы рек в таких местах имеют своеобразное сегментно-гривистое строение.

В целом доля относительно прямолинейного неразветвленного типа русла на реках республики, встречающегося в верхних и нижних участках рек, составляет от 16% в бассейне р. Сивы до 28% в бассейне Ижа, левых притоков Вятки и правых притоков Камы.

Таким образом, сочетание геолого-геоморфологических и гидрологических факторов – равнинного рельефа, легкоразмываемых отложений, руслоформирующих расходов, проходящих в основном в пределах русла – обусловило преимущественное распространение на территории Удмуртии меандрирующего русла и формирование разнообразных видов излучин (сегментных, петлеобразных, синусоидальных).

Литература:

1. Иванов В.В., Чалов Р.С. Прямолинейные неразветвленные русла как морфодинамический тип / В.В. Иванов, Р.С. Чалов // Геоморфология. - 1991. - №2. - С. 67-72.

2. Чалов Р.С. Морфодинамика русел равнинных рек / Р.С. Чалов, А.М. Алабян, В.В. Иванов, Р.В. Лодина, А.В. Панин.- М.: ГЕОС, 1998. – 288 с.

3. Чалов Р.С. Районирование Камского бассейна по факторам и формам проявления русловых процессов на средних и крупных реках / Р.С. Чалов, А.В. Чернов // Вопросы физической географии и геоэкологии Урала. – Пермь: Изд-во Перм. ун-та, 1996.

Павлович Н.А.
к.г.н., доцент кафедры географии и геоэкологии
Института естественных наук и биомедицины
Северный (Арктический) федеральный университет.
natasha-pavlovich@yandex.ru

АРХАНГЕЛЬСКАЯ ОБЛАСТЬ НА КАРТАХ XVIII ВЕКА

До XVIII века северные территории находили отражение в основном на мелкомасштабных картах.

В начале XVIII века была составлена карта Гийома Делиля, 1706 года издания. Карта составлена на основе русских картографических материалов [9].

Для картографирования территорий Российского государства и составления подробной карты отечественного происхождения в начале XVIII века были подготовлены геодезисты, деятельностью которых в 1717 – 1752 годах проводилась первая съемка, охватывающая значительную часть государства. Указом Петра I от 9 и 23 декабря 1720 года [7, с.39] в ряд губерний были назначены геодезисты. В Архангельскую губернию в 1736 – 1738 годах был послан П.С.Лупадин для описи лесов и составления ландкарт. В результате его работ появилась «Генеральная ландкарта Архангелогородской губернии, Вологодской, Галицкой, Устюжской, Архангелогородской провинциям», 1737 года.

Съемки местности в этот период проводит западный отряд Великой Северной экспедиции в 1734 – 1735 годах. В результате работ Великой Северной экспедиции в начале 1741 года была составлена карта северных берегов России, причем западная часть ее, относящаяся к полуострову Канин, является, крайне неполной [5].

Итогом деятельности петровских геодезистов были карты И.К.Кирилова, а так же «Атласа Российского, состоявшего из девятнадцати специальных карт, представляющих Всероссийскую империю с пограничными землями, сочиненной по правилам географическим и новейшим обсервациям, с приложенной притом генеральною картою Великия сея империи, стараниями и трудами Императорской Академии наук» 1745 г. (в литературе «Атлас Российский») [1]. Атлас содержал карты территорий Архангельской губернии – «Положение мест между городами Архангельском, Санкт-Петербургом и Вологдой», «Карта Мезеноского и Пустозерского уездов». Атлас 1745 г. пользовался большим спросом до 1762 г.

В 1758 г. М.В.Ломоносову было поручено возглавлять Географический департамент. Как руководитель департамента Ломоносов разрабатывал планы научных экспедиций, ставил перед ними задачи сбора экономико-географических сведений о России. Деятельность Ломоносова бала направлена на исправление и усовершенствование карт, изданных ранее. М.В.Ломоносов был автором и участвовал в издании таких значительных картографических произведений как карты 1757, 1764 гг, «циркумполярные» карты и первого русского учебного глобуса (1750 – 60-х гг). По инициативе М.В.Ломоносова была организована арктическая экспедиция, целью которой являлось проникнуть вглубь Северного Ледовитого океана, достичь полюса и пройти в Тихий океан. Этой экспедиции посвящено сочинение М.В.Ломоносова «Краткое описание разных путешествий по северным морям и показание возможного проходу Сибирским океанам в Восточную Индию», 1763 [6]. Начальником экспедиции 1765 г. был назначен В.Я.Чичагов.

В 1765 г. М.В.Ломоносов отходит от руководства Географическим департаментом, но его идеи нашли отражения в деятельности Академических экспедиций 1768-1774 гг. и 1781 – 1785 гг., под руководством членов Российской академии наук: П.С.Даллас, И.И.Лепехин, С.Г.Гмелин и др. На основе этих работ Географический департамент изготовил свыше 250 карт и планов.

В 1784 году начала свою работу Архангельская губернская чертежная [3]. Главной задачей чертежной было проведение межевания земель в Архангельском наместничестве, а затем и в губернии. Она осуществляла контроль за правильностью составления планов и чертежей землемерами, занималась их копированием. Исполнителями межевых и технических работ на местах являлись уездные землемеры. Упразднена чертежная в феврале 1920 года [4]. В результате генерального межевания был составлен рукописный «Атлас Архангельской губернии» 1794 года [2,8].

Получила свет карта Архангельской губернии 1773 года, изданная в масштабе 1: 3 780 000.

К 50-летнему юбилею Академии наук вышла в свет в 1776 году «Генеральная карта Российской империи», составленная Я.Ф.Шмидтом и И.Трескотом (масштаб 1:7 227 000). Я.Ф. Шмидтом была составлена «Генеральная карта географическая, представляющая Архангельскую губернию», год издания которой точно не определен.

В 1797 году управление всеми водными путями России было поручено Я.Е.Сиверсу, а 28 февраля 1798 года создан Департамент водяных коммуникаций. Первой, опубликованной работой Чертежной Департамента, была «Гидрографическая карта Европейской России между водами Белого, Балтийского, Черного и Каспийского морей» (масштаба 1: 4 200 000) 1801 года издания [7, с. 81], на которой отображается и гидрографическая сеть Архангельской области – речные системы Онеги, Северной Двины, реки Кулой.

В 1800 г. вышло новое издание атласа 1792 года под названием «Российский атлас, из сорока трех карт состоящий и на сорок одну губернию империю разделяющий». В который вошла и «Карта Архангельской губернии из 8 уездов» (масштаба 1: 2 520 000) [7, с. 92].

Таким образом, XVIII век имеет важное значение как в картографировании страны, так и в нанесении на карты северных территорий.

Список литературы:

1. Атлас Российской, представляющий Всероссийскую империю с пограничными землями. СПб, 1745
2. «Атлас Архангельской губернии» 1794 года. РГВИА. Ф. 846(ВИУ). Оп. 16, №18868, ч.1.
3. ГААО, ПСЗРИ, собр.1, т.20, ст. 14392, с.233.
4. ГААО, Архангельское губернское правление. Архангельская губернская чертежная. Фонд №114, опись №1 (1782-1917 гг.).
5. Григорьев С.Г. Полуостров Канин / С.Г. Григорьев. - М.: МГУ, 1929. - Т.1. - 450 с.
6. Ломоносов М.В. Полное собрание сочиненйи / АН СССР; глав. Ред. С.И.Вавилов, Т.П.Кравец. – М.-Л.э, 1950 – 1983. – http://feb-web.ru/feb/lomonos/default.asp?/feb/lomonos/critics/ling/ltl/ltl.html.
7. Постников А.В. Карты земель российских: очерк истории географического изучения и картографирования нашего отечества / А.В. Постников. - М.: Наш дом, 1996.
8. РГВИА. Ф. 846(ВИУ). Оп. 16, №18868, ч.1.
9. Рыбаков Б.А. Русские карты Московии XV – начала XVI века / Б.А. Рыбаков. - М.: Знание, 1974. - 111 с.

Географические науки

Зольникова Ю.Ф.
кандидат географических наук, доцент, доцент кафедры экономической и социальной географии СКФУ
Меренкова Е.В.
студентка 5 курса СКФУ специальности «География»
ledymer-lena@yandex.ru

МИГРАЦИОННЫЕ ПРОЦЕССЫ В ГОРОДЕ-КУРОРТЕ СОЧИ В ПРЕДДВЕРИИ ОЛИМПИАДЫ

На сегодняшний день Сочи - крупнейший курортный город России. Благодаря своим уникальным природно-климатическим условиям - солнечной погоде на протяжении почти всего года, теплой морской воде и природному разнообразию субтропиков, Сочи издавна привлекали сюда людей и пользовался большой популярностью среди миллионов туристов. Высокая мобильность населения Сочи, довольно значительные миграционные потоки из других республик и государств обусловили быстрое увеличение числа национальностей, образующих население Сочинского региона. Это привело к стремительному развитию данного региона.

В последнее время, курорт привлек к себе широкое внимание в связи с подготовкой к олимпиаде 2014 года. На пути к завершению строительства и подготовительных этапов проведения олимпиады «Сочи 2014», актуально проанализировать миграционную ситуацию в городе-курорте. Огромное вложение капитала и инвестиций инвесторов создало дополнительные рабочие места для населения, следовательно, данный фактор повлек за собой крупный поток мигрантов трудоспособного возраста.

Численность населения города-курорта Сочи в 2012 г. составила 437604 человек. Современное население Сочи (численность и национальный состав) сформировались в основном в советский период в результате интенсивных миграционных процессов, а также значительного естественного прироста. В Сочи преобладает женское население — 53,7 %, мужское население составляет 46,3 % от общей численности населения [1].

Сочи является одним из немногих российских городов, чьё население неуклонно растёт начиная с 1980-х, благодаря престижности курорта, благоприятному климату и наличию рабочих мест. Небольшой спад общего населения отметился только после 2002, тем не менее, показатель населения в пределах городской черты сохраняет тенденцию к росту [2].

Миграция, наряду с рождаемостью и смертностью, является главным фактором демографического развития, определяющим динамику численности населения, его возрастно-половую структуру.

В конце первого десятилетия XXI века миграционный прирост в Сочи был очень высоким: в 2008 г. в город-курорт прибыло 6595 человек, а в 2010 г. - 7014 человек. По абсолютному числу прибывших в Сочи за год город уступал лишь краевому центру (9450 человек), но в расчете прибывших на 1000 человек населения, Сочи лидер с более чем 16 прибывших на 1000 постоянного населения против 13,3 у Краснодара [2].

В эти годы большая часть сочинских мигрантов (около 60%) прибывало из других регионов РФ. Внутрирегиональные миграции составляли 17% и 23% мигрантов были из стран СНГ и Балтии. Абсолютное большинство прибывающих из зарубежных стран (88%)– граждане РФ

Более других в Сочи переезжали жители Армении (48%), Украины (11%) и Турции (9%). Велика доля прибывших из Узбекистана, Таджикистана, Молдовы и Азербайджана. При этом 77% мигрантов – население трудоспособного возраста, 13% - старше трудоспособного и 10% - младше трудоспособного возраста [1]. Образовательный уровень сочинских мигрантов достаточно высок: около 1/3 всех мигрантов в 2008 году обладатели дипломов о высшем образовании, 87% имеют уровень образования не ниже полного среднего.

Таким образом, в эти годы Сочи являлся лидером в Краснодарском крае по показателю миграционного прироста населения в трудоспособном возрасте – 3141 человек [2].

Во втором десятилетии XXI века с 2011 года миграционная ситуация в Сочи характеризуется сокращением миграционного прироста в целом и отрицательным сальдо миграции.

В 2011 году в город-курорт прибыло всего лишь 360 человек, а выбыл 601 человек, в 2012 г. прибыло в город 497, а выбыло 812 человек. Среди мигрантов преобладает население в трудоспособном возрасте6 мужчины (53%) и женщины (47%) [1].

Продолжают лидировать внутрироссийские межрегиональные миграции (60%). Увеличилась доля внутрирегиональных миграций (22%). Международная миграция составила только 89 человек, при этом треть – выходцы из СНГ и Балтии.

Вместе с тем в городе увеличивается число трудовых мигрантов, сегодня Сочи принимает основной поток трудовых мигрантов. Прирост населения Краснодарского края считается одним из самых высоких в России именно за счет трудовой миграции, при этом 40% гастарбайтеров приходится на Сочи.

Формирование квот и определение потребности в привлечении иностранных работников осуществляется с учетом содействия в приоритетном порядке трудоустройству граждан Российской Федерации в целях поддержания оптимального баланса трудовых ресурсов.

В 2012 году на территории Краснодарского края было выделено 72 тысячи разрешений, в 2013 г. квота составила 50 тысяч. Уже в 2014 году в связи с сокращением массового строительства олимпийских и инфраструктурных объектов в Сочи квоту планируют сократить до 40%. В олимпийской столице городе-курорте Сочи на учет поставлено 55 тысяч иностранных граждан, прибывших на законных основаниях. Выдано около 30 тысяч действующих разрешений на работу.

В Сочи на протяжении многих лет уровень безработицы самый низкий в крае, и рост не прогнозируется. Квоты выдаются под конкретный проект и с его завершением все иностранные рабочие будут возвращены на Родину, за исключением тех, кто остается по семейным обстоятельствам. Основной поток иностранных работников идет из Узбекистана, Таджикистана, Украины и Армении. Среди стран с визовым режимом въезда следует выделить Сербию, Турцию, Боснию и Герцеговину. Больше всего мигрантов занято в строительстве - 70%.

Миграционная обстановка на юге России в преддверии Олимпиады в Сочи заметно усложнилась. Связано это со стремлением многих иностранцев, прибывших на олимпийские стройки в Краснодарский край, остаться в южном регионе. Приобретение городом Сочи олимпийского статуса обусловило значительный приток иностранцев.

По данным Федеральной миграционной службы, в 2012 году в Сочи на миграционный учет было поставлено более 180 тысяч человек, что на 40% больше, чем в 2011 году. Это примерно половина от числа постоянно проживающих в городе российских граждан. Такая динамика сохраняется и в 2013 году. Растет также число лиц, поставленных на миграционный учет для осуществления трудовой деятельности. В настоящее время на олимпийских объектах в Сочи работают более 70 тысяч иностранцев из 25 стран и более 60 тысяч приезжих из других регионов России. Причем многие из работающих на олимпийских стройках домой возвращаться не торопятся. Дополнительные проблемы создает и увеличивающаяся внутренняя миграция из других регионов России. Концентрация избыточных трудовых ресурсов в экономически привлекательных регионах юга России, создает напряженность на рынке труда, усиливает нагрузку на учреждения социальной сферы.

Литература

1. Краснодарстат // krsdstat.gks.ru
2. Стратегия инвестиционного развития муниципального образования город - курорт Сочи до 2020 года // http://www.pandia.ru
3. Статья «Анализ миграционной ситуации в Краснодарском крае» http://lawhistory.narod.ru
4. Итар Тас Кубань http://www.itar-tasskuban.ru

Харченко В.М.
кандидат геолого-минералогических наук, доцент кафедры геология нефти и газа, института нефти и газа, Северо-Кавказского Федерального Университета, г. Ставрополь
Домарева А.Е.
студентка кафедры геология нефти и газа, института нефти и газа, Северо-Кавказского Федерального Университета, г. Ставрополь, alina-domareva@rambler.ru
Логвинова Т.В.
магистр кафедры геология нефти и газа, института нефти и газа, Северо-Кавказского Федерального Университета, г. Ставрополь, tatiana250190@yandex.ru

МЕТОДИКА ПРОГНОГЗА И ПРЕДУПРЕЖДЕНИЯ АНОМАЛЬНЫХ ВОЛН И ПРОЦЕССОВ ЗАТОПЛЕНИЯ (На основе анализа ситуаций в ст. Новомарьевской Ставропольского края и г. Крымска Краснодарского края)

Аннотация. В представленной работе рассматривается три аспекта, влияющие на природу образования аномальной деятельности речных волн: геоморфологический, геолого-тектонический и физический аспект.

Предполагается прогнозирование мест катастрофического затопления в долинах рек на базе разработанного авторами ландшафтно-геоэлогического картирования и известного метода предотвращения выпадения аномальных градоносных дождевых осадков путем применения специальной (градобойной) артиллерии.

Ключевые слова: аномальные речные волны, геоморфологический, геолого-тектонический и физический аспекты, ландшафтно-геоэлогическое картирование, зоны деструкций, ливневое избирательное выпадение дождевых осадков.

Практическая значимость. Во все времена люди переживали события с паводками (затопления, подтопления и т.д.), которые мы и предлагаем прогнозировать методом ланлшафтно – геоэкологического картирования. События на Юге России (г. Крымск), а особенно катастрофические последствия в долине реки Амур, лишь подтверждают необходимость прогнозирования и предупреждение аномальных волн и затопления в результате паводков.

В работе представлены геоморфологический, геолого-тектонический и физический аспекты объяснения образования аномальных речных волн в долинах реки Медведки (Ставропольский край, ст. Новомарьевская), реки Баканки (Краснодарский край, г. Крымск) и реки Кубань в северо-западной части Северного Кавказа и Предкавказья (п. Барсуки и Надзорное).

Предполагается прогнозирование мест катастрофического затопления в долинах рек на базе разработанного авторами ландшафтно-геоэлогического картирования и известный метод предотвращения выпадения аномальных газоносных дождевых осадков путем применения специальной (градобойной) артиллерии.

Ландшафно–геоэкологический подход показал свою эффективность в решении выбора трассы нефтепровода в Восточной Сибири (при контроле В.В. Путина), где она минуя водосборную площадь в бассейне озера Байкал, обеспечивает экологическую безопасность уникального водного бассейна в случае утечки нефти из трубопровода (Восточная Сибирь - Китай).

Под геоморфологическим аспектом подразумевается в первую очередь выделение водосборной площади бассейнов рек, количественная её характеристика, анализ водотоков различного порядка, поперечного и продольного профилей долин с выделением аномальных участков расширения и сужения и наконец, выявление геоморфологических признаков геолого-тектонических условий в речной долине с последующей их интерпретаций. На основе анализа геоморфологических особенностей строения долины делается вывод о геоморфологических факторах, влияющие на возникновения, усиления или ослабления амплитуды уже возникающей волны. Как известно, что сужение или резкий изгибы долины усиливает эффект подпруживания и естественно увеличение амплитуды волны.

К геоморфологическому фактору следует отнести и естественный уклон долин различного ранга и наличие естественных или искусственных озер или водохранилищ, особенно в истоках долин.

В этом аспекте вероятно надо рассматривать и приуроченность населенных пунктов или других хозяйственных объектов к геоморфологическим уровням исследуемой долины реки (низкой, высокой поймой, I, II и т.д.) аккумулятивным или структурным террасам, пологим или крутым склоном, водораздельным поверхностям, приуроченного даже к экспозиции склона (южной и северной). Кроме того в долине рассматриваемой реки следует отличать и характерные известные физико–геологические процессы: оползневые, эрозионные, гравитационные, селевые, заболачивания, подтопления, засоления, и т.д.

Геолого-тектонический аспект заключает в себе представления в основном о тектонических условиях территории, обусловленные новейшими тектоническими движениями по зонам тектонических нарушений различного порядка, которые представляют собой систему линеаментов (прямолинейных тектонических нарушений) и концентрических разломов в форме дугообразных зон различного радиуса. Они совместно образуют структуру «разбитой тарелки». Линеаменты и структуры центрального типа выделяются по рисункам современной гидросети различного порядка на основе дешифрирование аэрокосмических снимков и топокарт различных масштабов. Особое значение имеют геодинамические центры СЦТ и узловые точки места пересечения, которые представляют собой зоны деструкций с аномальной флюидной и электрической проводимостью. [2, 12]

В результате электромагнитного взаимодействия грозовых туч с зонами аномальной электропроводимости земной коры (в узлах пересечения тектонических разломов) происходит ливневое избирательное выпадение дождевых осадков (аналогично известной избирательной эоловой седиментации при образовании бугров Бэра в Прикаспии, представляющая собой волны земной поверхности, сложенные лессовидными суглинками, которые образовались в результате осаждения пыли).[1, 66]

При лавинном выпадении дождевых осадков и попадании их в локальный водосбор с искусственной или естественной подпрудой (водохранилищем) образуется первоначальная волна, которая выплескивает воду из водохранилища, не размывая чаще тело платины, так как воздействие этой волны носит кратковременный характер.

В результате выплескивания воды из водохранилища (а возможно и при прорыве плотины или открытия шлюзов или их аварийном срыве) возникает волна с большей амплитудой, соизмеримой с высотой плотины, которая и движется вниз по долине реки со скоростью, зависящей от уклона продольного профиля долины реки. Высота же волны закономерно может увеличиваться при общем сужении долины, достигая максимальной высоты в аномальных сужениях. Наоборот, при общем расширении долины из места выплескивания воды из водохранилища, амплитуда речной волны будет постепенно снижаться до уровня общего затопления низкой или высокой поймы реки.

Второй вариант событий наблюдал один из авторов (Харченко В.М.) в ст. Новомарьевской в 2010 г. Ставропольского края (рисунок 1)

Геолого-минералогические науки

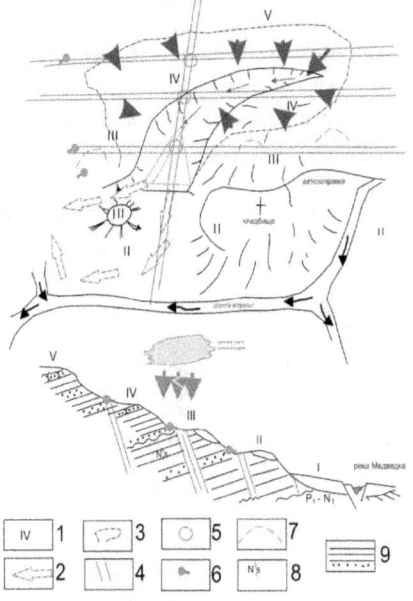
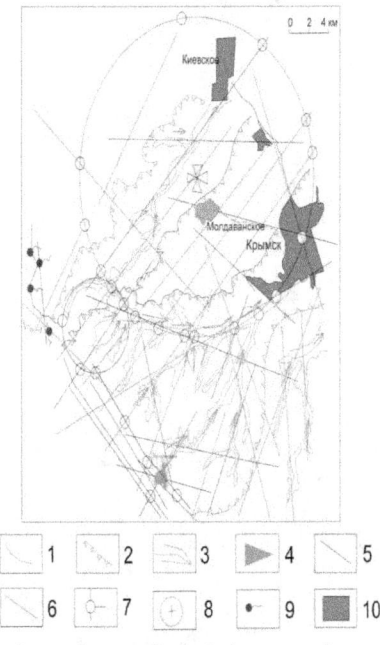

Рисунок 1   Рисунок 2

Первый же вариант отмечался в районе города Крымска Краснодарского края.(рисунок 2)

События катастрофического затопления в бассейне реки Кубань (в начале 2000-х годов) обязаны вероятно как первому так и второму варианту, с усложнением в местах резких (до 90°) изгибов речных долин (район г. Невиномысска, ст. Барсуки и Надзорное). (рисунок 3)

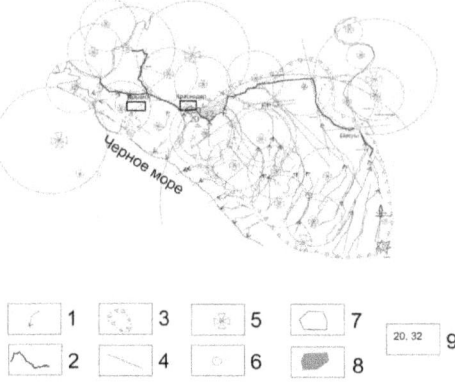

Природные условия образования аномальных волн воды в долинах рек бассейна р.Кубани. Схема водосборных площадей долины р.Бакан (в устье Крымск и части долины р.Кубань, в долине которой г.Краснодар)

1 - водотоки и направление стока воды, 2 - русло, низкая и высокая поймы р.Кубань, 3 - контур водосборной площади, 4 - линеаменты, или тектонические нарушения, 5 - геодинамические центры и контуры структур центрального типа, выделенных по контурам водотоков и берегам моря, 6 - зоны субвертикальных деструкций с аномальной электрической проводимостью, 7 - контуры населенных пунктов, 8 - контуры озер и водохранилищ, 9 - абсолютные отметки поверхностей Земли в пределах города и отметка поверхности водохранилища (из Атласа)

В результате ландшафтно-геоэкологического анализа бассейна реки Кубань, оценивая даже глазомерно площадь водосбора, характер долины реки Кубань и геолого-тектонические условия и т.д. можно сделать вывод о большой вероятности затопления г. Краснодара при стечении всех неблагоприятных обстоятельств (включая землетрясения).

Рисунок 3

Заключение

1. Представлены результаты комплексного анализа природных факторов образования речных аномальных волн в долинах рек, сделан вывод о главной причине их образования - выплескивании водохранилищ расположенных в истоках или верховьях долин.

2. Ландшафтно-геоэкологическое картирование долин рек, представляющих опасность в плане затопления, является основным методом прогноза возможных объектов с катастрофическими последствиями.

3. Методом предотвращения от катастроф в долинах рек является градобойная артиллерия, установленная в выявленных узловых зонах субвертикальной деструкции и аномальной электрической проводимости.

4. Научная новизна и практическая значимость работы очевидны.

5. Для предотвращения катастрофических затоплений в любом регионе России, ближнего и дальнего зарубежья рекомендуется проведения

ландшафтно-геоэкологического картирования на основе метода, разработанного авторами, реализованного на практике на территории Калмыкии (где впервые составлена карта ландшафтно-геоэкологических условий) [3]

Список используемой литературы

1. Харченко В. М.. К вопросу о природе бугров Бэра/ Южно-Российский вестник геологии, географии и глобальной энергии №3 (14) Астраханский ГУ 2009 С.66-71 (Соавторы: Перлик В.А., Кузнецова А.А.)
2. Харченко В. М.. Структуры центрального типа, их связь с месторождениями полезных ископаемых (на примере объектов Предкавказья и сопредельных территорий). Автореферат диссертация на соискание ученой степени доктора геолого-минералогических наук, Ставрополь-2012, 49 с.
3. Харченко В.М. Карта ландшафтно-геоэкологических условий территории Республики Колмыкия. М 1:500 000, Новнчеркасск, 1996 г.

Максимов Е.А.
Сургут, к.и.н., доц. каф. истории России СурГУ
hist.man@rambler.ru

РОССИЙСКИЕ АДРЕС – КАЛЕНДАРНЫЕ ИСТОЧНИКИ НОВОГО ВРЕМЕНИ: ОСОБЕННОСТИ ИЗУЧЕНИЯ

В статье анализируются особенности содержания российских адрес – календарных источников Нового времени. Обосновывается их информационная ценность, уникальность и необходимость изучения как важнейших документов по истории социально – экономического развития и административно – территориального устройства России. Отдельное внимание уделено материалам, вышедшим в Тобольской губернии в конце XIX – начале XX веков.

Как известно, адрес-календари – это разновидность учётно-статистической делопроизводственной документации, возникшая во второй половине XVIII века путём обработки сведений формулярных списков чиновничества центральных и местных учреждений Российской империи. Их информация обычно включала следующие сведения: 1) вероисповедание, 2) дата вступления в должность, получения чина, поступления на службу, 3) денежное содержание, 4) награды, 5) факт наличия «кавалерства», образование, 6) семейное положение, 7) сословная принадлежность, 8) семейное положение, 9) стаж службы.

Наиболее близкие к ним по видовой сущности и внутреннему содержанию - «Списки, находящихся у статских дел господ сенаторов, обер-прокуроров и всех присутствующих в коллегиях, канцеляриях, конторах, губерниях, провинциях и городах…», выходившие с 1769 по 1773 годы [1, 495].

В конце XVIII – первой половине XIX века наблюдается дальнейший рост числа государственных учреждений всех уровней, усложнение выполняемых ими функций, что привело к увеличению численности чиновничества. Современный исследователь А.И. Раздорский отметил, что по сведениям П.А. Зайончковского, с конца XVIII (1796 г.) до середины XIX века число госслужащих выросло почти в пять раз — с 15—16 тысяч до 73 тыс. человек [2].

Информации «Адрес-календарей» для эффективного наблюдения и регистрации текущего делопроизводства страны стало не хватать. Возникла потребность в новых справочниках, детально отражающих работу местных учреждений и их кадрового состава. Эту роль стали выполнять памятные книжки и губернские списки должностных лиц [2].

Практика изданий памятных книжек возникает в 1828 г. под эгидой военного министерства. С середины XIX века она перешла на места – к губернским и уездным администрациям.

Исторические науки

В настоящее время под руководством старшего научного сотрудника Отдела библиографии и краеведения РНБ (Санкт – Петербург) Н.М. Балацкой завершает работу научно – исследовательский проект «Памятные книжки губерний и областей Российской империи» [3].

Его основная цель - выявление максимального объёма сведений о всех памятных книжках, издававшихся до 1917 года. К настоящему времени учтено более двух тысяч подобного рода изданий (2267) по 89 губерниям и областям России.

Структура памятных книжек представляла собой следующие части: 1) адрес-календарь (перечень губернских и уездных правительственных и общественных учреждений с кадрами); 2) административный справочник (сведения об административном делении, почтовых и телеграфных учреждениях, путях и маршрутах сообщения в пределах губернии, промышленных и торговых предприятиях, больницах и аптеках, учебных заведениях, музеях и библиотеках, книжных лавках, типографиях, периодических изданиях, выписываемых и издаваемых в губернии, списки населенных мест, списки крупных землевладельцев губернии и т.д.); 3) статистический обзор (статистические таблицы населения, землевладения, сельского хозяйства, а также судебная, медицинская, фабрично-заводская статистика, статистика образования, пожаров, доходов, недоимок и проч.); 4) научно-краеведческий отдел (источниковедческие, описательные, научно-исследовательские, археографические и библиографические материалы) [3].

Издаваемые небольшими тиражами и распространяемые обычно в пределах местной территории они быстро становились библиографической редкостью. Сегодня ни одна библиотека России не располагает их полным собранием. Результаты изучения книжных собраний Москвы, Петербурга, Варшавы, Вильнюса позволяют утверждать, что, по крайней мере, 10% известных изданий сохранились в одном экземпляре; более 120 изданий известны только по библиографическим источникам и до сих пор не найдены. Нет практически ни одной губернии, по которой сведения об издании памятных книжек были бы собраны с исчерпывающей полнотой. Не решена задача раскрытия всего содержания памятных книжек [3].

Исследовательский интерес вызывают сведения о годах, по которым нет точной информации об их издании (отдельно – по губерниям и областям). В частности, по Тобольской губернии нет сведений о выходе памятных книжек до 1860, а также за 1863, 1865-1883, 1885-1886, 1897-1899, 1902 -1903, 1905, 1916-1917 годы [3]. На интернет – странице проекта также приведён список разыскиваемых памятных книжек и приложений к ним [3].

По указанию А.И. Раздорского, наиболее раннее выявленное издание губернских списков должностных лиц - 1841 года. (Псков) [2]. В отличие от памятных книжек, выходивших повсеместно, списки должностных лиц были изданы преимущественно в Европейской России (в 26 губерниях и 2 областях). По Средней Азии, Сибири и Дальнему Востоку пока выявлены списки Иркутской губернии, Семиреченской и Амурской областей [2]. Их основные признаки: 1) информация по ведомствам с четкой иерархией подразделений, 2) расположение лиц по старшинству, 3) обозначение вакансий, 4) указание на принадлежность к дворянству лиц, чина не имеющих [2].

Такой минимум информации даёт основание А.И. Раздорскому считать эти материалы адресными книгами служебного характера, предназначенными для внутренних нужд управления. Но имеются исключения. Списки Псковской губернии 1840-х гг. содержат справочный раздел о ярмарках, времени получения почты, расписании движения почтовых экипажей, правилах употребления гербовой бумаги. В изданиях Курской губернии 1902—1905 гг. находим списки волостей (с данными о численности населения) и становых участков; информацию о местонахождении квартир становых приставов, почтово-телеграфных отделений, земских больниц, аптек; адреса врачей. Киевское издание 1885 г. содержит перечень населенных мест губернии. Сведения о местонахождении волостных правлений, местожительстве земских начальников, полицейских урядников, становых приставов, земских врачей приведены в списке должностных лиц Симбирской губернии 1895 г. [2] .

Однако, в отдельных случаях граница между памятными книжками и списками должностных лиц была условна, когда они включали только перечни служащих. Иногда, если памятную книжку не могли подготовить в срок, вместо них издавали более мелкие списки должностных лиц. Так, например, в Олонецкой губернии во время перерыва в издании памятных книжек с 1868 по 1901 гг. издавались только списки должностных лиц [2] .

Издатель не всегда замечал принципиальную разницу содержания списков должностных лиц и памятных книжек. Так, в сопроводительном письме в Императорскую Публичную Библиотеку (- ныне РНБ, СПб.) начальник газетного стола Минского губернского правления заявил о присылке «Памятной книжки о чиновниках Минской губернии», а библиотека получила «Общий состав управления Минской губернии гражданского, военного, духовного и училищного ведомств на 1852 год». «Список лиц, служащих во Владимирской губернии» 1899 г. местный губернатор назвал «памятной книжкой» [2] .

Не случайно, по мнению А.И. Раздорского, в Псковской губернии вместо списков должностных лиц 1841—1849 гг., с 1850 г. выходили памятные книжки. Об их взаимосвязи свидетельствует тот факт, что список 1849 г. и памятная книжка на 1851 г. отличаются заглавием, но идентичны по структуре, оформлению, формату и даже шрифту [2] .

Обзор каталогов библиотечных фондов РНБ и РГБ [4; 5] доказывает, что принятое в целом видовое разграничение адрес – календарей и памятных книжек также носит достаточно условный характер. Многие из них выходили вместе одной книгой или в качестве приложений друг к другу. При этом, не всегда стандартными были их наименования.

Например, известны: Памятная книжка Орловской губернии на 1868 год, с приложением адрес-календаря по 1-е января 1868 года. - Орел, 1867; Харьковский календарь и памятная книжка на 1885 год. - Харьков, 1885; Крымский календарь на 1890 год, с приложением адрес – календаря Таврической губернии. – Ялта, 1889; Памятная книжка и адрес-календарь Лифляндской губернии на 1899 год. - Рига, 1899; Памятная книжка Киевской губернии с приложением адрес-календаря на 1914 год. – Киев, 1914; Календарь и памятная книжка Владимирской губернии на 1916 год. - Владимир, 1916.

Также большой интерес представляют: Приложения к Памятной книжке Астраханской губернии на 1890 год. - Астрахань., 1889; Приложение к памятной книжке Новгородской губернии на 1891 год, справочные сведения и материалы по статистике Новгородской губернии на 1891 год. – Новгород.,1891; Столетие Минской губернии: [1793-1893: историко-статистическая записка]: приложение к Памятной книжке Минской губернии на 1893 год. – Минск., 1893; Кавказский календарь на 1848 год. – Тифлис, 1847; Воронежский календарь на 1873 год. – Воронеж., 1873; Памятная книжка Уфимской губернии с статистической картой губернии. - Уфа., 1873; Памятная книжка о Ковенской губернии 1853 г.: [В 2-х ч.]. - Ковно., 1853; Памятная книжка для Псковской губернии, на 1857 год. – Псков., 1857; Адрес-календарь лиц, состоящих на государственной службе и общественной службе в Тобольской губернии. – Тобольск., 1888; Справочник и адрес – календарь Самаркандской области на 1898 год. – Самарканд, 1899; Амурский народный календарь на 1901 год. – Благовещенск, 1901; Иллюстрированный адрес – календарь Бессарабской губернии на 1913 год. – Кишинёв, 1912; Адрес-календарь и справочная книжка Тамбовской губернии. – Тамбов, 1914; Адрес-календарь и справочная книжка Пермской губернии за 1917 г. – Пермь., 1916.

В материалах по Тобольской губернии в некоторых случаях вместо «Адрес – календарь Тобольской губернии…» употреблялось - «Календарь Тобольской губернии…».

Ряд адрес – календарей и памятных книжек имел отраслевой, тематический характер, когда их издавали различные учреждения и ведомства. Например, «Памятная книжка Московского архива министерства юстиции» (1890), которая содержала списки служащих учреждения, с краткими биографиями и перечнем их трудов; Адрес – календарь сельскохозяйственных обществ. – СПб., 1902; Памятная книжка Императорского Санкт-Петербургского историко – филогического института за 1902 – 1912 гг. – СПб., 1912 (включила список выпускников за 1871 – 1912 гг.); Памятка Санкт-Петербургского сиротского института

Императора Николая I. 1837 – 1912. – СПб., 1913 (включает списки выпускниц с 1837 по 1898 гг.).

Для западно – сибирского региона это «Памятные книжки Западно – Сибирского учебного округа» (1889 – 1917 годы). Место издания – Томск, тогда единственный университетский центр в азиатской России. В конце XIX – начале XX веков в Тобольске выходили: Тобольский епархиальный адрес-календарь, Справочная книга по Тобольской епархии.

Среди комплекса указанных источников встречаются различные «справочные книжки (книги)…», «справочные указатели», «списки населённых мест…», «торгово – промышленные и справочные календари», «адрес – указатели», «указатели», «практические указатели», различные «обзоры», «сборники», «описания», «адрес – календари, общие росписи». Все они также носили общий, энциклопедический или тематический характер. Например, Справочная книга о лицах, получивших в течение 1873 года купеческие свидетельства и билеты по 1 и 2 гильдиям на право торговли и промысла в 1874 году. – СПб.,1874; Справочная книжка на 1895 г. о должностных лицах правительственных и общественных установлений Омского военного округа и Степного генерал – губернаторства. – Омск., 1894; Справочная книжка: Личный состав должностных лиц Пензенской губернии на 1913 год. – Пенза.,1913; Ленская справочная книжка 1914 г. – СПб., 1914; Вся Тула. Справочный указатель с приложением исторического очерка гор. Тула, - Тула., 1908 г.; или: Старые списки населенных мест Херсонской губернии. - СПб., 1857; Адрес-календарь. Общая роспись начальствующих и прочих лиц в Российской Империи на 1891 год. Часть I. – СПб.,1891; Волости и инородные управы Томского округа. Список населённых мест с кратким извлечением из материалов по статистико – экономическому исследованию населения. 1893 – 1894 год. - Барнаул., 1896; Сибирский торгово – промышленный и справочный календарь на 1898 год. – Томск.,1898; Адрес-указатель С.-Петербурга и Москвы. – СПб.,1898; Адрес – календарь Российской империи. Сельско-хозяйственный отдел. – СПб., 1903; Обзор Архангельской губернии на 1912 год. – Архангельск, 1913; Описание Тобольской губернии. – Петроград, 1916.

Такие издания следует считать сопутствующими, вспомогательными к адрес – календарям, памятным книжкам и спискам должностных лиц источниками, имеющими свою источниковедческую ценность. Без их рассмотрения картина административно – территориального устройства, социально – экономического, центрального и местного управления страны не может быть полной.

Проведённый обзор позволяет прийти к следующим выводам. 1) учётно – статистическая документация российского государственного делопроизводства в Новое время – это не только архивный, но и обширный комплекс опубликованных текстов, многие из которых до сих пор не изучены или стали библиографической редкостью; 2) их основными разновидностями являются: адрес – календари, памятные книжки, а также списки должностных лиц; 3) конкретную внутривидовую сущность отдельных источников трудно определить, их содержание носит смешанный, дублированный характер и требует внимательного изучения; 4) имеется масса иных справочных изданий, близких по содержанию к адрес - календарям и памятным книжкам; 5) представляется возможным весь комплекс затронутых выше источников учётно – статистической документации Нового времени называть «адрес – календарными».

Список источников и литературы:

1. Румянцева, М.Ф. Исторические источники XVIII – начала XX века // Источниковедение: Теория. История. Метод / сост. И.Н. Данилевский, В.В. Кабанов [и др.]. – М.: Росс. гуманит.ун-т, 1998. – 702 с.
2. Раздорский, А.И. Общие печатные списки должностных лиц губерний и областей Российской империи, 1841-1908 гг. Библиографический указатель. (Электронная версия) / ред. Н.М. Балацкая. - СПб., 2003. Электронный ресурс: http://www.nlr.ru/res/epubl/official/pred1a.html (дата обращения: 3.11.2013).
3. Памятные книжки губерний и областей Российской империи. Исследовательский проект РНБ (Санкт-Петербург). Электронный ресурс: http://www.nlr.ru/pro/inv/mem_buks.htm (дата обращения: 3.11.2013).
4. Российская государственная библиотека. Официальный сайт. Электронный каталог. http://www.old.rsl.ru/ (дата обращения: 5.11.2013).
5. Российская национальная библиотека. Официальный сайт. Электронная библиотека (Докусфера) http://leb.nlr.ru/ (дата обращения: 5.11.2013).

Чернышев И.В.

ПАЛЕСТИНСКАЯ ПРОБЛЕМА В СОВРЕМЕННОЙ ЗАРУБЕЖНОЙ ИСТОРИОГРАФИИ

В статье проанализировано зарубежную историографию, которая касается освещения проблемы признания Палестины и ее влияние на ситуацию в ближневосточном регионе (1993-2012 гг.).

Вопрос обретения независимости Палестины в зарубежной исторической науке основательно и комплексно еще никем не рассматривался. Проблема не стала предметом специальных исследований. В иностранных трудах можно найти раскрытыми только отдельные составляющие палестинской проблемы. Зарубежную историографию данной проблемы можно разделить на четыре составляющие: первая - американская историография, которая является главной страной посредником, вторая - европейская историография, она характеризуется наибольшей независимостью, третья - израильская историография, интересна тем что есть непосредственным учасником конфликта; четвертая - палестинская историография, наиболее молодая и выступает противовесом израильской историографии. Каждая из этих составляющих имеет свою специфику.

Основной задачей данной статьи является анализ зарубежной историографии на современном этапе которая посвященна Палестинской проблеме в период с 1993 - 2012гг .

Достаточно содержательной и разноплановой является американская историография палестинской проблемы. Среди работ американских ученых надо выделить работы Д. Росса. В своей монографии «Поиск нового направления на Ближнем Востоке для Америки» анализируется значение США в разноплановых ближневосточных противоречиях в постбиполярный период. Отдельно освещены арабо-израильский конфликт и его главная составляющая - проблема признания Палестины как в регионе, так и в общемировом масштабе [1] .

В последние годы в США было опубликовано значительное количество фундаментальных исследований посвященных анализу ближневосточной политики США. Авторы этих работ, среди которых присутствует значительное количество государственных деятелей и дипломатов США (М. Олбрайт , Р. Хаас , М. Индик , А. Миллер, Э. Джереджян , Д. Курцер).

Стоит подчеркнуть, что в трудах этих ученых проблема признания Палестины не рассматривается и не выделяется как самостоятельное направление научного поиска. Напротив, этот вопрос исследуются только в контексте других совместных научных проблем, таких как преодоление фундаментализма, урегулирования межэтнических противоречий, анализ взаимодействия США и Израиля, борьба с терроризмом, политикогенез и т.д [2].

Заметный вклад в исследовании процесса международного признания Палестине в 1993-2012 гг было сделано и на территории стран Европы. Европейская историография палестинской проблемы представлена работами французского историка и публициста Х. Лоуренса. В двухтомном работе «Палестинский вопрос» ученый по хронологическому принципу освещает развитие палестинской проблемы, и с применением позитивиського подхода определяет генезис палестинской проблемы. Также Х. Лоуренс является автором целого ряда работ посвященных палестинскому вопросу, и обращает большое внимание на европейское видение решения арабо-израильского противостояния [3].

Можно отметить, что европейские исследователи уделили достаточное внимание освещению палестинской проблемы. Однако, несмотря на значительный интерес ЕС к решению палестино-израильской конфронтации, как в политической так и экономической плоскостях, отдельного исследования посвященного процессу признания Палестины на мировой арене в конце XX - начале XXI в. сделано не было.

Относительно израильского массива научного достояния, то отдельного внимания заслуживают работы авторов, касающихся проблем связанных с процессом развития палестинской государственности. Чрезвычайно четко позиция Израиля о судьбе Палестины нашла отражение в работе известного израильского политического деятеля Ш. Переса «Новый Ближний Восток». Автор основываясь на значительном объеме документов отчетливо иллюстрирует позицию Израиля на Ближнем Востоке [4].

Учитывая значительную степень заинтересованности израильской стороны в определенном направлении решении палестинской проблемы, нужно отметить, что им присуща определенная зангажированность которая влияет и на научное освещение проблемы. Однако работы израильских авторов базируются на уникальной источниковой базе. Однако, в научных достижений израильского происхождения, связанного с исследованием процессов политико-правового и исторического становления палестинской государственности, необходимо относиться критически, учитывая вышеупомянутые факторы .

Конец XX - начало XXI века было ознаменовано появлением значительного количества исследований палестинских авторов. В частности, они касались вопросов политического развития Палестины, развития государственности и нормативно-правового обеспечения, достижений палестинской дипломатии на пути к международному признанию, и истории палестинской проблемы .

Вали аль Халиди в монографии «Палестинский взгляд на арабо-израильский конфликт», освещает палестинское видение путей решения палестино - израильского конфликта, которое сводится в первую очередь к прекращению строительства поселений израильтян на оккупированных территориях, прекращение экономической блокады, недопущения физического уничтожения палестинских функционеров спецслужбами Израиля [5].

За последние несколько десятилетий ученые палестинского происхождения сделали заметный шаг вперед в области освещения вопросов, связанных с процессами международного признания Палестины в новейший период. Несмотря на это, в их историографическом наследии не хватает структурированности и научности. Некоторые исследования достаточно косвенно можно назвать научными, они носят значительный отпечаток публицистической и научной популярности. К недостаткам работ палестинского происхождения можно отнести и значительную религиозную и политическую заангажированность, что безусловно негативно влияет на объективность подачи материала.

Подытоживая рассмотрение зарубежной историографии посвященной Палестинской проблеме можно сказать следующее. Проанализировав четыре составляющие на которые мы разделили современную зарубежную историографию ни одна из них не раскрывает полностью всех аспектов Палестинской проблемы. В американской историографии основным объектом исследования является роль США и их отношения с Израилем который остается их главным союзником на Ближнем Востоке. Также в течение многих лет США остаются главным посредником в палестино-израильских мирных переговорах. Все эти факторы оказывают негативное влияние на американскую историографию. Довольно часто американские исследователи защищают позицию израильской стороны, даже когда их действия осуждает большая часть мирового сообщества. Анализируя вторую категорию - израильскую историографию взгляды на данную проблему соответствуют тем которые были сформированы еще в период биполярного мира. Много внимания уделено защите официальной израильской политики в отношении Палестины и обвинении другой стороны в срыве переговоров, терроризме и тд. В последние годы израильские научные круги начали отходить от этих взглядов на эту проблему. К положительной стороны европейской историографии можно отнести ее не зангажированность и более объективное видение этой проблемы. Учитывая также то влияние ЕС на регион усиливается то заинтересованность в решении этой проблемы может подтолкнуть к появлению ряда новых работ по данной проблеме. Относительно четвертой категории которая в наше время началась активно развиваться - палестинская историография, то в ней представлены взгляды резко отличаются от американских и израильских ученых. Поэтому анализируя все эти взгляды можно составить более полную картину Палестинского вопроса. Но ни в одной категории зарубежной историографии не имеет полного анализа ситуации вокруг Палестинской автономии и ее влияния на ситуацию в регионе в целом.

Литература

1. Ross D. Myths, Illusions & Peace. Finding a New Direction for America in the Middle East / D. Ross, D. Makovsky. – N.Y.: Viking, 2000. – 368 p.
2. Allbright M. Memo to the President Elect: How We Can Restore America's Reputation and Leadership / M. Allbright. – N.Y.: HarperCollins Publishers, 2008. – 328 p.; Haass R. N. War of Necessity, War of Choice: A Memoir of Two Iraq Wars / R. N. Haass. – N.Y.: Simon & Schuster, 2009. – 352 p.; Indyk M. Innocent Abroad: An Intimate Account of American Peace Diplomacy in the Middle East / M. Indyk. – N. Y.: Simon & Schuster, 2009. – 512 p.; Miller A. D. The Much Too Promised Land: America's Elusive Search for Arab-Israeli Peace / A. D. Miller. – N.Y.: Bantam, 2008. – 416 p.; Djerejian E. Danger and Opportunity: An American Ambassador's Jouney Through the Middle East / E. Djerejian. – N.Y.: Threshold Editions, 2009. – 320 p.; D.C.Kurtzer, Lazensky S.B. – Wash., D.C.: United States Institute of Peace Press, 2008. – 210 p.
3. Laurens H. La Question de Palestine / Henry Laurens: Tome 3 – L'accomplissement des prophéties (1947-1967). – t. 3, Fayard, 13 juin 2007. – 838 p.
4. Перес Ш. Новый Ближний Восток : Пер. с англ. / Перес Ш., Арие Наор; Предисл. А. Е. Бовина. – М.: Прогресс: Гамма, 1994. – 239 с.
5. Walid al-Khalidi A Palestinian Perspective on the Arab-Israeli Conflict / Walid al-Khalidi // Journal of Palestine Studies. – 1995. –46 p.

Подберезных И.Е.
кандидат исторических наук, доцент кафедры всемирной истории
Черноморский государственный университет им. Петра Могилы

КАМБОДЖА: ПОЛИТИЧЕСКИ-ЭКОНОМИЧЕСКОЕ РАЗВИТИЕ И МИРОВОЕ ПАРТНЕРСТВО НА СОВРЕМЕННОМ ЭТАПЕ

Камбоджа - страна Юго-Восточной Азии, которая становится на путь к демократическому развитию, в последнее время привлекает к себе большое внимание из-за быстрых темпов развития международных связей с прогрессивными странами мира. В первую очередь нас интересует сотрудничество Камбоджи с США, политика которых сосредоточена на удовлетворение собственных стратегически-политических и военных планов. Важно само исследование основных направлений и отраслей партнерства этих стран, а также результат их сотрудничества.

Изучение этой проблематики базируется на официальных заявлениях госсекретарей США Х. Клинтон, Р. Кирк, Ф. Кроули, министров торговли и международных отношений Камбоджи. Кроме того этот вопрос исследует американский юрист-эксперт Брэндон Циаронини.

Целью этой статьи является исследование международного сотрудничества Камбоджи - США на современном этапе их развития, освещение основных направлений партнёрства и определить влияние США на экономику, образование и политику Камбоджи.

Камбоджа одна из стран, которая в недавнем времени вступила на путь демократизма и формирования собственной политической роли на международной арене. Эта страна входит в тройку наименее развитых стран «третьего мира», в число которых входят Лаос и Мьянма. Ее развитие обусловлено различными историческими, политическими процессами и факторами как внутри страны, так и внешней политики.

Внешняя политика страны основывается на принципах нейтралитета, хотя в последнее время она становится все активнее. Камбоджа присоединилась к Балийскому договору о дружбе и сотрудничестве в Юго-Восточной Азии (ЮВА), вступила в АСЕАН, активно участвует в региональных форумах АСЕАН по вопросам безопасности.

На современном этапе Камбодже помогают в развитии много иностранных государств, большинство из которых поддерживают собственные интересы, в частности США, Китай и Россия. Брэндон Циаронини отметил, что такое партнерство выходит за рамки простых деловых отношений на политическом и экономическом уровне, так как между странами существует определенная симпатия друг к другу [1].

Такому улучшению способствовали, прежде всего, официальные визиты госсекретаря Х. Клинтон и президента США Б. Обамы, которые финансово помогают не только Камбоджи, но и всему региону. США активно участвует в развитии экономики Камбоджи, благодаря финансированию программам по охране здоровья, окружающей среды и энергетических ресурсов, которые обсуждались на встрече 23 июля 2009 г. Х. Клинтон и министрами иностранных дел, не только Камбоджи, но и Лаоса, Таиланда и Вьетнама. Помощь США в здравоохранении привела к сокращению на 50% инфицирования ВИЧ/СПИД в Камбодже. Кроме того уменьшился процент больных пандемией гриппа, туберкулезом и малярии, благодаря предоставлению бесплатных медикаментов [2].

Следует акцентировать внимание на том, что США обязались помогать в разработке экологических программ в регионе реки Меконг, чтобы решить проблему с регулировкой водными и лесными ресурсами, а также улучшить безопасность питьевой воды.

Большое значение имеет поддержка США системы образования в Камбодже. Эта поддержка включает в себя программу обмена студентами и учеными между странами (более 500 студентов получили возможность учиться в США в рамках программы Фулбрайта). Оба правительства поддерживают увеличение области образовательных программ (подготовка большего количества специалистов в области здравоохранения, компьютерной инженерии и передовых технологий) и широкого доступа к сети Интернет. Страны договариваются об увеличении количества обмена студентами, чтобы распространить изучение английского языка среди молодежи Камбоджи [2].

30 августа 2013 г. в Сием-Рипе, Камбодже состоялась консультация между министрами экономики АСЕАН, которую возглавил министр торговли Камбоджи Чам Праса и торговый представитель США Рон Кирк, где обусловили дальнейшее укрепление торговых и инвестиционных связей. Эта встреча является свидетельством прочных торговых связей между США и АСЕАН, которая показывает прирост товарообмена между странами с каждым годом, и оставляет США четвертым по величине торговым партнером с АСЕАН. Также был проведен первый деловой саммит между США и АСЕАН, на котором присутствовало более 150 представителей бизнеса с обеих сторон, что обсудили дальнейший экономический рост и инновации в данной области. На саммите Рон Кирк объявил намерения администрации Б. Обамы, направленные на углубление и укрепление торговли, инвестиций между США и АСЕАН, а торговый представитель и министр торговли Камбоджи объявили о потенциальной инвестиционной договоренности. «Наше решение о том, чтобы рассмотреть возможную инвестиционную договоренность с Камбоджой демонстрирует, что страны этого региона могут быть партнерами США, как индивидуально, так и коллективно, в рамках АСЕАН» - добавил Кирк, который уже в то время заключил двусторонние договоренности с рядом

министров АСЕАН, включая участие в переговорах про Транс-Тихоокеанское партнерство [3].

Важным для Камбоджи и США является вопрос обеспечения антитеррористической безопасности в Тихоокеанском регионе. Чтобы поддержать отношения между двумя армиями в Камбоджу (в порт Сиануквиля) прибыл боевой корабль ВМС USS Blue Ridge, чем укрепили партнерские связи в рамках общественных работ и проведения совместных военных учений [4].

Несмотря на очевидные дружески-политические шаги со стороны США к Камбоджи, все же остается не решенным вопрос относительно военной помощи, в которой США отказали, считая виновным эту страну в нарушении прав человека. О таком решении сообщил госсекретарь США Филип Кроули, объясняя это тем, что Камбоджа не предоставила политическое убежище 20 китайским уйгуров. По его словам, действия Камбоджи противоречат ее предыдущим заявлениям о готовности рассмотреть просьбу уйгуров о предоставлении убежища по статусу беженцев. Сделать это Камбоджа обязывалась вместе с Управлением Верховного комиссариата ООН по делам беженцев [5].

Итак, подведя итоги мы, можем, констатировать: во-первых, Камбоджа является страной, развивающейся, на демократических принципах и уже имеет свое сложившиеся направление международной политики, которая направлена на партнерство с США и АСЕАН. Направление их сотрудничества включает в себя экономический, политический и военный факторы.

Во-вторых, большое внимание обе страны предоставляют образованию, охране здоровья, окружающей среде и энергетических ресурсов. Камбоджа и США пытаются совместными усилиями способствовать развитию региональной безопасности, принимая антитеррористические программы и совместные военные учения. Чтобы помочь Камбодже стать демократической страной США не предоставляет вооруженной помощи стране и склоняет ее к соблюдению прав человека.

В третьих, не менее важным для обеих стран является внедрение стратегического торгово-экономического партнерства и расширение инвестиционной политики.

Литература

1. США и Камбоджа: финишная прямая к утверждению [Электронный ресурс] // Портал о США и Камбодже. - Режим доступа: www.phnompenhpost.com

2. Камбоджа – Лаос – Таиланд – Вьетнам - США: финишная прямая к утверждению [Электронный ресурс] // Портал о Камбодже - Лаос - Таиланд - Вьетнам - США. - Режим доступа:

http: // www. state. Gov / p / eap/mekong

3. Консультация министров экономики Ассоциации государств Юго-Восточной Азии (АСЕАН): финишная прямая к утверждению [Электронный ресурс] // Портал о Консультации министров экономики Ассоциации государств Юго-Восточной Азии (АСЕАН). - Режим доступа: ww.Offshore.su

4. Флагман американского ВМС USS Blue Ridge (LCC19) посетил Камбоджу: финишная прямая к утверждению [Электронный ресурс] // Портал об американском флагмане ВМС USS Blue Ridge (LCC19), посетившим Камбоджу. - Режим доступа: http://kapuchia.com/view/283/6/

5. США приостановили военную помощь Камбодже, обвинив ее в нарушении прав человека: финишная прямая к утверждению [Электронный ресурс] // Портал об остановке военной помощи США Камбоджи, обвинив ее в нарушении прав человека. - Режим доступа: http://kapuchia.com

6. Kenton Clymer. The United States and Cambodia, 1969-2000: A Troubled Relationship / Kenton Clymer. - London: 11 New Fetter Lane, 2004.

7. Vannarith Chheang. US- Cambodia Relations: New Momentum / Vannarith Chheang // Asia Pacific Bulletin. - November 9, 2010. - № 80.

Ибадильдин А.С., Мухамеджанов Г.К., Жантілеу Е.Б.
д.м.н Ибадильдин А.С., профессор, заведующий кафедры «Хирургических болезней №3» КазНМУ им. С.Д. Асфендиарова, РК, г. Алматы
к.м.н Мухамеджанов Г.К., доцент кафедры «Хирургических болезней №3» КазНМУ им. С.Д. Асфендиарова, РК, г. Алматы
Жантілеу Е.Б. резидент кафедры «Хирургических болезней №3» КазНМУ им. С.Д. Асфендиарова, РК, г. Алматы (zhantileuov_e@mail.ru)

АНАТОМО-ТЕХНИЧЕСКИЕ АСПЕКТЫ ОБУЧЕНИЯ И ТЕСТИРОВАНИЯ ХИРУРГОВ

Современная лапароскопическая хирургия, вне сомнения, является одним из крупнейших достижений медицины последних десятилетий. В июле 1987 г. во Франции F. Moore выполнил первую лапароскопическую холецистэктомию у пациента с калькулезным холециститом, и уже начиная 1988-89 гг. эта операция получила широкое распространение и всеобщее признание. Явные преимущества эндолапароскопического способа удаления желчного пузыря перед аналогичным вмешательством посредством лапаротомии послужили толчком к быстрому расширению арсенала лапароскопических операций. В конце 80-х и в начале 90-х годов ряд хирурги Европы и Америки, как будто «соревнуясь друг с другом», апробируют и внедряют в клиническую практику самые различные эндолапароскопические вмешательства на органах брюшной полости и забрюшинного пространства: холедохолитотомию, холедоходуоденостомию, ваготомию, фундопликацию, резекцию желудка, адреналэктомию, спленэктомию, поясничную симпатэктомию, резекцию сигмовидной кишки, гемиколэктомию и другие[1,3].

В связи с этим встал вопрос о подготовке практических и будущих хирургов к лапароскопическим операциям. В данный момент существуют множество тренажеров и виртуальных симуляторов различной модификации и степени сложности, от более простых до ультрасовременных с применением робота-симулятора[3,1].

В структуре медицинского образования в Казахстане наблюдаются очевидные изменения, ориентированные на богатый международный опыт. При этом сохраняются лучшие традиции отечественной науки и практики[2, 351]. Повсеместно открываются специализированные учебные центры при вузах, где становится возможным освоение практических навыков в различных отраслях высокотехнологичной медицины. В центре практических навыков Казахского Национального Медицинского Университета установлен лапароскопический тренажер «LAP Mentor» в единственном экземпляре. В связи с этим данный тренажер не может удовлетворить освоение практических навыков интернов, резидентов хирургического профиля в полном объеме. Возникает вопрос о создании тренажера не уступающим по функциональности, но гораздо дешевле своего аналога.

На кафедре «Хирургических болезней №3» был сконструирован тренажер оригинальной конструкции (Патент №25262 от 16.10.2013).

Аналогом данного тренажера разработанного на кафедре «Хирургические болезни №3» является прибор «виртуальный симулятор» «LAP Mentor» SimbionixTM, 2011 г.

«Виртуальный симулятор» предназначен для отработки владения эндохирургическим инструментарием, приобретения практических навыков и приемов выполнения эндохирургических вмешательств в абдоминальной хирургии и гинекологии в виртуальной среде с реалистичной имитацией тактильной чувствительности. Симулятор состоит из монитора, системного блока, инструментов и самого робота-симулятора[4, 2-29].

Недостатки «виртуального симулятора» «LAP Mentor»: это виртуальный тренажер и не дает реальных тактильных ощущении. Сложное техническое оснащение нуждается в отдельном техническом обслуживании с привлечением технического персонала, а в сложных случаях вызов специалиста из заграницы (Израиль, США). Аппарат дорогой, в связи с чем закупается в единичном экземпляре, что не дает возможности устанавливать его в достаточном количестве в медицинских учебных заведениях для непрерывного обучения студентов.

Учитывая вышеперечисленные недостатки, возник вопрос о необходимости разработки тренажера, который не уступает по функциональными данными «LAP Mentor» и имеет ряд экономических преимуществ.

Тренажер состоит из пластикового «торса человека» с вмонтированной стационарной видеокамерой, которая подключена к компьютеру через USB кабель. Трансляция проходит в on-line режиме. Тренажер имеет анатомическую имитацию брюшной полости и передней брюшной стенки. На передней брюшной стенке в стандартных точках имеются отверстия для ввода лапароскопических инструментов. После подключения компьютера, запускается программа для трансляции изображения из брюшной полости необходимая для выполнения манипуляции. В брюшной полости имитируется определенная ситуация.

Предложенный тренажер технический средней степени сложности, изготовлен из доступных технических устройств и материалов. Техническое устройство конструкций позволяет выполнить в кротчайшие сроки ремонт с заменой деталей для восстановления полноценной работы аппарата. Процесс изготовления, затраты и, как следствие, стоимость предлагаемого нами тренажера дешевле в разы. Процесс изготовления и сборки возможен в технической лаборатории средней степени оснащенности и анатомо-технических знании.

Заключение. Так как предложенный нами тренажер при кажущейся простоте технико-анатомического изготовления, не уступает по функциональным параметрам, с использованием как реального инструментария, так и не виртуальных анатомических ситуации. Стоимость тренажера позволяет обеспечить необходимое количество выпуска и оснащения как медицинских ВУЗов, так и практического здравоохранения в плане обучения и тестирование студентов и врачей.

Литература:

1. Константин Франтзаидее «Лапароскопическая и торакоскопическая хирургия»/Пер. с англ. — М. — СПб.: «Издательство БИНОМ» — «Невский Диалект», 2000 г.
2. А.С. Ибадильдин «Хирургические болезни» - Каз Акпарат, Алматы 2012 г.
3. Горшков М.Д., Федоров А.В. Классификация по уровням реалистичности оборудования для обучения эндохирургии// Виртуальные технологии в медицине.-2012. - №1 (7). – С. 35-39
4. Инструкция по эксплуатации «LAP Mentor» SimbionixTM www.simbionix.com 2-29 стр.

Богданова Т.М.*, Бакуткин В.В.**, Кузнецова М.В.***, Бакуткин И.В.**, Мельников Л.А.***, Наливаева А.В.*

*ГБОУ ВПО Саратовский государственный медицинский университет им. В.И.Разумовского Минздрава РФ, Россия; **ФБУН Саратовский НИИ СГ Роспотребнадзора, Россия; ***Саратовский государственный технический университет им. Гагарина Ю.А., Россия

ОПРЕДЕЛЕНИЯ ЦВЕТОВЫХ ХАРАКТЕРИСТИК КОЖИ: СОВРЕМЕННЫЕ ПРЕДСТАВЛЕНИЯ

Реферат

Оптика биотканей - одна из наиболее быстро развивающихся областей знаний, представляющих интерес, как для биологов, физиков так и медиков, работающих над созданием медицинских технологий диагностики и лечения. Определение оптических характеристик биологической ткани дает возможность получить объективную информацию о пространственном распределении содержащихся в ней компонентов и использовать ее в лечебных и диагностических целях.
Ключевые слова: телемедицина, биоткани, цветовое пространство, цветовой индекс кожи, смартфон, RGB-анализ.

Bogdanova T.M*., Bakutkin V.V., Kuznecova M.V.***, Bakutkin I.V.**, Melnikov L.A.***, Nalivaeva A.V.***

*Saratov State Medical University n.a. V.I. Razumovsky, Saratov, Russia
**Saratov Research Institute of Rural Hygiene, ***Saratov Technical University

WORKING OF MEANS FOR DEFINITION COLOR CHARACTERISTIC OF SKIN

Abstract

Optics tissues - one of the fastest growing areas of knowledge that are of interest both for biologists, physicists and physicians, are working to develop medical diagnostic and treatment technologies. Determination of the optical characteristics of the tissue allows to obtain objective information on the spatial distribution of the components contained in it and use the information for therapeutic and diagnostic purposes.

Key words: telemedicine, biomaterial, color space, color index skin, smartfon, RGB-analysis.

Развитие компьютерных технологий, позволяет успешно моделировать происходящие в биотканях процессы взаимодействия света с живой материей, анализировать результаты экспериментальных исследований, осуществлять их «компьютерную визуализацию» [1,866].

В настоящее время каждый житель России имеет мобильное устройство, которое использует для передачи информации, выполнения профессиональных работ и т.д. В связи с этим существенное развитие получил рынок различных мобильных приложений. В его рамках существуют развлекательные и обучающие программы, игры, офисные приложения, переводчики и многие другие виджеты. Это открывает возможность использования мобильных устройств (в частности, смартфонов), для выполнения профессиональной деятельности. Особое значение имеет при этом существование открытого программного обеспечения, предоставляемого операционной системой ANDROID.

В рамках концепции телемедицины [2], а также для проведения клинических исследований удобно использовать смартфоны, как устройства, в которых уже предусмотрены технические средства для получения информации и передачи данных на удаленную обработку.

Известны способы определения состояния кожи человека на основе измерения ее цветовых характеристик. Например, в солярии покраснение кожи может говорить о превышении дозы ультрафиолетового излучения, воспалительной реакции и т.д. Физиологические нарушения на коже не всегда возможно визуально определить, без применения специализированных приборов.

Нами предполагается проект разработки измерительного устройства на основе смартфона для применения в различных областях медицины. Работа включает разработку методики получения и обработки изображений, архивации и программ диагностики патологических изменений кожи обследуемых. Основное назначение измерительной системы – объективное измерение цвета выбранного участка кожи для отслеживания его динамики во времени. В работе использован способ определения цвета участка кожи, включающий измерение трех основных цветов (RGB) эталонного образца и последующего колориметрического анализа. Основная задача настоящего проекта - создание устройства для фоторегистрации кожи и программного обеспечения.

Способ определения цвета участка кожи включает измерение количества трех основных цветов (RGB) эталонного и исследуемого образца, преобразование результатов измерений в коды или цифровые сигналы [3]. Значение измерительной системы – оценить цвет выбранного участка кожи в динамике.

Таким образом, мы добиваемся точности измерения, количественного выражения цвета участков кожи путем прямого определения координат цвета с учетом всех факторов, влияющих на измерения.

Литература

1. Синичкин Ю.П., Утц С.Р., Пилипенко Е.А. In vivo лазерная флуоресцентная спектроскопия кожи человека: влияние эритемы // Оптика и спектроскопия. 1994. Т.76. №5. С.864-868.

2. http://www.cplire.ru/koi/telemed/index.htm

3. http://www.freepatent.ru/patents/2447830

УДК 616.314.17-008.1-031.81-036-08-053.82

Димитрова А.Г.
ассистент кафедры терапевтической стоматологии
Национальный медицинский университету имени А.А.Богомольца
г. Киев, Украина

Коленко Ю.Г.
доцент кафедры терапевтической стоматологии
Национальный медицинский университету имени А.А.Богомольца
г. Киев, Украина

ПРИМЕНЕНИЕ ИММУНОМОДУЛЯТОРОВ В КОМПЛЕКСНОМ ЛЕЧЕНИИ ГЕНЕРАЛИЗОВАННОГО ПАРОДОНТИТА

Заболевания пародонта занимают ведущую роль среди всех стоматологических проблем [2, с.11]. На сегодняшний день особое внимание уделяется иммунологическим нарушениям в развитии болезней пародонта [3, с.2]. Многими исследованиями подтверждается существенное ослабление неспецифических факторов местного иммунитета полости рта у лиц молодого возраста при генерализованном пародонтите [6, с.61; 7, с.995].

Для ликвидации возникших нарушений в арсенале имеется большое количество лекарственных средств, которые обладают иммуностимулирующим, иммуномодулирующим свойствами [4,с. 86; 5, с.196]. Среди них выделяют иммуномодуляторы животного, растительного, бактериального происхождения, вакцины (лизаты бактерий) и синтетические. Проанализировав все основные группы и изучив механизмы их действия, мы остановились на препаратах двух групп: 1) группе вакцин – «Имудон» и 2) иммуномодуляторе местного действия – фитопрепарате – «Лизак» [1, с.20]. Отдавая предпочтение этим средствам, мы исходили не только из их свойств, но и из отсутствия явных противопоказаний к их назначению.

На кафедре терапевтической стоматологии НМУ накоплен достаточный опыт применения препаратов «Имудон» и «Лизак» при лечении заболеваний пародонта [4, с.87]. Исходя из вышеизложенного, целью нашего исследования было проведение сравнительного анализа применения препаратов «Имудон» и «Лизак» в комплексном лечении генерализованного пародонтита у лиц молодого возраста.

Материал и методы исследования

Под нашим наблюдением находились 52 пациента основной группы и 25 контрольной и возрасте от 18 до 21 года с начальной-I степенью генерализованного пародонтита. Все пациенты получали комплексное лечение по схеме, разработанной на кафедре терапевтической стоматологии НМУ. Кроме того, в основной группе 26 пациентам (I гр.) в качестве иммуномодулирующего средства назначали «Имудон», остальным больным (II гр.) – «Лизак». Пациенты контрольной группы принимали поливитаминный комплекс «Биовиталь».

Установлено, что «Имудон», действуя через систему иммунологических механизмов, вызывает стимуляцию как гуморального звена иммунитета (увеличение содержания в слюне лизоцима и интерферона, стимуляция образования секреторного IgA путем активизации реакции бласттрансформации β-лимфоцитов и плазматические клетки), так и клеточного (стимуляции фагоцитоза путем повышении фагоцитарной активности макрофагов, естественных киллеров, нейтрофильных гранулоцитов).

«Лизак» - комплексный препарат для местного применения, обладающий выраженной антисептической, фунгицидной и антибактериальной активностью. Он содержит 2 активных компонента: лизоцим и деквалиния хлорид, которые взаимодополняют и усиливают действие друг друга. Деквалиния хлорид – местный антисептик, активный в отношении Гр+ и Гр- бактерий, а также грибов. Механизм действия препарата обусловлен его способностью денатурировать белки и ферменты микроорганизмов, нарушать синтез белка, а также разрушать клеточную оболочку бактерий. Лизоцим обладает выраженной активностью в отношении вирусов, грибов Гр+ и Гр- бактерий, оказывая противовоспалительный эффект и способствует повышению местного иммунитета.

Обследование пациентов проводили по стандартной схеме, включающей клинико-рентгенологические и лабораторные методы исследования. В качестве клинических симптомов оценивались такие, как боль, отек, гиперемия десневого края, кровоточивость, дискомфорт. Для регистрации состояния тканей народонта использовали индексы РМА (Parma, 1960) и ПИ. Гигиеническое состояние полости рта оценивали с помощью индекса Грин-Вермильона (OHI-S). Реакции эмиграции лейкоцитов по М.Я.Ясиновскому (1932). Определяли уровень секреторного IgA по методу G. Manchini (1965) в смешанной слюне и десневой жидкости.

Имудон назначали по 6 таблеток в день в течение 20 дней для сосания. Лизак был назначен курсом 14 дней по 1 таблетке через каждые 3 часа.

Результаты исследования

При использовании иммуномодулирующих препаратов в комплексном лечении генерализованного пародонтита уже через 1-2 посещения уменьшались кровоточивость десен, чувство дискомфорта, тяжести и болезненности десны. После 3-4 сеансов в первой группе больных воспалительные явления в тканях пародонта исчезали практически полностью у всех наблюдаемых пациентов. Слизистая оболочка десен уплотнялась, отек и гиперемия сосочка отсутствовали.

У больных второй группы снижение интенсивности воспалительных явлений в тканях пародонта наблюдалось через 4-5 сеансов. У пациентов третьей группы сроки лечения были более длительными, и для достижения аналогичного клинического эффекта потребовалось большее количество посещений (до 8 сеансов).

Клинические результаты подтверждаются как положительной динамикой индекса состояния тканей пародонта и гигиены полости рта, так и лабораторными показателями.

Так, у больных первой группы эмиграция лейкоцитов снижалась до $171,1\pm6,04$ клеток в 1 мм^3 смывной жидкости ($p<0,05$), у больных второй группы до $182,2\pm4,1$ клеток в 1 мм^3 смывной жидкости ($p<0,05$). Параллельно у больных этих двух групп отмечалась тенденция к повышению процента живых нейтрофильных гранулоцитов, эмигрирующих в полость рта, что свидетельствует о снижении сосудистой проницаемости, уменьшении воспалительного процесса и повышении защитных сил тканей пародонта.

Это также подтверждается данными цитологических исследований. В динамике лечения у пациентов всех групп отмечено увеличение количества неизмененных нейтрофильных гранулоцитов, уменьшение содержания их разрушенных форм, увеличение количества фагоцитов, лимфоцитов.

Так, у пациентов первой группы после лечения количество нейтрофильных гранулоцитов увеличилось в 1,9 раза, во второй группе - в 1,8 раза, в третьей - в 1,5 раза.

Параллельно отмечено достоверное снижение удельного веса разрушенных гранулоцитов: в первой группе - на 23%, во второй - на 21,5%, в третьей - на 16%. Количество фагоцитов в ходе лечения увеличилось в первой группе в 3,5 раза, во второй - в 3,2 раза, в третьей - в 2,5 раза.

По окончании терапии по всех группах пациентов возросло количество лимфоцитов, однако полученные данные в третьей группе были достоверно ниже. У пациентов, получавших в лечении иммуномодулирующие препараты, отчетливо прослеживалась тенденция к увеличению числа молодых эпителиальных клеток.

Сравнительный анализ цитологического состава пародонтальных карманов свидетельствует о положительном влиянии иммуномодулирующих средств «Лизак» и «Имудон» на динамику клинико-лабораторных результатом, а также показателей местной неспецифической защиты.

Следовательно, проведенный курс лечения, включающий применение иммуномодулирующих средств, не только приводит к снижению воспалительных явлений, но и стимулирует местные защитные силы пародонта. Причем у больных первой группы, получавших «Имудон», рост показателей местной защиты и регенерации тканей пародонта немного лучше, чем у больных второй группы.

Проведенный курс лечения с применением иммуномодуляторов способствовал увеличению секреторного IgA в смешанной слюне и десневой жидкости. Причем динамика этого показателя достоверно отличалась у больных всех групп. Так, у больных первой группы среднее значение содержания sIgA приближалось к показателям пациентов с интактным пародонтом. У больных второй группы этот показатель также достоверно увеличивался в 1,5 раза ($p<0,05$). А у больных третьей группы наблюдалось увеличение лишь в 0,8 раза. Через 3 месяца после лечения более стабильный результат получен у больных первой группы. Приведенные данные подтверждают, что лечебный эффект при использовании препарата «Имудон» реализуется не только через влияние лечения на клинические проявления болезни, но и путем нормализации факторов иммунной защиты.

Клинико-лабораторная стабилизация, как показатель стойкости ремиссии, через 6 месяцев у больных первой группы составила 98,7%, у больных второй группы - 98,1% (в контрольной группе - у 65,1%, $p<0,05$).

Заключение

В комплексном лечении генерализованного пародонтита использование иммуномодуляторов как растительного происхождения, так и группы вакцин способствует более интенсивной регрессии симптомов воспаления, уплотнению сосудистой стенки, стимуляции местных защитных механизмов полости рта. Динамика ряда показателей неспецифической резистентности тканей пародонта подтверждает более высокую эффективность препарата «Имудон». В отдаленные сроки наблюдения (через 3 месяца) более стабильные результаты были получены у пациентов, получавших в комплексном лечении «Имудон». В данной группе больных зафиксированы длительная клинико-рентгенологическая стабилизация процесса, отсутствие рецидивов заболевания.

Список использованной литературы:

1. Азнабаева Л.Ф., Арефьева Н.А., Чемикосова Т.О., Гумерова М.И. Особенности эффективности «Имудона» у больных хроническим генерализованным пародонтитом в зависимости от тонзиллярной патологии // Пародонтология. -- 2008. -- №1. -- С. 20 -- 26.
2. Борисенко А. В., Данилевский Н. Ф. Терапевтическая стоматология. Заболевания пародонта. -- К., Медицина, 2011. -- 448 с.

3. Иванюшко, Т.П. Роль иммунных механизмов в патогенезе паро-донтита и обоснование методов локальной иммунотерапии : автореф. дис. . д-ра мед. наук. М., 2002. - 50 с.
4. Сидельникова Л.Ф., Коленко Ю.Г., Димитрова А.Г. Оценка эффективности применения иммуномодулятора в комплексном лечении генерализованного пародонтита // Стоматология: от науки до практики. – 2013. -- №1. -- С. 86—91.
5. Хаитов Р. М., Пинегин Б. В. Иммуномодуляторы: механизм действия и клиническое применение // Иммунология. -- 2003. -- № 4. -- с. 196–203.
6. Шмагель, К.В. Современные взгляды на иммунологию пародонта / К.В. Шмагель, О.В. Беляева, В.А. Черешнев // Стоматология. -- 2003. -- Т. 82, №1. -- С. 61--64.
7. Buchmann R., Hasilik A., Van-Dyke T.E., Lange D.E. Resolution of crevicular fluid leukocyte activity in patients treated for aggressive periodontal disease // J. Periodontol. -- 2002. -- V. 73(9). -- P. 995--1002.

**Витрищак С.В., Клименко А.К., Савина Е.Л.,
Погорелова И.А., Изоркина И.И., Клименко А.В.,
Санина Е.В., Сичанова Е.В., Акберов А.Э.**

Витрищак С.В. - д.мед.н., профессор, зав. кафедры гигиены, экологии, ГУ «Луганский государственный медицинский университет», кафедра гигиены, экологии, г. Луганск, Украина, hygieneldmu@gmail.com

ПРОБЛЕМА МАРГИНАЛЬНОСТИ – ФУНКЦИОНАЛЬНЫЙ ПРОДУКТ ЖИЗНЕДЕЯТЕЛЬНОСТИ ОБЩЕСТВА

Маргинальность [от лат. margo (marginis) – край, граница] – явление взаимного отчуждения между традиционным обществом и нетрадиционными людьми [6].

Зарубежные и отечественные обществоведческие и медицинские дисциплины достаточно часто сегодня возвращаются к проблеме маргинальности, маргинального общества, маргинального типа личности. Усилилась необходимость в формировании новых практик, коренных изменениях в структуре идентификации индивидов по ряду социальных позиций, включая особенности жизнедеятельности, характер учебной и производственной деятельности, поведения [1].

В результате потери привычных ролей и функций, ориентиров личностных биографий, социальные субъекты тем самым оказались в состоянии неопределенности, переходности, интерпретируемого в рамках социологической традиции категорией «маргинальность» [6].

Данная ситуация характеризует и современное украинское общество, в котором в результате трансформационных преобразований прежде стабильные экономические, социальные, духовные структуры оказались существенно разрушенными, а элементы, образующие каждую из названных структур - институты, социальные группы и индивиды - оказались в пограничном состоянии [2].

Сегодня маргинальность характеризуется как неизбежное, более того, атрибутивное состояние современного украинского общества, предписанность которого обуславливается распадом стабильного каркаса социальной структуры [9]. Социологическая традиция изучения концепции маргинальности включает целый комплекс подходов, оформившихся идей и теоретических направлений, представленных в западной и отечественной социологической мысли [3].

В современной социологической науке термин «маргинальность» приобретает особую популярность, как на Западе, так и в постсоветской социологии. Особый интерес к концепции маргинальности здесь возникает в условиях проявления кризисных моментов, транзитивных состояний социальной системы, когда само явление маргинальности приобретает все более объективную окраску [8].

Маргинальность сегодня выступает в качестве категории, которая наиболее полно характеризует современную социокультурную ситуацию. Поэтому, анализ основных теоретических подходов к маргинальности, сложившихся в западной социологии позволит в дальнейшем наиболее полно и адекватно интерпретировать специфику современного украинского общества [4; 5].

Маргинальная личность порождает и свою психологию. Она основывается на аномии - есть состояние сознания, с такими экспликациями как:

1) бесцельность жизни, вследствие отсутствия ценностей, что есть результатом конфликтного столкновения различных структур и систем ценностей, ибо «теряя компас, указывающий путь в будущее, они лишаются настоящего»;

2) использование своей силы или возможности ради самого себя, что является результатом утраты моральных ориентиров;

3) изоляция от значимых человеческих отношений и связей вследствие утраты своих прежних ценностей (Феофанов К.А., 1992) [5].

Необходимо отметить, что близость характеристик маргинального человека Э. Соунквиста переплетается с характерными чертами общества, находящегося в состоянии аномии, как следствия разрыва социальных связей Э. Дюркгейма (Стоунквист Э., 1979; Дюргейм Э.,1990) [3].

Б. Манчини (Mancini B. J., 1988) с помощью выделения сущностной (по определению) маргинальности, констатирует совершенно новые возможные варианты воспроизводства маргинального статуса. Данное положение представленной исследовательской концепции позволяет значительно обогатить потенциал изучаемого феномена [7].

Маргинальные группы со временем обретают статусную определённость. При этом они характеризуются устойчивостью, стабильностью, выработкой имиджа, ментальности, кодекса чести. Однако эта тенденция не является конструктивной. Она привносит в общество дискомфорт и нестабильность, т.к. маргинальные группы, пытаясь компенсировать свою «промежуточность», натягивают «маску» той или иной нации, культуры, религии, они пытаются имитировать чужой образ жизни, перекручивая его и искажая до неузнаваемости [10].

Выводы:

1. Маргинальность представляет собой естественный функциональный продукт жизнедеятельности общества.

2. Маргинальность – это не столько психологическое состояние личности, сколько условие социальной организации, ограничивающее действия индивидов.

3. Маргинальность в украинском обществе является главным образом результатом рассогласования общественных структур и структурных взаимосвязей.

Литература:

1. Медведева С. Маргинальные социальные группы на восточно-европейском рынке труда / С. Медведева, В. Хинкрикс // Общественные науки за рубежом. Серия 11. Социология РЖ. – М.: ИНИОН, 1992. - № 2. – С. 77-79.
2. Микаэлян Н.Р. Личность в процессе социокультурной адаптации на Востоке. Новые направления западной социологии (60-80 гг.) / Н.Р. Микаэлян // Народы Азии и Африки. – 1990. - № 5. - С. 169-170.
3. Стоунквист Э. Маргинальный человек. Исследование личности и культурного конфликта // Современная зарубежная этнопсихология. Реферативный сборник. - М.:ИНИОН, 1979. - С. 90-112.
4. Медведева С., Хинрикс В. Маргинальные социальные группы на восточно-европейском рынке труда // Общественные науки за рубежом. Серия 11. Социология РЖ. – М.: ИНИОН, 1992. - № 2. - С. 77-79.
5. Феофанов К.А. Социальная аномия: обзор подходов в американской социологии / К.А. Феофанов // Социол. исследования. - 1992. - № 5. - С. 88-92.
6. Феномен маргинальности в современном украинском обществе: методологические, социологические и психогигиенические аспекты / В.А. Коробчанский, А.П. Лантух, С.В. Витрищак, Ю.Ю. Бродецкая. – Луганск, 2008. – 312 с.
7. Mancini B. J. No owner of soil: The concept of marginality revisited on its sixtieth birthday / B. J. Mancini // Intern. rev. of mod. sociology. New Delhi. – 1988. – Vol. 18. - № 2. – 188 p. – P. 183.
8. Wrey D. Marginal men of industri: The Formen / D. Wrey // Amefican journal of sociology. - Chicago. - 1949. - Vol. 54. - №4 - P. 298-301.
9. Worldwell W. Reduction of strain in marginal social role / W. Worldwell // American journal of sociology. - 1955. - Vol. LXI. - P. 16-25.
10. Wittermans T. Struktural marginality and the social worth / T. Wittermans, Y. Krauss // Sociology.Social research. - Los Anggeles, 1964. - Vol. 48. - N3. – P. 348-360.

Терентьев Д.Ю.
Сибирская государственная геодезическая академия, 630108, г. Новосибирск, ул. Плахотного, 10, аспирант, каф. КиТП

К ВОПРОСУ ОЦЕНКИ ТОЧНОСТИ ПЛОЩАДЕЙ ЗЕМЕЛЬНЫХ УЧАСТКОВ

Выполнен сравнительный анализ результатов оценки точности площадей земельных участков различной конфигурации и размеров, полученных по разным аналитическим формулам.

Ключевые слова: кадастровые работы, площадь земельного участка, средняя квадратическая ошибка определения площади земельного участка, относительная ошибка определения площади земельного участка.

В настоящее время для оценки точности площадей земельных участков по прежнему используются формулы, которые были получены во времена, когда отсутствовали современные средства вычислений и процедура оценки точности представляла собой довольно таки трудоемкую работу. Теперь же, на наш взгляд, пришло время переосмысления происходящих изменений в свете компьютеризации всех областей науки и техники, учета новых требований, предъявляемых к точности кадастровых работ и начать осуществлять эту работу таким образом, чтобы обеспечить строгость вычислений с математической точки зрения, учет всех существующих условий и требований, установленных земельным законодательством.

В данной работе выполнен сравнительный анализ результатов оценки точности площадей земельных участков, выполненной с использованием некоторых из существующих формул оценки точности площадей земельных участков, и выбрана одна из них, которая, на наш взгляд, наиболее адекватна тем требованиям, предъявляемым к результатам оценки точности.

Для расчета средней квадратической и относительной ошибки определения площади земельных участков использовались следующие формулы.

1. Формулы для определения средней квадратической ошибки площадей земельных участков квадратной и прямоугольной формы [2,3;3,5]:

Эти формулы, как правило, используются для вычисления средней квадратической ошибки площадей земельных участков, имеющих типовую геометрическую форму с незначительным числом межевых знаков:

$$m_p = m_t \sqrt{P} \qquad (1)$$

$$m_p = m_t \sqrt{P} \sqrt{\frac{1+K^2}{2K}}, \qquad (2)$$

где: m_p - средняя квадратическая ошибка определения площади; m_t – средняя квадратическая ошибка положения граничных точек (межевых знаков) участка; К – коэффициент вытянутости земельного участка.

2. Формула, предложенная профессором Масловым [9,20], используемая для оценки земельных участков с большим числом межевых знаков:

$$m_p = \frac{m_t}{\sqrt{8}} \sqrt{\sum_{i=1}^{n}(y_{i+1}-y_{i-1})^2 + (x_{i-1}-x_{i+1})^2}, \qquad (3)$$

где: x_i, y_i – координаты межевых знаков.

3. Формула вычисления относительной ошибки площади земельного участка, представленная в работах Михелева Д. Ш. и Фельдмана В.Д. [7, 340], позднее Гладкого В. И. [4,93]. Данная формула применима для земельных участков типовой геометрической формы с числом сторон четыре:

$$\frac{m_P^2}{P^2} = \frac{m_a^2}{a^2} + \frac{m_b^2}{b^2}, \qquad (4)$$

где: m_P – средняя квадратическая ошибка измерения площади; P – площадь земельного участка.

4. Формулы для оценки точности площадей земельных участков, предложенные Дьяковым Б. Н., включающие в себя формулу среднеквадратической ошибки определения площади, коэффициент поправки за геометрическую форму (6) и относительную ошибку площади земельного участка [5,5;6,42]:

$$m_P = a_n * m_t * L, \qquad (5)$$

$$a_n = \frac{\cos\left(\frac{180°}{n}\right)}{\sqrt{2n}}, \qquad (6)$$

$$\frac{m_P}{P} = \frac{a_n * m_t * L}{P}, \qquad (7)$$

где: L - это периметр участка, n – число углов, a_n – коэффициент поправки.

5. Формулы вычисления средней квадратической и относительной ошибки площади земельного участка, предложенные Егоровым Н. Н. [8,55]:

$$m_P = m_t[S]_P, \qquad (8)$$

$$\frac{m_P}{P} = \frac{1}{T_P} = \frac{m_t[S]_P}{P}, \qquad (9)$$

где: T_P – относительная ошибка площади; $[S]_P$ – периметр участка.

Используя вышеприведенные формулы (1) – (9), была выполнена оценка точности площадей земельных участков: определены средние квадратические и относительные ошибки площадей земельных участков. Площади оцениваемых земельных участков различались между собой размерами (от 600 до 25 000 квадратных метров) и конфигурацией (квадратной, прямоугольной и произвольной). При этом средняя квадратическая ошибка положения межевых знаков принималась равной 0.10 метра, что соответствует городским территориям земель населенных пунктов.

Полученные результаты позволяют сделать следующие основные выводы:

1. Использование формулы (3) учитывает только линейные ошибки измерений, но не учитывает угловые и ошибки пространственного положения земельного участка, что в значительной мере сказывается на точности получаемой величины относительной ошибки площади;

2. Значения, полученные по формуле (6) учитывают ошибки определения местоположения межевого знака и исходного геодезического обоснования, а также включают в себя поправку за геометрическую форму земельного участка, но при этом применимы только земельным участкам типовой конфигурации;

3. Относительная ошибка, полученная по формуле (8) также не в полной мере соответствует проведенным измерениям, в виду отсутствия поправок за геометрическую форму участка, что существенно искажает результаты;

4. Относительная ошибка площади земельного участка, полученная с использованием формулы (2) учитывает ошибки исходного геодезического обоснования, среднюю квадратическую ошибку положения межевого знака и, что немаловажно, конфигурацию земельных участков.

Таким образом, оценку точности площадей земельных участков необходимо выполнять с использованием формулы (2).

Используя предложенную формулу, была выполнена оценка точности площадей реальных земельных участков, расположенных на территории города Обь Новосибирской области. Результаты оценки точности и ранжирования относительных ошибок в зависимости от размеров участков приведены в таблицах 1 и 2.

Таблица 1 - Средние квадратические и относительные ошибки площадей земельных участков в г. Обь НСО

S, м^2	m_p	$\dfrac{m_p}{P}$
330	1,65	1/200
485	1,72	1/283
500	2,24	1/223
511	2,31	1/222
534	1,74	1/307
681	2,40	1/283
689	2,36	1/292
692	2,46	1/281
743	2,39	1/311
756	2,51	1/301
762	2,57	1/297
787	2,33	1/338
804	2,76	1/292
921	3,99	1/231
1060	3,71	1/286
1203	4,97	1/242
1263	3,80	1/332
1690	4,07	1/415
2059	4,30	1/479
2800	4,85	1/577

Таблица 2 – Относительные ошибки площадей земельных участков различной конфигурации и размеров в г. Обь НСО

Площадь, м^2	Относительная ошибка площади
от 600 до 1000	1/230–1/400
от 1000 до 2000	1/300- 1/560
от 2000 до 3000	1/420-1/680
от 3000 до 4000	1/510-1/600
от 4000 до 5000	1/600-1/780
от 5000 до 10000	1/650-1/1240
от 10000 до 15000	1/940-1/1500
от 15000 до 20000	1/1150-1/1750
от 20000 до 25000	1/1300-1/1950
от 25000 и более	≥1/1490

Таким образом, выполненные исследования приводят к следующим выводам:

- в настоящее время оценка точности площадей земельных участков нормативно не регулируется, в то время, как средняя квадратическая и относительная ошибка площади земельного участка является одним из важных показателей качества проведенных кадастровых работ и используется повсеместно;

- наличие большого числа категорий земель, где существуют свои конкретные требования к точности определения положения межевых знаков, существенно усложняет создание единой системы показателей качества кадастровых работ посредством установления нормативных значений относительных ошибок площадей земельных участков. Поэтому как один из вариантов возможна оценка качества таких работ в рамках показателей, установленных для одной категории земель;

- при оценке точности должна учитываться поправка за уклон местности при вычислении площади, использование которой при расчетах, позволит вычислять истинные значения средней квадратической ошибки земельного участка и относительной ошибки площади земельного участка и величины площади [10,16;11,58];

- оценка точности площадей земельных участков, выполненная с использованием формулы (3) учитывает ошибки исходного геодезического обоснования, средние квадратические ошибки определения положения межевых знаков и конфигурацию земельных участков;

- таким образом, оценка точности площадей земельных участков должна осуществляться по формуле (3), что позволит получать достоверные результаты, соответствующие реальной действительности.

Полученные в работе результаты оценки точности площадей земельных участков будут в дальнейшем использованы для разработки нормативно-технических требований к результатам кадастровых работ, что позволит повысить качество кадастровых работ и актуализировать величину земельного налога.

БИБЛИОГРАФИЧЕСКИЙ СПИСОК

1. Приказ Министерства экономического развития Российской Федерации (Минэкономразвития России) от 17 августа 2012 г. N 518 "О требованиях к точности и методам определения координат характерных точек границ земельного участка, а также контура здания, сооружения или объекта незавершенного строительства на земельном участке")//[Электронный ресурс] //Консультант Плюс

2. "Инструкция по межеванию земель" (утв. Роскомземом 08.04.1996)//[Электронный ресурс] // Консультант Плюс

3. "Методические рекомендации по проведению межевания объектов землеустройства" (утв. Росземкадастром 17.02.2003) (ред. От 18 .04.2003))//[Электронный ресурс]//Консультант Плюс

4. Гладкий, В. И. Кадастровые работы в городах / В. И. Гладкий. - Новосибирск: Наука, 1998. - 281 с.

5. Дьяков Б.Н. Об относительной ошибке площади участка с прямолинейными границами/Дьяков Б.Н. // Вестник СГГА. -1997. -N2. -С.5

6. Дьяков Б.Н. Комментарии к Инструкции по межеванию земель/Дьяков Б.Н. // Геодезия и картография. -2000. -N6. -С.42-45

7. Инженерная геодезия / Е.Б. Клюшин, М.И. Киселев, Д.Ш. Михелев, В.Д. Фельдман; под ред. Д.Ш. Михелева. – 2004.-481 с

8. Егоров Н.Н., Егоров Р.Н. О точности геодезических работ при определении границ землепользований // Вестник СГГА. -2000.- Вып. 5.- С.55-56.

9. Маслов А.В. Геодезические работы при землеустройстве/А. В. Маслов, А. Г. Юнусов, Г. И. Горохов. – М.: Недра, 1990. -215 с.

10. Определение фактического значения площади наклонного участка местности по данным полевых измерений. Г.Г. Асташенков, Г.Е. Стрельников, В. Я. Шипулин // Изв. вузов. Геодезия и аэрофотосъемка. - 1999. - № 6.- С.16-21.

11. Асташенков, Г.Г. Определение фактического значения площади наклонного участка по данным полевых измерений // Изв. вузов. Геодезия и аэрофотосъемка. -1999.- № 6-Ч.16-21.

12. Терентьев Д. Ю. Некоторые проблемы выполнения кадастровых работ // ГЕО-Сибирь-2012. VIII Междунар. выст. и науч. конгр., сб. материалов в 6 т. (Новосибирск, 10–20 апреля 2012 г.), в 4 т. Т. 3. – Новосибирск: СГГА, 2012. С.151-155

13. Каленицкий, А.И. Оценка площади физической поверхности участка на территории Алтайского края. / А.И. Каленицкий, Е.Е. Васильева // Вестник СГГА. – 2012.-№2(18).С.68-73.

14. Терентьев Д.Ю. К вопросу об оценке точности площадей земельных участков Вестник СГГА. 2013. № 1. С. 45-48.

Konnov V.I., Smolyanin A.A.
Candidate of Technical Sciences, Associated Professor, Dean of the extra-mural faculty, student of the Zabaikalsky Railway Transport Institute of the Irkutsk State Transport University
e-mail: zabizht@zab.megalink.ru

FORMS OF WORK INFLUENCING ON THE RIVERS CONDITION DURING THE OPEN GOLD OUTPUT IN THE ZABAIKALSKY REGION

A special attention is paid to the quality of water in the lake Baikal basin rivers, for the preservation of them a Federal Law "On protection of the lake Baikal" № 94-ФЗ (Federal Law) has been adopted. A number of ecological problems and threats to the unique ecosystem of the lake Baikal – a pearl of the world nature heritage – is connected with the quality (and quantity) of its basin water, the basin touching the 4 subjects territories within the Russian Federation: Irkutsk territory, Zabaikalsky region, the Republic Buryatiya and the Republic Tyva. Trans-border component of the water drain basin of the lake Baikal is a river Selenga basin located within the Buryatiya, Mongolia and in a little fragment within the Tyva [1, 16].

Baikal is one of the largest lakes of the planet: the deepest (1637 m) and the oldest one (about 25 mln years) containing the largest number of endemics (more than 1000 kinds) and representatives of flora and fauna (more than 2600 kinds). The lake has a unique in its volume (23,6 thousand cubic km) and quality fresh water stock (20% of the world one). Baikal is 1,7 times more than Ladozhskoye lake which is the largest one in Europe. Baikal is the sixth freshest lake in the world. Two African lakes – Victoriya and Tanganyika and three of five Great American lakes - Upper, Guron and Michigan are larger than Baikal. Some factors allow to suppose the lake to be a begetting ocean. 336 rivers (Selenga, Barguzin, Upper Angara and others) fall in Baikal and one Angara flows out of it.

Anthropological reaction on Baikal has visibly advanced beginning in 1950s. Industrial and civil buildings had been raised and extended, the population had grown, new towns and settlements had appeared, virgin lands had been ploughed up and a great number of chemicals had been used in agriculture. Wood storing on rivers had been increased and a practice of floating timber on large rafts or "cigars" had begun on Baikal. On the 1st of August 2009 the Russian Federation Government Chairman V. V. Putin held a meeting on the environmental and ecological protection problems in the settlement Listvyanka of the Irkutsk region in the Baikalsky Museum building of the Siberian Department of the Russian Science Academy [2, 34].

The whole lake basin (the total drain basin area is 557 thousand square kilometers, 332 of them – on the Russian territory, the other part – in Mongolia) is a peculiar and a very fragile natural ecosystem, the basis being the lake system itself forming the cleanest drinking quality water.

About 53% river waters are formed on the territory of Buryatiya, 27% - on the Mongolian territory, 16% - on the territory of the Zabaikalsky region and 4% - on the Irkutsk territory. The Baikal region has a proportionally shared and developed hydrographic net. For larger part of basin the river net density coefficient is 0,6 - 0,8 kilometers per square kilometers. The most density (0,8 – 1,0 km/ km^2 and more) is characteristic for the north-west part of the Khamar-Daban mountain-ridge and for the river Chikoi upper course. A less developed river net is in the lower part of the rivers Dzhida and Chikoi basins (the density coefficient doesn't prevail 0,2 km/km^2) (Resources…,1973).

One of the important problems of the preservation of the lake Baikal water quality is a realization of necessary nature protection and water practical measures on the above mentioned parts of its water drain basin.

In the Zabaikalsky region a mining industry changes considerably a hydrological and hydro-chemical conditions of the rivers.

The diversity of confusion processes, diffusion of sewage in the river waters and change of polluting substances concentration in the water courses predetermines the actuality of the problem of forming the rivers water regimes where the anthropogenic activity is accomplished on their water-collection. The works on this direction were actively done and conducted now by the scientists of the most different branches: ecologists, chemists, hydro geologists, biologists, geologists, hydrologists and others, among them Altunin S. T., Astakhov A. S., Bass S. V., Bortin N. N., Budyko M. I., Bulavko A. G., Voronkov N. A., Galchenko P. Ya., Goroshkov I. F., Gorshkov V. K., Gutkin V. I., Debolsky V. K., Yelchaninov E. A., Yermolov V. A., Zheleznyak I. A., Zhuk E. G., Zhukova G. A., Zakharovskaya N. N., Znamensky V. A., Zubrev N. I., Kalashnikov A. T., Karaushev A. B., Klibashev K. P., Kovalenko V. S., Krasavin A. P., Lapshev N. N., Merkulov V. A., Mirzayev G. G., Mikhalyov M. A., Mikhailov A. M., Novikov V. N., Parakhonsky E. V., Potapov A. I., Rodziller I. D., Rossinsky K. I., Sladkopevtsev S. A., Tomakov P. I., Trubetskoi. K. N., Frolov V. A., Chaplygin N. N., Shiklomanov I. A. and others.

The scientific estimate of small rivers ecological protection from the pollution by the mining production in the conditions of the Eastern Zabaikaliye has an important national economical significance.

In connection with this fact the aim of our researches was a studying of the main factors of water quality forming in the small rivers of the Zabaikalsky region during the gold-mine development in their flood lands and beds, that was done for the creation of stages, ways and forms classification to influence on the water course for the application of permissible polluting substances faults into the water objects while working out standards.

In recent decades in the Eastern Zabaikaliye especially in the Zabaikalsky region there increased sharply a number of different organizations (stock companies, associations, workmen's societies and others) to develop open gold-mining, other rare metals, coal.

Open gold-mine development in the flood lands and beds of small water courses results in their degradation. The main part of the discovered gold mines is located nearby the bed flood lands or directly in the river beds. The work technology requires leading away the river beds from the mines frontiers. This fact influences on the hydro geological, hydrological, hydro chemical regimes and fish productivity of water objects.

Analyzing the existing ways of open gold-mine development we may state the following arguments. Depending on the types of mining machines used in cutting and transporting the auriferous sand the following ways of open mining development are differed: hydro mechanized, drag, scraper-bulldozer and excavator. Drags usually work in the river flood lands. Drag cut is filled with water and water current flowing through it cleans the water used for washing.

On the hydraulic developments the water is used in large volumes (average 10 -50 m^3 water on 1 m^3 mine rock). Pressed stream washes thoroughly and removes both turfs and sands. The additional water is spent for raising the washed rocks by the suction dredges and jet pumps (hydro elevators). The technology of hydraulic works can influence on the water objects by the changing of sand, that determines the amount of clay particles which enter on the hydraulic dump; the specific discharge of pressed water used for sand washing which depends on the received water pressure from the hydro monitor; the means of washing and development systems: types of applied equipment – suction dredge, jet pump and others.

All this influences on the quantity of water in the reverse, water segregators' sizes and on the water clearing degree in sediment [3, 67; 4, 45; 5, 85]. Gold mining is usually carried on from below to upwards against river current. The whole deposit is divided into blocks from which useless turfs are put into boards and gold sands are put into the upper end of the block. The formed segregator is filled with water from the river in the necessary amount for washing (necessary volume of water may be 8.0 – 20.0 thousand cubic meters). After the first block the industrial device is replaced into the upper adjacent block and so on. (V. P. Lichaev, L. N. Yecenovskaya, Yu. M. Chikin, V. P. Myazin, 1990) (fig.1).

Such technology usage of mining development results in the forming of segregators or ponds cascade. Their territory doesn't usually exceed 1 square kilometer and an average depth changes from 5 to 10 meters. Depending to hydro geological conditions on the mining the ponds cascade will regulate the small river flowing independently of reverse water supplying for sand washing. If the levels of underground waters are near the ground surface, the ponds will carry out the accumulating role but on the contrary if the underground waters levels are lower than the ponds bottom the filtration water return through their walls and bottom takes place.

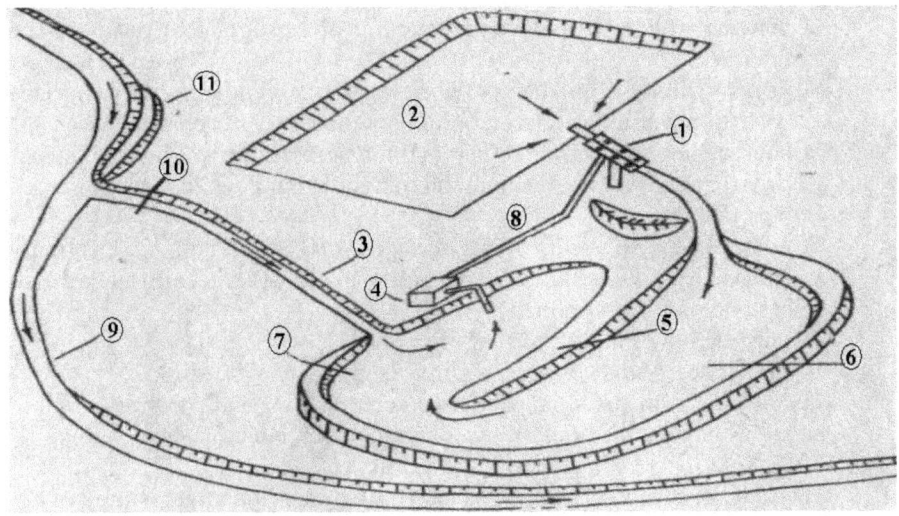

Fig. 1. The scheme of the reverse water supply of the industrial device:
1 – industrial device; 2 – a working block; 3 – water supplying channel; 4 – pump station; 5 – sand-retreating dam; 6 – slime segregator; 7 – segregator; 8 – water supplying pipe to the industrial device; 9 – bed leading away channel; 10 – water regulating hydro technical facility (water pouring with a wide threshold); 11 – stream-directing dam

The regulation of underground flow by ponds cascades changes the wateriness and water quality of small rivers with ponds cascades in their flood lands.

Direct observation of open gold mine extraction process in the natural conditions, analysis of gold mine development by the above mentioned ways allows to state the following.

Drag, hydro mechanized, scraper-bulldozer and excavator ways of gold mine developments include preparatory, output (operational), recultivation and post-recultivation periods (stages) of work production, when it is necessary to determine the influence degree of the object on the water courses and water basins ecological condition (independently of open development way) [6, 28].

The preparatory period consists of the following works influencing on the qualitative and quantitative characteristics of water objects:
1) cleaning of deposit areas from bushes and woods;
2) removal of ripped up rocks and plant layer taking into account an output works forestalling;
3) arrangement of pioneer water segregators, pond-storage devices of sewages having been formed during the deposits draining and construction of pioneer segregators;
4) arrangement of jet-directing, protection and technological dams;

5) thawing of frozen rocks and directing of sewages into pond-storage devices;
6) primary filling of pioneer pond segregators by underground or surface waters (construction of water point junction or water channels);
7) construction of bed-directing and upland channels, ditches, quick-water courses and other hydraulic engineering constructions on channels;
8) construction of access roads, bridges, crossings, lines of electricity transmissions, filling stations and repair platforms for construction machines and motor transport;
9) construction of industrial site;
10) protection of thawed rocks from a deep seasonal freezing;
11) taking out the existing economic constructions and transport communications beyond the borders of mountain allocation of lands.

The output (operational) period includes:
1) gross or selective cutting of sand (bulldozer-scraper technology of development) and continuous washout of sand layer (hydraulic way of development);
2) transportation of turf into the dumps in advancing work and sand to the bunker of washing installation (industrial device);
3) layer drainage;
4) trimming of the raft;
5) arrangement of washing rejects in dumps or segregators;
6) sewage treatment by upholding or with application of physical and chemical methods;
7) completion of irrevocable water losses from ponds segregators in a case of negative water balance (on a filtration, evaporation, filling of pore space of shingle-sand dumps).

The recultivation period consists of the following works:
1) elimination of temporary buildings and constructions;
2) a mining recultivation – planning of shingle-sand dumps, turf, filling in the channels, construction of the steady bed of the river;
3) taking off water excess;
4) chemical land improvement – extraction of potential dirties from ores, rocks, slag and other formations, fixing of the remained dirties;
5) a biological recultivation – plowing and introduction of organic and mineral fertilizers, drawing of a vegetative, fertile layer on planned squares, landing of long-term herbs, bushes, trees.

The post-recultivation period (the period of soils fertility restoration) includes control and regulation of:
1) natural processes of lands self-overgrowing after carrying out a mining recultivation (in absence of a biological recultivation);

2) land overgrowing processes as a result of carrying out agro technical actions;
3) taking out the readily soluble chemical and weighed substances in rain high waters during the period of overgrowing.

As a result of researches of gold mine development ways, means and stages the classification has been elaborated concerning the forms of work influencing on the small rivers condition. This classification allows to fix calculation periods, to take into account more carefully ways of work and forms of their influence on the rivers condition during the elaboration of the standards of permissible polluting substances faults into the water objects. The difference of the elaborated classification from the adopted ones is that the forms of influence correspond to definite ways of work and at the same time to periods (stages) which have the strict successiveness.

From the point of view of conclusions, recommendations and novelty of a research in determination of tasks for elaboration of the standards of permissible polluting substances faults into the rivers and in conducting the open mining work on their water-collection we can distinguish the following:

- there exists a certain succession (staging) of open mining development (4 periods or stages);
- every period (stage) includes a certain kind of work with corresponding form of its influence on the qualitative and quantitative characteristics of water objects (figures 2 and 3 show the classification allowing to take into account the main kinds of work and forms of their influence on the rivers depending on the period (stage) of mining development;
- it is settled that at present in the projects of gold-mine development in the section "Environmental nature protection" the authors, setting the standards of permissible polluting substances faults into the water objects, take as a rule for the calculation period only *the output (operational) period* not taking into consideration the entering of polluting substances into the rivers during the other three periods. As these periods (stages) go successively, one after one, the substances entering the rivers are not completely considered and can pollute the waterway in the control site;
- in open gold-mining development by different ways simultaneously it is necessary to take into account a harmful influence on the water object of all kinds of work separately in every period.

Literature

1. The world of Baikal. – 2009. - № 4 (24). – P. 74-76.
2. Molotov V. S. The governmental management of the Baikal region natural resources / V. S. Molotov, K. Sh. Shagzhiyev; Under red. of V. P. Orlov, N. G. Rybalsky. – M.: Publ.House NIA-Priroda, 1999. – P.53-77

3. Gutenyov V. V., Denisov V. V., Luchanskaya I. A. Ecology. – M.: Vuzovskaya kniga, 2002. – 726p.
4. Zelinskaya Ye. V. Affect of mining development on the environment / Gorbunova O. I., Scherbakova L. M. // Mining journal. 1998. № 5. – P.27-28
5. Textbook on the estimate of mining production influence on the environment and on the ecological basis of mining enterprises economical activity. – Yekaterinburg: Firm "UralINEKO", 1996. – 92p.
6. Konnov V. I. The ecological estimate and measures on the protection of Eastern Zabaikaliye small rivers from pollution: scientific publishing / V. I. Konnov. – Chita: ChitGU, 2006. -126p.

UDK 556.34

Annotation

The article deals the problems of ecological protection of trans-border water units of Zabaikalye on the example of the largest lake Baikal. It is ascertained that the lake's water quality depends entirely on the number of reasons one of which is a pollution and disturbance of lands on the water assembly place of the water unit. As a result of researches a classification of work stages, aspects and forms of their impact on the rivers quality during mining works in the water assembly part of the lake Baikal located on the Zabaikal'sky territory is elaborated. This classification allows setting timing periods and taking into account types of works and forms of their impact on the rivers condition in elaboration of permissible fault norms of polluting substances in the water units.

Keywords: small rivers, specifications of admissible dumps, mineral deposits of gold.

Балханов В.К., Башкуев Ю.Б., Лухнёва О.Ф., Лухнёв А.В.
к.т.н., с.н.с., Институт физического материаловедения СО РАН
670047 г. Улан-Удэ, Россия, E-mail: ballar@yandex.ru

ОБРАЗОВАНИЕ ДУГООБРАЗНОЙ ФОРМЫ ОЗЕРА БАЙКАЛ

Методами спутниковой GPS геодезии более 19 лет проводятся наблюдения на Байкальском геодинамическом полигоне на базовых станциях Иркутск и Улан-Удэ [1,92; 2,26]. Хотя измерение расстояния с помощью GPS имеет погрешность в единицы мм, но за все время наблюдений установлен устойчивый тренд увеличения расстояния между двумя пунктами со временем. Результаты многолетних полевых измерений представлены на рис. 1. На основе обработки данных установлено, что в среднем смещение происходит со скоростью 1-4 мм/год [2,27]. Наблюдаемый устойчивый тренд смещения позволяет предложить сценарий образования современного облика оз. Байкал в виде гигантского полумесяца, выгнутого в ЮВ направлении Северного полушария, рис. 2.

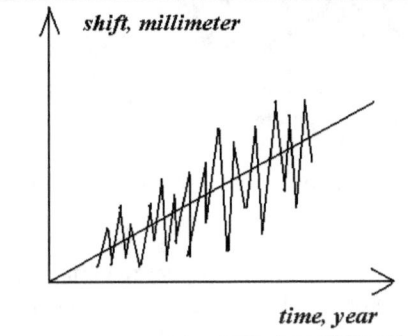 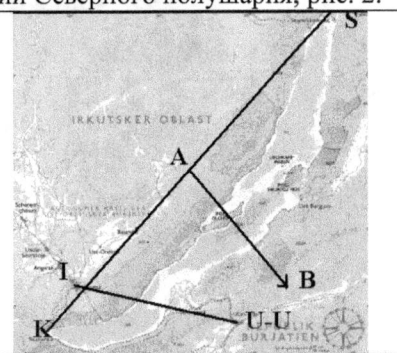

Рис. 1. Устойчивый тренд смещения (увеличение расстояния между двумя пунктами измерения) со временем.	Рис. 2. Гигантский полумесяц озера Байкал. KS = 635 км. Пункты измерения I (Иркутск) и U-U (Улан-Удэ). АВ – направление движения изгибания полумесяцем.

Согласно реологической модели литосферы, верхние этажи подвержены хрупким деформациям и на глубине 6-33 км отделяются от нижних пластических этажей [3,1]. Поэтому можно принять, что 25 млн. лет назад литосфера на границе между Сибирской платформой и Амурской плиты (рис. 3) дала локальную прямолинейную трещину длиной примерно 635 км, шириной в среднем 40 км и глубиной около 8-9 км, образовав Байкальский рифт в виде глубокой впадины. В результате пластической деформации рифт стал постепенно выгибаться в ЮВ направлении. Сейчас он имеет современную форму в виде гигантского полумесяца. Если принять, что изгиб полумесяца (расстояние от точки А до ближайшего западного берега озера) составляет примерно 40 км, то скорость образования самого полумесяца будет

$$\frac{40 \cdot 10^6}{25 \cdot 10^6} = 1.6 \text{ мм/год.} \qquad (1)$$

Это значение согласуется с современными представлениями об эволюции Байкальского рифта и измеренными значениями скорости смещения [1,94; 2,29; 4,102].

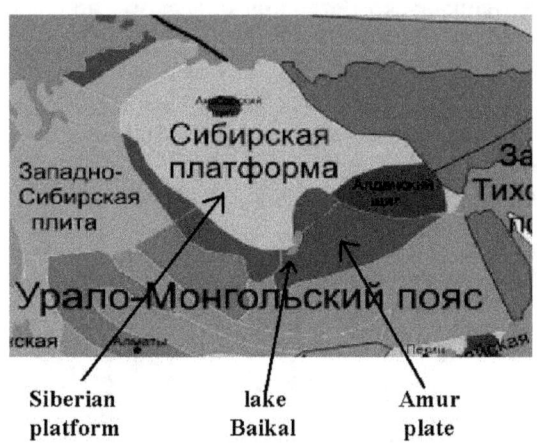

Рис. 3. Озеро Байкал на границе Сибирской платформы и Амурской плиты [5].

Деформацию в ЮВ направлении можно представить как пластическое течение очень вязкой жидкости. Тогда для его описания можно привлечь уравнение Навье-Стокса:

$$\frac{\partial \vec{V}}{\partial t} + \left(\vec{V} \cdot \nabla\right) \vec{V} = -\frac{\nabla P}{\rho} + \nu \nabla^2 \vec{V}. \qquad (2)$$

здесь $\vec{V}$ - вектор скорости, описывающий смещение вдоль оси x (направление AB на рис. 2), ∇ - оператор набла, ν - кинематическая вязкость, ρ - плотность вязкой жидкости, P – напряжение в литосфере, которое и вызывает смещение. Для стационарного процесса частная производная по времени исчезает. Поскольку течение медленное, то можно пренебречь квадратом скорости. Проецируя все величины на ось x (рис. 4), из (2) получаем:

$$\frac{d^2 V}{d y^2} = \frac{1}{\nu \rho}\left(-\frac{\partial P}{\partial x}\right). \qquad (3)$$

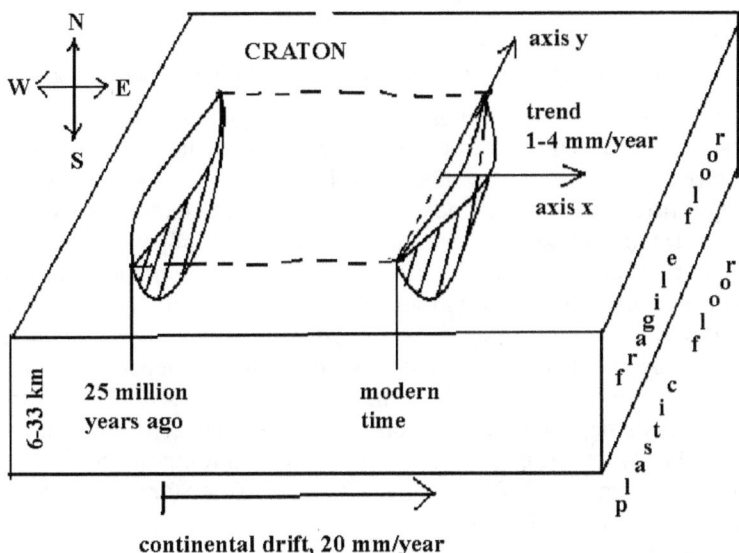

Рис. 4. Схема континентального дрейфа и пластической деформации, приводящих к выгибанию формы Байкала в виде гигантского полумесяца.

Ось y ортогональна к координате x. Если обозначить длину полумесяца как a (расстояние KS на рис. 2), то интегрируя (3) с учетом граничных условий, получаем профиль скорости:

$$V = \frac{(\partial P/\partial x)}{2\nu\rho}\left(\frac{a^2}{4} - y^2\right). \qquad (4)$$

Поскольку $V = dx/dt$, и с учетом того, что $(\partial P/\partial x) = $ const, для каждого момента времени получаем параболический профиль полумесяца:

$$x = \frac{(\partial P/\partial x)}{2\nu\rho}\left(\frac{a^2}{4} - y^2\right) t. \qquad (5)$$

Выражение (5) передает форму изгиба берегов озера Байкал (рис. 4).

Если принять некоторые исходные и реальные значения для всех величин в формулах (3)-(5), то можно оценить величину напряжения в литосфере, которое вызывает изгиб побережья. Предположив:

$$\left(\frac{\partial P}{\partial x}\right) = \frac{\Delta P}{b}, \qquad 6$$

где b – средняя ширина озера Байкал, из (5) для центральной части побережья озера Байкал, когда y = 0, получаем следующую оценку для напряжения ΔP в литосфере:

$$\Delta P = \frac{2\,\nu\,\rho}{t}\left(\frac{b}{a}\right)^2 \approx 10^{-5}\ \text{кг/м·с}^2. \qquad (7)$$

Мы оперировали параметрами: $b = 40$ км, $a = 635$ км, $\nu = 3\cdot 10^8$ м^2/с, $\rho = 3000$ кг/м^3, $t = 25$ млн.лет. Малая величина напряжения компенсируется размером площади участка литосферы. По существу, это то напряжение, которое имеется между Сибирской платформой и Амурской плитой, в результате которой Сибирская платформа выдавливает Амурскую плиту.

Таким образом, предложена модель образования дугообразной формы озера Байкал, получена оценка напряжения, вызывающая пластическую деформацию верхних горизонтов литосферы, и приводящих к относительному смещению измерительных пунктов. Теоретически установлена скорость смещения пунктов измерения, совпадающая с количественными измерениями между базовыми GPS станциями и определена параболическая форма полумесяца озера Байкал.

Работа частично поддержана интеграционным проектом СО РАН № 11, РФФИ грантами №№ 12-01-98006, 12-02-98002 и Фондом содействия сохранению озера Байкал.

ЛИТЕРАТУРА

1. Лухнев А.В., Саньков В.А., Мирошниченко А.И. и др. Современные деформации земной коры центральной части Байкальского рифта по данным GPS геодезии // Современная геодинамика Центральной Азии и опасные природные процессы: результаты исследований на количественной основе. Материалы Всероссийского совещания и молодежной школы по современной геодинамике (г.Иркутск, 23-29 сентября 2012 г.). Иркутск: ИЗК СО РАН. 2012. Т. 1. С. 92-94.
2. Сейсмоионосферные и сейсмоэлектромагнитные процессы в Байкальской рифтовой зоне / отв. ред. Г.А. Жеребцов, – Новосибирск: Изд-во СО РАН, 2012. 304 с.
3. Жатнуев Н.С. Трещинные флюидные системы в зоне пластических деформаций // Докл. Академии наук. 2005. Т.404, №3. С. 1-5.
4. Парфеевец А.В., Саньков В.А. Напряженное состояние земной коры и геодинамика эго-западной части Байкальской рифтовой системы. Новосибирск: Изд-воГео, 2005. 151 с.
5. Geomap -http://plate-tectonic.narod.ru/geomaphotoalbum.html

Янгирова Р.Р., Мурзина Е.Д.
студентки 4-го курса
Полякова С.А.
канд. биол. наук, доцент Томского государственного университета систем управления и радиоэлектроники
makita17@mail.ru

ПРОБЛЕМА ВНЕДРЕНИЯ ЭКОЛОГИЧЕСКОГО МЕНЕДЖМЕНТА НА ПРЕДПРИЯТИЯХ РОССИИ (на примере города Томска)

Промышленное развитие влечёт развитие процессов: индустриализацию, урбанизацию, рост численности населения. Это ведёт к обострению проблем: ущерба, наносимого производством природной среде; рост недостатка сырья и энергии; развитие городских территорий.

Исходя из этого, для обеспечения безопасности окружающей среды необходимо рациональное использования природных ресурсов и постоянный контроль деятельности промышленных предприятий. Одним из способов осуществления контроля и рационального природопользования является внедрение экоменеджмента на предприятия.

В Российской Федерации многие предприятия, до последнего времени, организуя свою деятельность в области охраны окружающей среды, контролируют процессы только на их выходе. При этом участвуют в этом, в основном главный инженер и специалисты-экологи. Но экологические аспекты присутствуют в деятельности практически всех подразделений предприятия. Регулировать образование загрязняющих веществ необходимо на всех этапах деятельности предприятия. Именно это позволяет СЭМ, так как, являясь частью общей системы управления предприятием, включает в себя организационную структуру, планирование, распределение ответственности, практические методы, процедуры, процессы и ресурсы.[2,190]

В рамках научно-исследовательской работы нами были проведены исследования состояния системы экологического менеджмента в г.Томске, в результате которых было выявлено, что предприятия города, такие как: «Сибкабель», ОАО «ПП Томский инструмент», предприятие нефтедобывающего комплекса НГДУ «Васюганнефть» и «Томское пиво», которые проводили экоаудит на своих территориях, в дальнейшем внедрили СЭМ и сертифицировались на соответствие стандарту менеджмента качества ИСО 9000.

«Сибкабель» добился существенных успехов в налаживании системы обращения с отходами, а также снижении воздействия неорганизованных источников на окружающую среду, получив экономическую выгоду и экономию ресурсов.

Более того, система экоменеджмента позволяет облегчить и улучшить качество работы эколога, так как в область его компетенций входит большое количество задач - начиная с выявления нарушений в технологическом процессе, постоянного забора проб, контроля сбросов и выбросов и заканчивая составлением обязательной ежеквартальной, еженедельной и ежедневной отчетности. Именно составление всевозможной отчетности, который эколог обязан составить, отнимает около 70% рабочего времени. Тогда как в это время инженер-эколог мог бы, к примеру, разрабатывать планы мероприятий по охране окружающей среды, проекты по снижению выбросов, сбросов или предложения по улучшению экологической политики предприятия.

На сегодняшний день уже существует огромное количество программных продуктов различных фирм, помогающие экологу сократить свое время для составления различных форм отчетности, а также для расчетов количества выбросов, сбросов загрязняющих веществ в окружающую среду. Процесс использование большого количества источников при составлении отчетов, повторное занесение данных и работа в различных программах, отнимающую большую часть времени показывает, что это не только не удобно, но и данные расчеты могут содержать ошибки (играет человеческий фактор) из-за огромного объема данных и сложности выполнения . Отсюда следует необходимость комплексного подхода к ведению экологического учета и отчетности, т.е. внедрение новейшей программы, которая соединит в себе все необходимые функции для экологического учета и отчетности и будет проста в обращении.

Как недавно показал опрос среди предприятий города Томск, что используемые сейчас программы для автоматизации не являются эффективным. Некоторые предприятия используют программу Модуль природопользователя, но как показали отзывы, эта программа является очень неудобной и создает дополнительную работу и временные затраты для эколога.

ОАО «Томское пиво» использует программу «ООС-1С: Предприятие» и очень довольны результатами.

Фирма «1С- российская компания, специализирующаяся на дистрибуции, поддержке и разработке компьютерных программ и баз данных делового и домашнего назначения. Программы системы «1С: Предприятие» являются наиболее известными из собственных разработок фирмы.

1С:Предприятие – это одновременно и технологическая платформа, и пользовательский режим работы. Технологическая платформа представляет собой объекты и механизмы управления объектами. Объекты (данные) описываются в виде конфигураций. При автоматизации какой-либо деятельности составляется своя конфигурация объектов, которая и представляет собой законченное прикладное решение.

Это единственный на данный момент программный продукт, в котором возможен учет и подготовка отчетности всех видов загрязнений на предприятии: по воздуху, воде и отходам. Что значительно экономит время эколога при внесении и обработке данных.

Кроме того, она позволяет открывать программные коды - это значит, что доработку и настройку программы специалисты предприятия могут выполнить самостоятельно, не прибегая каждый раз к услугам разработчиков «Охраны окружающей среды».

Правильная организация и внедрения программного обеспечения, предназначенного для автоматизации документооборота, природоохранных служб крупных предприятий является необходимым условием эффективной работы в будущем.

Литература:

1. Масленникова И.С., Кузнецов Л.М., Пшенин В.Н. Об экологии// Экологический менеджмент (СПбГИЭУ), 2005.
2. Жуков Б.М., Ткачева Е.Н. Исследование систем управления. 2012. С.207
3. Серов Г.П. Об экологическом аудите // Концептуальные и организационно-правовые основы (Москва).2008. С.95
4. Свергун О., Пасс Ю. HR-практика// Управление персоналом: как это есть на самом деле. 2005. С.320
5. Фидельман Г.Н. и др. Альтернативный менеджмент // Путь к глобальной конкурентоспособности. 2005. С.186

Омельяненко А.В.
кандидат педагогических наук, доцент кафедры дошкольного образования
БДПУ

ЛИНГВОДИДАКТИЧЕСКИЕ ОСНОВЫ ОБУЧЕНИЯ СТАРШИХ ДОШКОЛЬНИКОВ СОСТАВЛЕНИЮ РАССКАЗОВ – РАЗМЫШЛЕНИЙ

На разных этапах развития лингводидактической науки вопрос обучения дошкольников связной речи находились в центре внимания многих исследователей (А. Богуш, Л. Березовська, А. Белан, Н. Водолага, Н. Гавриш, В. Захарченко, А. Зрожевская, Н. Луцан), но только в последние годы проведены исследования, которые показали возможность обучения старших дошкольников высказываниям-рассуждениям (Н. Семенова, Н. Харченко). Мы имеем основания констатировать недостаточную разработку относительно содержания, методов и приемов обучения старших дошкольников составлять рассказы - размышления.

Из целого ряда имеющихся в лингводидактике методов и приемов развития у дошкольников связной монологической речи исследователи (А. Белан, А. Богуш, Л. Ворошнина, Н. Гавриш, А. Зрожевська, Н. Семенова, О. Ушакова, Н. Харченко) называют наблюдение, экскурсии, беседы, чтение произведений художественной литературы и их перевод, самостоятельные рассказы, дидактические игры, моделирование.

В исследовании Н. Кузиной рассматривались особенности объяснительной речи детей дошкольного возраста [3,16]. В исследовании Н. Виноградовой раскрыт вопрос умственного развития дошкольников в процессе ознакомления их с природой [2, 19]. В исследовании Н. Семеновой доказано, что дети старшего дошкольного возраста овладевают связными высказываниями типа рассуждения [5, 12]. В исследовании Н. Харченко отмечается необходимость формирования элементарного рассуждения у детей старшего дошкольного возраста [6,8].

На формирующем этапе эксперимента нами была разработана экспериментальная методика, которая предусматривала три взаимосвязанных этапа: подготовительный, ознакомительно - репродуктивный, деятельностный [4, 108].

Целью первого, подготовительного этапа, выступило обогащения чувственно - информационного опыта, на основе которого дети выделяли характерные признаки явлений, предметов, природы и социального окружения, обеспечение эстетического восприятия художественных произведений, раскрывающих мир природы, сказки, отношений между детьми. Для этого этапа были выбраны следующие формы работы как занятия по художественной литературе и развитию речи, на которых использовались такие методы и приемы: наблюдение, речевые игры и упражнения, чтение художественной литературы, проблемные ситуации и вопросы, загадки, беседы, составление диалогов, составление размышления - диалога, дидактические игры: «Лото» (зоологическое, техническое, универсальное, предметное), «Почему так развивались события?», «Словесный клубочек», «Охота за мелочами». На втором, ознакомительно - репродуктивном этапе, ставилась цель научить детей старшего дошкольного возраста продуцировать рассказ - размышление как сплошное связное высказывание, состоящее из тезиса, доказательства, заключения; сформировать умение дошкольников использовать разнообразные средства связи между структурными частями текста. Содержательный аспект работы на этом этапе был реализован на занятиях по развитию речи, на которых использовались такие методы и приемы: составление рассказа - размышления по образцу воспитателя, ознакомление детей со структурой рассказа -размышления с помощью наглядной модели, совместный с воспитателем рассказ ребенка, пересказ произведений художественной литературы, беседы. Дидактические игры («Потерялись слова - окошки», «Удивительные рассказы- размышления», «Похож - не похож» , «Согласие-несогласие», «Друзья Почемучка и Потомучка вместе», «Почему слово так называется» и другие) были направленные на формирование элементарного осознания общей структуры рассказа - размышления (тезис, доказательства, вывод), на развитие умения старших дошкольников использовать оптимальные средства связи.

Третий этап, деятельностный, направленный на формирование у детей умения самостоятельно составлять рассказ - размышление в различных видах деятельности (учебно - речевой, художественно – речевой, познавательной, игровой, изобразительной, предметно - практической), для активизации рассказов - размышлений в новых видах деятельности. Основными формами работы выступили: занятия по развитию речи, ознакомлению с художественной литературой, интегрированные занятия. Частью занятий деятельностного этапа были сложные в речевом плане дидактические игры: «Почемучке нужен ваш совет», «Кто самый любознательный?», «Волшебные превращения», «Ярмарка», которые направлены на совершенствование умения дошкольников составлять целостный рассказ - размышление, выделять его структурно - смысловые части, пользоваться различными способами связи между ними. Ведущими методами работы стали: речевые логические задачи, чтение небылиц, разгадывание загадок, использование различных видов аналитических (придумать заголовок к рассказу - размышлению, сравнить два рассказа - размышления, среди представленных вариантов примеров выбрать убедительный , заменить доказательства, что не согласуется с тезисом), конструктивных (составить рассказ - размышление по плану, по сюжетной картинке, по содержанию прочитанного произведения), творческих упражнений (рассказ - размышление по предложенному тезисом, по игровой воображаемой ситуации).

Заключительный этап исследования показал положительные количественные и качественные изменения в уровнях сформированных умений детей составлять рассказ-размышление.

Таким образом, применение в процессе обучения старших дошкольников составлять рассказы - размышления рассмотренных условий, методов и средств позволит детям пользоваться этим видом связной речи в различных ситуациях общения.

СПИСОК ЛИТЕРАТУРЫ

1. Богуш А.М. Дошкільна лінгводидактика: Теорія і методика навчання дітей рідної мови: підручник / А.М.Богуш, Н.В.Гавриш; за ред. А.М.Богуш. – К.: Вища шк., 2007. – 542 с.
2. Виноградова Н.Ф. Умственное воспитание детей в процессе ознакомления с природой / Н.Ф. Виноградова. – М.: Просвещение, 1978. – 103 с.
3. Кузина Н.И. Формирование объяснительной связной речи у детей старшего дошкольного возраста: автореф. дис. на соискание научной степени канд. псих. наук / Н.И.Кузина. – М., 1975. – 23 с.
4. Омеляненко А. В. Навчання дітей старшого дошкільного віку складати розповіді-роздуми : монографія / Алла Омеляненко. – Донецьк : Юго-Восток, 2009. – 196 с.
5. Семенова Н.В. Обучение детей шестого года жизни связным высказываниям типа рассуждений: автореф. дис. на соискание научной степени канд. пед. наук / Н.В.Семенова. – М., 2001. – 18 с.
6. Харченко Н.В. Формування у дітей старшого дошкільного віку умінь будувати міркування: автореф. дис. на здобуття наук. ступеня канд. пед. наук / Н.В.Харченко. - Переяслав-Хмельницький, 2004. – 18 с.

Казанцева Л.И.
кандидат педагогических наук, доцент, директор института социально-педагогического и коррекционного образования Бердянского государственного педагогического университета (Украина)
spf50@rambler.ru

ОБУЧЕНИЕ ДОШКОЛЬНИКОВ УКРАИНСКОМУ ЯЗЫКУ КАК НЕРОДНОМУ: ОПТИМИЗАЦИЯ ЛИНГВОДИДАКТИЧЕСКОЙ СИСТЕМЫ

Теоретико-методологические и организационно-методические вопросы обучения дошкольников этнических меньшинств украинскому языку как государственному на протяжении последних десятилетий принадлежат к числу наиболее актуальных в языковом образовании. Украина, утверждая демократические процессы, продвигается к открытому обществу, в котором формируется украинская политическая нация через поддержку и развитие всех культурных, этнических, и этноязычных групп населения. Эти процессы формируют многоязычное и поликультурное украинское общество. Решение многих проблем поликультурного общества связывается с деятельностью государства в области языковой политики и языкового образования. Современная языковая политика и языковое образование в государстве реализуется в двух направлениях - расширение функционирования украинского языка как государственного во всех сферах жизни общество, в том числе и как средства межэтнического общения, а также развитие культурного и языкового наследия всех этнических сообществ страны.

В соответствии с концептуальными положениями образовательных программ сегодня возрождаются этнические языки и внедряется украинский язык в учебно - воспитательный процесс дошкольных учреждений, где языком обучения и воспитания является родной этнический язык детей. Цель обучения украинскому языку в дошкольных учреждениях этнических меньшинств соотносится с конечной целью концепции непрерывного языкового образования – обеспечить автономное многоязычие, свободное владение родным, государственным и международными иностранными языками в различных социальных сферах и в соответствии с личностными потребностями говорящих.

Теоретико-методические вопросы обучения детей украинскому государственному языку в национальных дошкольных учреждениях основываются на научно-теоретических положениях лингвистики (А.Баранникова, У.Вайнрайх, Е.Верещагин, О.Гаркавец, Б.Горнунг, Ю.Жлуктенко, Г.Ижакевич, Ю.Розенцвейг, С.Семчинский, Г.Чередниченко и др.), психолингвистики (А.Залевская, Н.Жинкин, И.Зимняя, А.Леонтьев, Г.Колшанский, Е.Негневицкая, Е.Пассов, И.Румянцева, А.Шахнарович), психологии (В.Артемов, Б.Баев, Б.Беляев,

Б.Бенедиктов, А.Богуш, Л.Выготский, Н.Жинкин, Н.Имедадзе, А.Леонтьев, И.Синица, Т.Ушакова и др.), лингводидактики (А.Беляев, Л.Булаховский, Е.Голобородько, И.Гудзик, А.Коваль, Т.Коршун, И.Луценко, В.Мельничайко, Н.Месяц, Л.Паламар, Н.Пашковская, М.Пентилюк, А.Супрун, В.Трунова, М.Успенский, О.Хорошковская, Н.Шанский, Л.Щерба и др.).

Оптимизация дидактичной системы обучения дошкольников украинскому языку и формирование их автономного двуязычия осуществляется в свете новых научных парадигм. Теоретическими положениями представленной методики выступили коммуникативный, культурологический, компетентностный подходы и педагогические условия обучения детей старшего дошкольного возраста украинскому языку в поликультурной среде юго-восточного региона Украины.

Методологическим ориентиром организации методики обучения избрана система научно-педагогических и лингводидактических принципов, представляющих определенную иерархию. В такой иерархии принципов возможны по меньшей мере четыре ранга. Как педагогическая наука, методика обучения языку опирается на общедидактические принципы, которые отражают закономерности учебного процесса в целом, регулируют деятельность педагога и ребенка (Ю.Бабанский, М.Данилов, В.Краевский, И.Лернер, В.Онищук, И.Пидкасистий, М.Скаткин, А.Савченко). К ним отнесены принципы всестороннего развития личности, направленности обучения на решение в единстве задач образования, воспитания и развития, связи теории с практикой, активности и самостоятельности, научности, доступности, систематичности, преемсвенности и перспективности, мотивационного обеспечения обучения, сотрудничества, индивидуализации и дифференциации, наглядности, сознательности, прочности и действенности результатов обучения, гуманности и демократичности. Каждый из этих принципов своеобразно воспроизводится в разных видах учебной деятельности. Ярко эту специфику общедидактические принципы проявляют в формировании речевой деятельности. В методике обучения дошкольников украинскому языку они составляли организационную основу образовательного процесса, применяясь сквозь призму обучения языку (Е.Дмитровский, В.Масальский, И.Олийнык, Н.Пашковская, М.Пентилюк, К.Плиско, С.Чавдаров, О.Хорошковская, Н.Шанский др.). Важным в процессе обучения языку стал принцип культуросообразности (И.Огиенко, М.Стельмахович).

Второй ранг принципов составляли общеметодические, которые отражали общие закономерности речевого развития детей и определяли основные правила организации процесса обучения языку и развития речи. К принципам организации обучения языку отнесены следующие: взаимосвязь изучения языка и развития мышления;

взаимообусловленность усвоения грамматического строя и лексического состава языка; внимание к материи языка; понимание языковых значений; опора на морфемный состав языка; изучение языка в структурной целостности; изучение языковых явлений в единстве формы и содержания; развитие языкового чутья; опережающее развитие устной речи; зависимость темпов обогащения языка от степени совершенства структуры речевых навыков (З.Бакеева, В.Масальский, К.Плиско, Г.Приступа, Л.Федоренко, Н.Шанский). Общеметодические принципы регулируют зависимость результата освоения речи от развивающего потенциала речевой среды (Е.Аматьева, А.Богуш, Н.Гавриш, Н.Горбунова, К.Крутий, Н.Луцан, Е.Трифонова).

Третий ранг составляли частично методические принципы обучения неродному языку (иностранному, близкородственному). В условиях параллельного усвоения дошкольниками двух языков они выполняли организующую и целеобразовательную функции (Б.Беляев, И.Бим, А.Богуш, Г.Городилова, М.Ильина, И.Ильясов, В.Костомаров, В.Краевский, И.Рахманов, Т.Рябова, В.Скалкин, М.Хасанов, В.Шярнас, Г.Яббаров). Среди принципов регуляции процесса обучения неродному языку использованы такие: опора на родной язык; коммуникативная направленность; взаимосвязь в обучении языка и речи; взаимосвязь лингвистических и экстралингвистических факторов; усвоение языковых знаний через разные виды речевой деятельности; комплексность; функциональность; обучение по типичным моделям; обеспечение максимальной речевой активности детей, обеспечение речевой среды и установок на язык.

Последний, четвертый ранг специальных принципов определял специфичность формирования каждого вида речевой деятельности (говорение, слушание) и усвоения языковых средств отдельных уровней языка (фонетика, лексика, морфология, синтаксис, связная речь) (А.Богуш, И.Гудзик, Е.Пассов, В.Скалкин, О.Хорошковская и др.).

В обучении фонетике определяющими были такие принципы: а) сравнительный анализ фонетических явлений родного и украинского языков; б) развитие фонематического слуха как основы различения звуков родного и неродного языков; в) развитие межъязыкового чутья; г) внимание к выразительности речи; д) последовательность введения материала от противоположного к малодифференцированному; е) замена диалектного произношения литературным.

В области лексики: а) тематический принцип введения лексики; б) принцип концентричности; в) словарного минимума; г) введение слова на основе чувственного опыта; д) принцип описания понятий и толкования их значений; е) усвоение слов в активной коммуникативной деятельности; е) принцип частотности и распространенности лексем; же) принцип синтетичности, т. е. закрепление лексики во фразе.

В области грамматики: а) принцип сопоставления и сравнения грамматических явлений; б) обеспечение переноса навыка; в) автоматизация грамматического навыка на разном содержательном материале; г) презентация материала от простых и схожих в родном и неродном языках к более сложным и отличительным формам; д) принцип «одной трудности».

В обучении связной диалогической речи: а) обучение диалогу на основе коммуникативных ситуаций; б) обучение различным жанрам диалогического дискурса; в) обучение на основе стилистических характеристик разговорного дискурса. В формировании монолога: а) обучение по образцу воспитателя; б) самостоятельность построения текста; в) связь в обучении монологу и расширения представлений об окружающей среде; г) обучение на основе знаний о структуре разных видов текста.

Разработанная иерархическая система принципов обучения составляла градуированную шкалу правил, которые выполняли функции законов различной степени обобщения и подчиненности. Все ранги принципов взаимосвязаны и взаимозависимы, но каждый функционально специализирован и ответственен за регуляцию определенной ступени образовательного процесса.

В организации методики, актуализирующей механизмы усвоения дошкольниками украинского языка как неродного, определены педагогические условия обучения. Философия объясняет понятие «условие» как категорию, которая составляет ту среду, обстоятельства, в которых явление или процесс возникает, существует и развивается [10, 438]. Условие, таким образом, выступает внешним окружением, объективным миром, без которого предмет, явление или процесс не могут существовать. Определение понятия «педагогические условия» связывается с педагогическим осмыслением категории «условие». Исследователи (Н.Боритко, Н.Горбунова, О.Федорова, Е.Трифонова) считают, что педагогические условия являются результатом целенаправленного отбора, конструирования и применения элементов содержания, методов, организационных форм обучения для достижения цели. Педагогические условия обнаруживают свою специфику в зависимости от вида учебной деятельности, объективных характеристик образовательной среды, возрастных и др. параметров субъектов деятельности и т. п. Отбор педагогических условий зависит от многих факторов, а именно: от цели, с которой создаются педагогические условия, ведущих характеристик прогнозируемого результата, особенностей среды, в которой осуществляется процесс достижения цели.

Педагогическими условиями эффективного обучения дошкольников украинскому языку определены следующие: обеспечение украиноязычного развивающего потенциала речевой среды ДОУ; наличие позитивных эмоциональных стимулов в обучении языку; максимальное погружение детей в активную украиноязычную речевую игровую деятельность; осознанное усвоение детьми украинского языка.

Обеспечение украиноязычного развивающего потенциала речевой среды ДОУ. Научные источники определяют среду как совокупность природной среды и социального мира, которые окружают человека, и включают материальные и духовные условия становления, существования и развития человека [9, 245]. Психология рассматривает среду как способ взаимосвязи человека и мира. Так, по Л.Божович, среда – это особенное соединение «внутренних процессов развития и внешних условий, которые предопределяют динамику развития личности» [5, 34].

В ракурсе нашего исследования освещена сущность речевой среды и определен её развивающий потенциал. А.Богуш и Н.Гавриш считают, что речевая среда – это совокупность семейных, бытовых, социально-педагогических неорганизованных и целенаправленных условий общения ребенка в системах «взрослый – ребенок» и «ребенок – ребенок» [2, 38]. М.Львов считает речевой средой искусственно созданную среду, в которой дети находятся вне досягаемости неправильных речевых влияний, где господствует атмосфера высокой речевой культуры. Развивающий потенциал среды является оптимальным при условии безукоризненности искусственной и естественной речевой среды [7, 171]. По Л.Федоренко, развивающая речевая среда обеспечивается литературно-языковой образцовостью речи, использованием неадаптированных литературных текстов.

Оптимальным влияние речевой среды на речь ребенка будет только при наличии реализации развивающей функции этого окружения. Е.Трифонова считает, что развивающей является такая речевая среда, в которой создаются «потенциальные возможности для позитивного влияния разнообразных факторов в их взаимодействии на речевое развитие ребенка и формирование его речевой личности» [9, 249]. По нашему мнению, важнейшим компонентом развивающей речевой среды является литературно нормированная речь взрослых, выступающая образцом для подражания. В обучении дошкольников украинскому языку необходимо учитывать доминирующий русскоязычный тип стихийной речевой среды, а следовательно, отсутствие возможности получить украиноязычные образцы речевого поведения в семейной и бытовой сферах. Лишь в условиях организованной развивающей среды ДОУ дети могут получить образцы для подражания. Это обязывает взрослых использовать литературную речь, насытить речевую среду оригинальными литературными текстами и безукоризненными образцами разговорной украиноязычной речи.

Развивающая речевая среда обеспечивается организованным обучением на специальных занятиях. Усвоение украинского языка как неродного (государственного) старшими дошкольниками в условиях организованного обучения осуществлялось в системе специальных занятий (комплексных и тематических занятий по украинскому языку, по народоведению средствами украинского языка, интегрированных занятий по украиноведению и украинскому языку, коррекционных и индивидуально- групповых занятий) и разнообразных видов и форм образовательной деятельности в повседневной жизни.

Развивающий эффект среды зависит от характера общения взрослого и ребенка, от тех ситуаций, заданий, приемов, средств, которые обеспечивают развитие речевой активности и самостоятельности детей. И.Баева указывает: психологической сущностью образовательной среды является «совокупность деятельностно-коммуникативних актов и взаимоотношений участников учебно-воспитательного процесса» [1, 13]. Взаимодействие субъектов – это «живая ткань» образовательного процесса; взаимодействие, диалог, коммуникация, общение, – это сущность речевой среды.

Учитывая отмеченную позицию, процесс усвоения украинского языка выстраивался как пространство коммуникации, которое вовлекало детей в освоение, обмен, потребление культурных и языковых ценностей, создание условий для диалогового общения. Ведущими методами избирались те, которые погружали детей в активную коммуникацию, – разной сложности коммуникативные упражнения, проблемные и игровые ситуации с коммуникативным контекстом, создание диалогов, дидактичные игры с коммуникативно-речевым компонентом, составление рассказов из коллективного опыта, обсуждение произведений и реальных ситуаций и т.д.

Наличие позитивных эмоциональных стимулов в обучении детей украинскому языку. Учеными доказана доминирующая роль эмоций и чувств в протекании практической и познавательной деятельности детей (Н.Аксарина, Д.Эльконин, А.Запорожец, А.Леонтьев, Н.Фигурин, П.Якобсон и др.). А.Леонтьев писал, что «поведение ребенка больше регулируется эмоциями, чем рассуждениями» и что, именно «чувства превращаются в мотив поведения, во влечение к действию» [6, 7]. Исследования (Л.Выготский, Д.Эльконин, А.Запорожец, В.Косминская, А.Леонтьев, Н.Менчинская, Т.Репина, П.Якобсон) доказали, что эмоции являются базовыми принципами психического развития ребенка. Это направляет педагогические усилия на наполнение жизни детей позитивными эмоциональными переживаниями и на предоставление им помощи в осознании и регуляции собственных эмоций.

Воспитатели наполняли жизнь малышей интересными видами и формами деятельности, эмоциональными событиями, использовали во всех формах работы игровые методы, поскольку именно они вызывали у детей выразительные эмоциональные реакции. Разнообразные эмоции и чувства – моральные, эстетичные, интеллектуальные (радость, симпатия, сопереживание, печаль, удивление, удовольствие, наслаждение и т. п.) испытывали дошкольники при восприятии сказок, стихотворений, песен, потешек, рифмовок, шуток, загадок. В дошкольной педагогике и лингводидактике определены факторы, способствующие повышению эмоциональности учебно-воспитательного процесса и психологического благополучия малышей. Так, Н.Горбунова выделяет следующие факторы, определяющие благополучие детей в условиях развивающей среды: доверительно дружеское отношение воспитателя к детям, в котором совмещаются четкие требования, точные действия педагога и улыбка, шутка, поощрение в случае удачи и корректное замечание в связи с допущенной ошибкой; применение сюжетных игр и соревнований, в которых педагог становится их активным участником; разнообразие средств и методов обучения; оптимизация загруженности детей.

Максимальное погружение детей в активную украиноязычную речевую игровую деятельность. Педагогическое условие, связанное с максимальным погружением детей в речевую игровую деятельность детерминировано психологическим понятием ведущей деятельности. В сложной системе взаимодействия деятельностей приоритетными в развитии детей выступают познавательная, игровая, речевая и коммуникативная, поскольку они сопровождают все другие виды деятельностей ребенка. По мнению психологов (Л.Выготский, Д.Эльконин, А.Запорожец, В.Котырло, А.Леонтьев), среди приоритетных деятельностей выделяется стержневая, взаимосвязывающая все другие деятельности. В дошкольном возрасте такой является игровая деятельность. На взаимосвязь коммуникативной, речевой и игровой деятельностей указывают ученые М.Ариян, Л.Выготский, А.Леонтьев, С.Рубинштейн. Игра, считают А.Богуш и Н.Луцан, - это «переходное звено между полной зависимостью речи от предметных действий и свободою слова. Именно в«освобождении слова» состоит значение игры со сверсниками для речевого развития детей» [4, 21].

Использование игр в обучении отвечает психологическим потребностям детей этого возраста, создает оптимальные условия для формирования многих психических процессов, в том числе, и речи. Возможность учить детей путем активной и интересной деятельности – отличительное преимущество всех игр. Важное место в формировании речевой и коммуникативной компетенций детей занимают дидактические игры, словесные игры с речевым заданием, игровые речевые ситуации и игровые речевые упражнения.

Среди дидактичных игр продуктивную группу составляли словесные игры с речевыми заданиями. Это игры, содержанием которых является речевое высказывание; средством реализации игрового действия и игрового замысла выступает слово; а результатом игры есть нового высказывание – слово, фраза, предложение, текст. В словесных играх реализовывался важный методологический принцип единства языка, мышления и речи. В них моделировалось естественное межличностное общение детей, в котором они легко усваивали и воспроизводили в речевой форме свои знания. Эта группа игр направлена на решение мыслительных и речевых задач, связанных с воспитанием звуковой культуры, формированием грамматической правильности речи, обогащением и активизацией словаря, развитием диа- и монологической речи, развитием коммуникативных навыков.

Значительная роль в обучении украинскому языку отводилась игровым речевым ситуациям. Речевая ситуация рассматривается как «ситуация речи, ситуационный контекст речевого взаимодействия; набор характеристик ситуативного контекста релевантных (значимых) для речевого поведения участников речевого действия, которые влияют на выбор ими речевых стратегий, приемов, средств» [8, 191]. Речевые ситуации ставили детей в условия, близкие к реальному общению, активизировали весь арсенал усвоенных языковых средств для решения коммуникативных задач.

Игровые речевые упражнения – это упражнения, которые предусматривают игровое речевое действие с использованием языкового материала. В дошкольной лингводидактике упражнения рассматриваются как многоразовое использование определенных речевых действий для выработки и совершенствования речевых умений и навыков [4, 78]. С целью развития звуковой культуры используют тренировочные, имитационные, артикуляционные упражнения; для формирования грамматически правильной речи – композиционные и трансформационные; с целью обогащения и активизации словаря – подстановочные и словесно-логические; на развитие диалогической речи – репликовые, вопросно-ответные, беседы; для развития монологических умений – описательные, репродуктивные, ситуативные, композиционные; для развития коммуникативных умений – собственно коммуникативные упражнения [4, 84].

Осознанное усвоение детьми украинского языка. Требование осознанного усвоения детьми украинского языка основывается на общетеоретических положениях психологии и психолингвистики. Исследования (А.Алхазишвили, В.Артемов, Б.Беляев, А.Богуш, Н.Жинкин, И.Зимняя, Н.Имедадзе, А.Леонтьев, Е.Негневицка, Е.Протасова, И.Румянцева, А.Шахнарович) обращают внимание на отличительные по психологическим механизмам пути усвоения родного и неродного языков. Родной язык усваивается через имитацию окружающих, интуитивно, как единственно возможное средство общения и познания мира. Усвоение второго языка не связывается с жизненной потребностью говорящих, не стимулируется внутренней мотивацией к общению. Следовательно, обучение неродному языку должно происходить сознательным путем, который означает, во-первых, опору на знания, навыки, способности, речевой опыт, приобретенные в процессе овладения первым языком. Во-вторых, механизм осознанного усвоения второго языка должен направляться на активизацию осмысленного переноса знаний и навыков (транспозицию) и контролируемое торможение негативных влияний родного языка (интерференцию). В-третьих, осознанное усвоение языка предусматривает оптимальный синтез теоретических знаний и практических умений и навыков в овладении речью, которое основывается на концептуальном положении о роли и месте мышления и сознания в обучении.

Исследователями глубоко изучены вопросы осознанного усвоения второго языка с опорой на родной язык. Учеными (А.Богуш, Л.Булаховским, Н.Пашковской, А.Супруном, М.Успенским, О.Хорошковской, Н.Шанским, Л.Щербой др.) предложен сопоставительный подход к обучению второго языка, когда дети под руководством педагога сопоставляют явления родного и изучаемого языков для более глубокого проникновения в их структуры.

В обучении дошкольников украинскому языку как второму осуществлялась специально организованная аналитико-синтетическая деятельность в форме приемов сравнений и сопоставлений, которая предусматривала установление осознанных взаимосвязей между представлениями детей по второму языку с уже приобретенными знаниями из родного языка. Дошкольников активно вовлекали в перцептивную деятельность (воспринимать на слух средства двух языков, вслушиваться и выделять дифференциальные признаки языковых единиц) и интеллектуальную (осмыслять языковые явления, называть их отличительные признаки, осуществлять перенос признака языкового явления на основе обобщения на подобные явления).

На основе теоретических позиций, с учетом системы принципов и педагогических условий разработана лингводидактическая модель обучения старших дошкольников с русскоязычным типом общения украинскому языку как второму. Моделью обучения считаем общую схему деятельности педагога и детей в образовательном процессе, проекция которой определяется конечной и промежуточными целями, сущность форматируется принципами и педагогическими условиями, а реализация происходит ресурсами соответствующих методов, средств и форм обучения.

В модели обучения дошкольников украинскому языку отражена цель, критерии украиноязычных компетенций, педагогические условия, формы и виды учебно-воспитательной работы, этапы обучения украинскому языку. Модель содержит 4 этапа: познавательно-ориентировочный, репродуктивно-речевой, коммуникативно-творческий и оценочно-рефлексивний. Общей цели – обучению дошкольников украинскому языку, - подчинялись цели, методы, средства и формы каждого этапа обучения (Схема 1.1.).

Схема 1.1.

Лингводидактическая модель обучения старших дошкольников украинскому языку в поликультурном пространстве юго-восточной

Критерии: фонетическая, лексическая, грамматическая, диамонологическая, коммуникативная компетенции

Цель: обучение детей старшего дошкольного возраста украинскому языку в поликультурном пространстве юго-восточного региона Украины

Этапы		Формы и виды работы	Цель
I этап	познавательно	Комплексные речевые занятия средствами украинского языка, интегрированные занятия по украиноведени и украинскому языку, художественное чтение украинских произведений, заучивание наизусть стихотворений и малых фольклорных произведений, развлечения по мотивам украинских народных традиций.	Обеспечение украиноязычного потенциала речевой среды ДОУ
II этап	репродуктивни	Комплексные речевые занятия, тематические речевые занятия, коррекционные занятия, занятия по народоведению, индивидуально- групповые занятия, речевые упражнения и игры, художественное чтение, театрализованная деятельность, развлечения.	Наличие позитивных эмоциональных стимулов
III этап	коммуникативни	Тематические и комплексные речевые занятия; тематические занятия на украинском языке по разным разделам программы: украинские словесные и подвижные игры; национальные украинские праздники и развлечения; речевые ситуации, дидактические игры.	Максимальное погружение детей в активную украиноязычную речевую игровую деятельность
IV этап	оценочно-рефлексивни	Дидактичные игры и упражнения оценочно-контрольной направленности	Осознанное усвоение детьми украинского языка

Уровни развития украинской речи детей старшего дошкольного возраста

Каждый этап лингводидактической модели характеризовался своими специальными целями, ведущими методами, средствами и формами организации обучения украинскому языку. Важное место занимали занятия, разные типы которых на последовательных этапах обучения имели приоритетные позиции. Целью первого – **познавательно-ориентировочного этапа** было обогащение представлений детей об окружающем мире, ознакомление с культурой украинцев и формирование способности на элементарном уровне воспроизводить эти представления средствами украинского языка. Учить воспринимать и понимать разговорную речь, несложные литературные тексты на украинском языке, подражать отдельным словам, фразам, предложениям. Формировать навыки украинской речи на основе представлений об отличиях в явлениях русского и украинского языков.

Ведущими методами обучения стали экскурсии, рассказы воспитателя, рассматривания предметов, просмотр видеофильмов, чтение художественных произведений, т. е. методы расширения представлений дошкольников об окружающем мире, а также речевые упражнения и ситуации, дидактические игры, чистоговорки - методы, способствующие усвоению языковых средств и формированию речевых умений.

На этом этапе происходило знакомство детей со спецификой украинской языковой системы. Близкородственность украинского и русского языков, сходство их структур на всех языковых уровнях и, вместе с тем, наличие различий, предопределяли постоянный учет в учебном процессе как общего, так и отличного. Это осуществлялось на основе сопоставления лингвистического материала обоих языков. На этапе знакомства с языковым явлением использовались открытые межъязыковые сопоставления во всех случаях, когда материал был противоположным или частично различным.

Ведущими *формами обучения* на познавательно-ориентировочном этапе были комплексные речевые занятия на украинском языке, интегрированные занятия по украиноведению и украинскому языку, художественное чтение, развлечения по мотивам украинских традиций.

Цель второго – **репродуктивно-речевого этапа** - научить воспроизводить в элементарных высказываниях представления, которые дети получили из разных источников. Поощрять заинтересованность детей украинской литературой, культурой, искусством. Совершенствовать навыки восприятия художественных текстов и разговорной речи. Упражнять в воспроизведении языковых единиц всех уровней, понимая их лингвистическую специфику и принадлежность к украинскому языку на основе межъязыковых сопоставлений. Для формирования первичных умений учить детей имитировать и создавать речевой продукт по аналогии с морфологическими, синтаксическими, диалогическими и монологическими моделями на основе усвоенного лексического материала.

Доминирующими методами на этом этапе были игровые речевые ситуации, речевые упражнения и дидактические игры, слушание и обсуждение художественных произведений, пересказ текста.

Методически этот этап обучения характеризовался усилением самостоятельной практической деятельности детей с языковыми единицами в имитационных, аналитических, подстановочных упражнениях, играх с речевым компонентом, заучивание наизусть фольклорных произведений, стихотворений, песен. В целом, педагогические усилия нацеливались на сознательную репродукцию детьми языковых средств украинского языка и выработку первичных языковых умений. Это этап накопления языковых средств, поэтому широко применялись методы пересказа текста и имитации диалогов.

Изучение украинского языка на репродуктивно-речевом этапе также обеспечивалось конструктивными и трансформационными упражнениями, которые закрепляли первичные умения и придавали им статус частично-речевых навыков. Выполнение упражнений такого уровня сложности требовало от детей значительных усилий, более сложных умственных действий, готовности к применению элементарных языковых умений. Конструктивные и трансформационные упражнения выступили переходным звеном от репродуктивной к коммуникативно-речевой деятельности.

Основными *формами организации* учебно-воспитательного процесса на этом этапе были комплексные, тематические и коррекционные речевые занятия, занятия по украиноведению на украинском языке, индивидуально- групповые занятия; в повседневности – игры, праздники и развлечения.

Третий этап – **коммуникативно - творческий** автоматизировал фонетические, лексические, грамматические навыки детей в самостоятельно продуцируемых высказываниях в заданиях коммуникативного характера. Усилия педагога нацеливались на развитие навыков подбирать из арсенала ранее усвоенных языковых средств адекватные коммуникативным целям средства в новых и несколько измененных учебных и игровых ситуациях.

Происходило обучение синтезировать речевые навыки всех лингвистических уровней для создания связного высказывания. Уделялось внимание развитию языкового и межъязыкового чутья, стимулировалась самокоррекция речи. Совершенствовались монологические и диалогические навыки: вступать и поддерживать содержательный диалог, придерживаться правил культуры общения, использовать широкий репертуар вербальных и невербальных средств общения; составлять монологи разных видов – сюжетные, описательные, из личного и коллективного опыта, творческие.

Ведущими методами коммуникативно - творческого этапа стали игровые коммуникативные ситуации, коммуникативно-речевые игры, беседы, разговоры по содержанию произведений, на морально-этические темы; игры-драматизации; составление диалогических и монологических дискурсов.

Формами организации учебно-воспитательной деятельности дошкольников на коммуникативно - творческом этапе усвоения украинского языка стали комплексные и тематические речевые занятия, занятия на украинском языке по разным разделам программы; в повседневности – украинские народные словесные и подвижные игры, национальные украинские праздники и развлечения.

Четвертый этап обучения украинскому языку – **оценочно-рефлексивний** имел целью формирование умения детей оценивать и контролировать собственную речь и речь своих товарищей на основе межъязыкового чутья. На этом этапе использовалась рефлексия как форма отражения самого себя, своих ощущений, переживаний, желаний, состояний, мотивов. Развитие рефлексии связывается с формированием самооценки и самоконтроля. Важное место в речевом развитии ребенка занимают оценочно-контрольные действия. А.Богуш определяет контрольные действия как сознательную регуляцию ребенком речевой деятельности с целью предупреждения, констатации и исправления речевых ошибок, а также обеспечение соответствия результатов учебной деятельности предложенным требованиям и образцам. Оценочные действия направлены на оценку результатов деятельности и основываются на анализе и сравнении полученного результата с заданными требованиями [3].

Методами формирования оценочно-контрольных умений были дидактические игры и упражнения оценочно-контрольной направленности, коммуникативно-речевые ситуации, творческие и ролевые игры, ситуации-соревнования, во время выполнения которых детьми производились «актуально осознанные» действия контроля и формировались механизмы оценки и самооценки.

По результатам исследования обнаружен ряд закономерностей формирования ключевых компетенций украинского языка как неродного у детей старшего дошкольного возраста. Украинский язык (неродной) усваивается как средство мыслительно-речевой деятельности, в которой происходит овладение языком как целостной знаковой системой в единстве всех ее компонентов – семантики, лексики, фонетики, фразеологии, морфологии, синтаксиса, текстологии.

Эффективность формирования компетенций украинской речи зависит от интенсивности погружения детей в активную украиноязычную деятельность, от обеспечения полноценной украиноязычной развивающей речевой среды дошкольного учреждения.

Качество и темп усвоения украинского языка как неродного зависят от обеспечения сознательного компонента в развитии речи на основе опоры на знания и навыки родного языка, скрытых и открытых сопоставлений явлений языковых систем родного и украинского языков, интеллектуальных приемов осознания средств украинского языка.

Результативность обучения украинскому языку связана с развитием межъязыкового чутья и чутья второго языка, которые влияют на протекание речи как произвольной, сознательной деятельности, с активными процессами внутреннего программирования, планирования и целенаправленной рефлексии, что способствует формированию осмысленных процессов самоанализа, самооценки, самоконтроля и самокоррекций речи.

Литература

1. Баева И.А. Психологическая безопасность образовательной среды: теоретические основы и технологи создания: автореф. дисс. на соискание науч. степени докт. психол. наук: спец. 19.00.07 «Педагогическая психология» / И.А.Баева. – СПб., 2002. – 24 с.
2. Богуш А.М. Дошкільна лінгводидактика: Теорія і методика навчання дітей рідної мови в дошкільних навчальних закладах: підручн./ А.М.Богуш, Н.В.Гавриш; за ред. А.М.Богуш; друге вид., доп. – К.: Слово, 2011. – 704 с.
3. Богуш А.М. Мовленнєвий розвиток дітей від народження до 7 років: моногр. / А.Богуш. – 2-е вид. – К.: Слово, 2010. – 374 с.
4. Богуш А.М. Мовленнєво-ігрова діяльність дошкільників: мовленнєві ігри, ситуації, вправи : навч. посіб. / А.М.Богуш, Н.І.Луцан. – К.: Видав. Дім «Слово», 2008. – 256 с.
5. Божович Л.И. Личность и ее формирование в детском возрасте / Л.И.Божович. – М.: Просвещение, 1968. – С. 34 – 121.
6. Леонтьев А.Н. Психологические вопросы формирования личности ребенка в дошкольном воздасте // Дошкольное воспитание. – 1947. - № 9.
7. Львов М.Р. Словарь-справочник по методике преподавания русского языка: пособ. для студ. педвузов и колледжей / М.Р.Львов. – М.: Изд. центр «Академия»; Высшая школа, 1999. – 272 с.
8. Педагогическое речеведение. Словарь-справочник / Изд. 2-е, испр. и доп. / Под ред. Т.А.Ладиженской и А.К.Михальской; сост. А.А.Князьков. – М.: Флинта, Наука, 1998. – 312 с.
9. Трифонова О.С. Теоретико-методичні засади формування мовленнєвої особистості дітей старшого дошкільного віку : дис. ... доктора пед. наук : 13.00.02 / Трифонова Олена Сергіївна. – Одеса, 2013. – 419 с.
10. Философский словарь / Под ред. И.Г.Фролова. – М., 1999. – 560 с.

Тельчарова Е.А.
старший преподаватель кафедры дошкольного образования
Бердянского государственного педагогического университета

ПЕДАГОГИЧЕСКИЕ УСЛОВИЯ ПРЕОДОЛЕНИЯ НЕУВЕРЕННОСТИ У СТАРШИХ ДОШКОЛЬНИКОВ

Построение рыночных отношений в Украине предъявляет повышенные требования к личностным качествам человека: самостоятельности, ответственности, уверенности, которые обеспечивают его адаптацию в новых социально-экономических условиях. В связи с этим достаточно актуальным является преодоление отдельных отрицательных проявлений в поведении: нерешительности, малоактивности, безынициативности, неуверенности.

Отечественными психологами и педагогами проблема неуверенности специально не изучалась. Психолого-педагогические исследования рассматривали отдельные проявления неуверенности, в частности стыдливость и застенчивость (А. Алексеева, Т. Красневская, Е. Кульчицкая, и др.), боязливость (А. Захаров, Я. Коломенский, Д. Николенко и др.).

Исследователи связывают неуверенность детей с характером самооценки, уровнем тревожности, успешностью в деятельности. По мнению А. Захарова неуверенность могут проявлять дети, которые подвержены неврозу страха. Он приводит к внутреннему конфликту личности, который заключается в неспособности ребенка защитить себя. Это конфликт самоопределения, уверенности в себе, прочности своего "Я", который возникает во время встречи с мнимой или реальной опасностью.

В зарубежной психологии изучение проблемы неуверенности преимущественно связывалось с коррекцией поведения подростков и взрослых. Ф.Зимбардо считал одним из проявлений неуверенности - стыдливость. Он отмечал, что стыдливость может быть душевным недугом, который отрицательно влияет на человека.

В современной педагогике и психологии определены отдельные условия, способствующие преодолению неуверенности в поведении детей: обеспечение успеха в деятельности (Т. Смолева); воспитание активности, организация совместной деятельности (Р. Буре); применение социо-игрового подхода в процессе обучения (В. Букатов, А. Ершов, Е. Шулешко); приобщение детей к игровой деятельности, игротерапия (Л. Абрамян, В. Акслайн, Ф. Аллен, А. Захаров, В. Кожевникова, А. Кошелева и др.).

Результаты констатирующего эксперимента, проведённого нами, свидетельствуют, что организация педагогического процесса в дошкольных учреждениях недостаточно сориентирована на реализацию индивидуального подхода к неуверенным детям. Воспитатели проявляют неосведомленность в применении психолого-педагогических средств коррекции поведения таких воспитанников.

По нашему мнению о наличии неуверенности у детей свидетельствуют высокий уровень тревожности и неадекватная самооценка. Появление неуверенности в поведении детей в значительной степени обусловлено такими факторами, как: неблагоприятные условия воспитания ребенка в семье (чрезмерная любовь или требовательность к ребенку со стороны родителей, применение физических наказаний), неуспешность в деятельности, низкий социальный статус.

В своём исследовании ведущим коррекционным средством мы считали игровую деятельность детей, которая используются в теории и практике в диагностических, коррекционных и терапевтических целях.

Выбор игры как универсальной формы коррекции объясняется тем, что в ней обеспечивается высокий уровень мотивации для участия в коррекционных занятиях, целенаправленного формирования разнообразных форм психической деятельности.

По мнению Д. Эльконина воспитательный эффект "игровой терапии" определяется практикой новых социальных отношений, к которым приобщается ребёнок. Ролевая игра вводит дошкольника в ситуации взаимодействия со взрослыми и ровесниками, создает возможности для отношений, построенных на сотрудничестве, вместо взаимоотношений принуждения и агрессии. Именно эта её особенность обеспечивает терапевтический эффект.

Большинство авторов отмечает, что сложности в поведении детей дошкольного возраста тесно связаны и даже обусловлены низким уровнем их игровой деятельности. Однако это не мешает предлагать именно игру в качестве основного метода коррекции.

В последнее время внимание зарубежных и отечественных ученых всё больше привлекают индивидуальные игры режиссерского типа.

Д. Менжерицкая, О. Усова считали режиссерской игрой индивидуальную игру ребенка с использованием персонажей. Л. Венгер, В. Мухина – одиночную игру, в которой ребенок является режиссером, как в театре. По мнению В. Кожевниковой – это субъективная деятельность, которая определяется особенностями отношений ребенка к окружающему и осуществляется с помощью игровых действий. И.Кириллов, Н.Короткова называют режиссёрской игрой действия с мелкими игрушками, посредством которых ребенок разворачивает события с персонажами-игрушками, отождествляя себя с ними или несколько отмежевываясь от них. Е. Гаспарова, В. Кожевникова, Е. Кравцова утверждают, что содержанием такой игры является воссоздание отношений между персонажами, а её характер предопределяется всем предыдущим, в частности игровым, опытом ребенка.

По мнению Е. Кравцовой, режиссерская игра существенно влияет на становление личности ребенка. Она развивает воображение, требуя сюжетных построений, сложных ролевых взаимодействий; помогает ребенку совместить в своем "Я" огромное множество образов и позиций, стимулируя разностороннюю объективную оценку и самооценку поступков. Особая внутренняя позиция обеспечивает ребенку свободу, дает возможность управлять ситуацией по своему желанию, способствует проявлению организаторских способностей. Мелкий игровой и неигровой материал на небольшом пространстве позволяет ребенку целостно охватить взглядом всю ситуацию сверху и тем самым быть независимым от нее[4].

О. Гаспарова отмечает, что режиссерская игра имеет ярко выраженный творческий характер, поскольку не требует от ребенка координации игровых действий с партнерами. Дошкольники меньше подвержены влиянию игровых стереотипов, которые сложились в коллективе. Это позволяет им по своему усмотрению развивать сюжет, использовать любой игровой материал. В таких играх четко проявляются индивидуальные особенности ребенка, его личностные качества. Именно здесь зарождается вера в собственные силы[1].

Вместе с тем необходимо отметить, что режиссерская игра имеет исключительные возможности для диагностики и коррекции личностного развития детей, выявления и решения значащих для ребенка проблем и трудностей.

Содержание работы с детьми предусматривало проведение системы специальных занятий, организацию совместных и индивидуальных игр, привлечения детей к общению со взрослыми и ровесниками, обеспечения ситуаций успеха в продуктивной деятельности. Центральное место в данной системе занимали режиссерские игры.

Результаты проведенной работы свидетельствуют о целесообразности избранной экспериментальной методики.

Литература

1. Гаспарова Е. М. Режиссерские игры дошкольников / Е. М.Гаспарова. // Игра дошкольника / [под ред. С.Л. Новоселовой]. – М: Просвещение, 1989. – С. 111-120.

2. Захаров А.И. Как предупредить отклонения в поведении ребенка / А. И.Захаров. – М.:Просвещение,1986. – 127с.

3. Игра дошкольника /[Л. А. Абрамян, Т. В. Антонова, Л. В. Артемова и др.; под ред. С. Л. Новоселовой]. – М.: Просвещение, 1989. – 286с.

4.Кравцова Е. Е. Как играть в режиссерскую игру / Е.Е.Кравцова // Детский садик. – 19 мая 1999. – С.3.

5.Михайленко Н. Организация сюжетной игры в дошкольном учреждении / Н. Михайленко, Н. Короткова. – М: Педагогика, 1997. – 79с.

Кот Н.А.
кандидат педагогических наук, доцент кафедри дошкольного образования
Бердянский государственный педагогический университет

УЧЕБНО-ИГРОВАЯ СРЕДА ЗАНЯТИЯ ПО ФИЗИЧЕСКОЙ КУЛЬТУРЕ КАК УСЛОВИЕ ВОСПИТАНИЯ НРАВСТВЕННО-ВОЛЕВЫХ КАЧЕСТВ СТАРШИХ ДОШКОЛЬНИКОВ

В Базовом компоненте дошкольного образования в Украине указывается на необходимость формирования у ребенка элементарных форм жизненной компетентности и базовых личностных качеств: самокритичности, доброжелательности, честности, ответственности, самостоятельности, умения мобилизоваться в сложной ситуации и др. [1]. Эти качества должны формироваться во время разных форм активности, в том числе и во время активной двигательной деятельности.

Отечественная дошкольная педагогика накопила значительный фактический материал, объективно указывающий на необходимость расширения области применения средств физической культуры в процессе развития личности ребенка, в первую очередь, в воспитании ее нравственно-волевых качеств [2, 4, 5, 7].

Одним из ведущих факторов воспитания морально-волевых качеств личности является влияние среды. Специфика развития личности в среде определяется особенностями деятельности в ней. Именно эти теоретические подходы положены в основу концепции построения развивающей среды современного дошкольного учреждения. Под развивающей средой сегодня понимается определенное предметно-пространственное окружение, система субъект-субъектных отношений, активность самого ребенка [3, 5, 6]. Эти компоненты правомерно рассматривать как компоненты структуры развивающей среды и во время обучения детей движениям.

Наибольший развивающий эффект на занятиях по физическому воспитанию будет достигнут при условии создания учебно-игровой среды, которая является учебной по цели и содержанию и игровой по форме. Целесообразность ее создания обусловливается тем, что сама игровая среда является переходной к учебе. В учебно-игровой среде более интересной, а потому более легкой становится учебная деятельность детей; максимально стимулируется творческая активность личности; удовлетворяются личностные потребности в общении, собственном утверждении; развиваются нравственно-волевые качества.

Основной формой функционирования учебно-игровой среды в процессе физического воспитания является занятие-игра (строиться на основе определенного сюжета, подвижных игр, имитационных упражнений), которое обеспечивает эмоциональность, индивидуальную

комфортность и воспитание нравственно-волевых качеств каждого ребенка. Занятие-игру характеризуют следующие особенности:
- дидактичное задание опосредовано игровым заданием;
- преобладание игровых мотивов, которые более присущи ребенку-дошкольнику чем учебные;
- сочетание опосредствованного и прямого учебного влияния;
- разнообразная позиция воспитателя и ребенка в системе ролевых, деловых и межличностных отношений (наблюдатель, участник, лидер);
- отсутствие "жесткого оценивания", которое вызывает у ребенка напряжение и, как следствие, негативное отношение к обучению.

Следовательно, если на занятии господствует игровая ситуация, позиция дошкольника изменяется: из объекта обучения он превращается в субъект деятельности: в игре ребенка не оценивают, а он сам учит, помогает другим, т. е. становится активным участником деятельности.

К основным характеристикам учебно-игровой среды на физкультурном занятии следует отнести:

1. Организованное предметно-обучающее окружение, которое воздействует на воспитание нравственно-волевых качеств как непосредственно, так и опосредованно. Материальные условия, ставят дошкольника в ситуацию выбора определенного способа действия со снарядами, требуют соотношения физических усилий с их габаритами и массой, взаимодействия с другими детьми, а психические усилия, направленные на преодоление указанных трудностей, способствуют проявлению конкретных нравственно-волевых качеств.

Опосредствованное влияние осуществляется через активное взаимодействие и сотрудничество педагога и воспитанников в процессе решения проблемных ситуаций, возникающих в двигательной деятельности и требующих поиска вариативных способов выполнения движений, способов взаимодействия, использования снарядов и др.

2. Включение воспитателя и ребенка в систему ролевых и межличностных отношений. Позиции субъектов образовательного процесса в учебно-игровой среде должны определяться в зависимости от индивидуального отношения к двигательной деятельности. Они являются основой активизирующего общения, обмена знаниями, умениями.

Используя движение как средство игрового общения, можно определить этапы формирования игрового партнерства в игре:

а) действовать одновременно и одинаково (общие движения и игровые интересы усиливают позитивные переживания);

б) действовать по очереди, небольшими подгруппами (дети учатся уступать очередь или интересную роль, согласовывать свои действия);

в) действовать в составе команды (помогать друг другу, переживать успех или неудачу команды, вместе решать проблемные ситуации, которые создаются воспитателем в игре).

3. *Взаимодействие ребенка с компонентами учебно-игровой среды.* Организация учебно-игровой среды предусматривает создание компонентов, стимулирующих потребность проявлять соответствующие нравственно-волевые качества. В содержание игр-занятий целесообразно включать серии заданий, направленных на воспитание у детей определенных личностных качеств. Так, для стимулирования проявления целенаправленности и настойчивости можно использовать задания на достижение предельного результата, особенно в играх-соревнованиях, эстафетах (достижение максимальной скорости бега, наибольшей длины в прыжках, в дальности метания); продлевать время двигательной деятельности; вносить отягощения; до минимума сокращать отдых между упражнениями разной направленности, но большой интенсивности; использовать повторение усвоенных движений в непрерывном режиме при соблюдении их направления, скорости и амплитуды.

С целью развития выдержки и дисциплинированности целесообразно использовать два варианта заданий:

- задания, направленные на сдерживание двигательной импульсивности (быстрое изменение положения тела и направления движения, неожиданное прекращение действия по сигналу и др.). Часть заданий можно регламентировать как во времени, так и в пространстве;

- задания, которые регулируют проявление избыточной эмоциональности: дети ставятся в условия повышенной ответственности за качество выполнения упражнений (привлечение к показу движений для сверстников, малышей).

Для стимулирования проявления у дошкольников решительности и смелости следует вводить дополнительные задания, которые усиливают "риск" во время выполнения упражнений (увеличение высоты или уменьшение площади опоры; лазанье по нижней стороне горизонтальной лестницы; спрыгивание с нижней перекладины гимнастической стенки и др.). Двигательные действия при этом повторяются неоднократно, что позволяет ребенку постепенно адаптироваться к "ситуации риска".

Проявлению самостоятельности и инициативы способствует проведение упражнений в игровой и соревновательной формах, а также включение в содержание занятий проблемных задач, решение которых требует от ребенка самостоятельного выбора способа действия.

Проявлению доброжелательного отношения к партнерам возможно в ситуациях взаимодействия (выполнение движений в парах, тройках, подгруппах); помощи в выполнении движений; сопереживания и поддержки (член команды не справился с заданием; в игре всем не хватило "домиков", чтобы спрятаться от опасности и др.); избрания на роль ведущего (уступить роль тому, кто больше подходит для ее выполнения); сотворчество (решение проблемных ситуаций).

4. *Привлечение ребенка к анализу действий ровесников и самоанализу.* Формирование самооценки предполагает постепенный переход от фиксации внимания дошкольников на существенных параметрах движения до оценки собственных успехов и неудач [2, 7].

Для оценки эффективности процесса воспитания нравственно-волевых качеств дошкольников в учебно-игровой среде физкультурного занятия необходим своевременный педагогический мониторинг, позволяющий выявить сущностные их признаки.

Признаки *целеустремленности и настойчивости* – максимальная длительность выполнения движения, количество его повторений, с целью улучшения результатов, стойкий интерес к выполняемым упражнениям.

• Признаки *выдержки и дисциплинированности* – время перехода от двигательной активности к статическому положению, оптимальное время выполнения движения и сохранения его заданного ритма.

• Признаки *решительности и смелости* – отсутствие изменений в технике и темпе движения, время возобновления качества упражнения после создания ситуации "риска", отсутствие тремора, сохранение нормальной частоты пульса и дыхания.

О наличии навыков *морального поведения* свидетельствует желание ребенка принимать участие в совместной двигательной деятельности, объективно оценивать и согласовывать свои действия с действиями ровесников, подчиняя свое поведение требованиям коллектива. Опосредствованным критерием является желание детей группы вовлекать конкретного ребенка в совместные движения.

ЛИТЕРАТУРА

1. Базовий компонент дошкільної освіти (нова редакція) / [Науковий керівник А. М. Богуш]. – К.: Видавництво МОН України, 2012. – 64 с.
2. Вільчковський Е. С. Організація рухового режиму дітей 5-10 років у закладах освіти / Е. С.Вільчковський. – Запоріжжя: Диво, 2006. – 228 с.
3. Кларина Л. М. Общие требования к проектированию моделей образовательной среды, способствующей познавательному развитию дошкольника / Л. М. Кларина. – СПб.: "Детство – Пресс", 1999. – 89с.
4. Котырло В. К. Развитие волевого поведения у дошкольников / В. К. Котырло. – К.: Радянська школа, 1971. – 195с.
5. Лохвицька Л. В. Забезпечення здоров'язберігаючого середовища дошкільного навчального закладу як чинника розвитку особистості / Л. В.Лохвицька // Вісник Інституту розвитку дитини. – К.: Вид-во НПУ ім. М.П. Драгоманова, 2010. – С. 141-147.
6. Новоселова С. Л. Развивающая предметная среда / С. Л. Новоселова. – М.: Центр инноваций в педагогике, 1995. – 64 с.
7. Сагайдачная Е.А. Воспитание волевых качеств у старших дошкольников при выполнении физических упражнений: автореф. дис. на соискание науч. степени канд. пед. наук / Е. А. Сагайдачная. – М., 1988. – 24с.

Белякова Н.В.
кандидат педагогических наук, доцент
декан факультета дошкольного и начального образования
педагогического института ФГБОУ ВПО «Владимирский государственный университет имени Александра Григорьевича и Николая Григорьевича Столетовых» (ВлГУ)
Владимир, Россия
n.v.belyakova2@mail.ru

ПРОФЕССИОНАЛЬНАЯ МОБИЛЬНОСТЬ - ПОКАЗАТЕЛЬ УСПЕШНОСТИ ПЕДАГОГИЧЕСКИХ КАДРОВ

В условиях динамичного развития общества и перехода на стандарты нового поколения возрастает необходимость в формировании профессиональной мобильности педагогических кадров. Нельзя не согласиться с мнением О.А. Полежаевой [6, 482-485], которая утверждает, что развитие общества напрямую зависит от культурного и интеллектуального капитала каждого отдельного человека, где важную функцию выполняют особые профессиональные компетентности людей, обеспечивающие успешность человека в жизни.

Учитывая, что образование сегодня рассматривается как фактор социальной мобильности граждан и позволяет человеку осваивать новые социальные роли, а его качество прямым образом влияет на престиж страны, позволяет обеспечивать конкурентоспособность государства на мировом рынке и привлекать финансовые инвестиции за счет высококвалифицированных кадров, возникает необходимость осуществлять поиск инновационных форм профессиональной подготовки будущих педагогов, предусматривающих формирование их профессиональной мобильности.

Интерес к проблеме профессиональной подготовки объясняется тем, что несмотря на широкое употребление данного понятия в научных публикациях и повседневной речи оно так и не получило конкретного определения. Это обусловлено различиями в подходах, которые выбирают ученые для раскрытия содержания понятия «профессиональная подготовка» интерес к которому проявлялся у философов и ученых с древнейших времен. Еще Аристотель, Сократ, Платон говорили о том, что «развитие мышления человека, его мировоззрения успешно протекает в процессе деятельности, а источником познания является самопознание, ведущее к развитию знаний, поиску истины, что играет большую роль в подготовке молодого человека к самостоятельной жизни» [4].

В России проблемы профессиональной подготовки педагога были предметом пристального внимания известных деятелей [10]: М.В. Ломоносов в своих трудах акцентировал внимание на таких профессиональных качествах педагога, как знание предмета и методики преподавания, компетентность. К.Д. Ушинский большое значение придавал нравственности, личностным положительным качествам и умению преподавать. В.Г. Белинский отмечал исключительную важность профессии педагога. А.И. Герцен среди личностных качеств педагога на первое место выдвигал культуру, любовь к детям и любознательность, Н.Г. Чернышевский – доброту, разумность и рассудительность. Бережнова Е.В. и Краевский В.В. [1] трактуют профессиональную подготовку через усвоение профессиональных знаний, умений и навыков, делая акцент на том, что комплекса усвоенных знаний и специальных умений не всегда бывает достаточно для качественной педагогической деятельности, т.к. нередко выпускники педагогических вузов оказываются беспомощными перед педагогической действительностью, с которой они сталкиваются в образовательных учреждениях. Следовательно, усвоение определенных знаний, умений и навыков есть необходимое, но не единственное условие качественной подготовки будущих педагогов. Главным в определении качества является ориентация профессиональной подготовки на конкретную практическую деятельность.

Рассматривая проблему профессионально-педагогической подготовки современного учителя, В.А. Сластенин [9] говорил о том, что «решить задачи, которые ставит общество перед школой на современном этапе, может такой учитель, в котором развито системное видение педагогического процесса как целостного явления и готовность к его реализации. Поэтому особенно важно обратиться к поиску условий, которые способствовали бы формированию профессионализма будущего учителя». На наш взгляд, это позволяет сделать вывод о том, что профессиональная подготовка характеризуется «личностным опытом, который приобретается в процессе совместной деятельности преподавателей и студентов и становится инструментом профессиональной деятельности» [7; 8].

По мнению О.А. Полежаевой [6], при всех выше обозначенных различиях во взглядах ученых прослеживается и некоторое сходство - усвоение фундаментальных знаний, умений и навыков как основной показатель профессиональной подготовки студентов, которая предполагает формирование профессиональной готовности к их практическому применению и развитию личностных свойств, что способствует формированию профессиональной мобильности будущих педагогов.

В настоящее время подготовка будущих педагогов в вузах по программам специалитета и бакалавриата, в рамках направления «Педагогическое образование», сосредоточена вокруг основной задачи – формирования педагогического мировоззрения будущих педагогов – их взглядов и убеждений, ценностных ориентаций и установок, отвечающих современной социокультурной ситуации и месту современного педагога в обновляющемся обществе, которое определяется посредством его мобильности в профессиональной сфере.

Реализация данных целевых установок предполагает усиление собственно гуманитарно-ценностного аспекта всех преподаваемых на разных уровнях педагогического образования учебных дисциплин, придания им профессиональной «человекоцентристской» направленности, дальнейшее развитие внутрипредметных связей, внося тем самым собственный вклад в создание такого гражданского общества, в котором умение участвовать в дискуссиях, находить аргументы и доказывать свою точку зрения приобретает безусловную духовно-нравственную ценность и обеспечивает мобильность будущего педагога во взаимодействии с окружающими.

Важнейшей стороной практической подготовки будущих педагогов становится создание условий, способствующих приобретению студентами навыков самопрезентации собственных профессионально-личностных качеств, способностей и компетенций. Успешность будущего профессионала во многом обеспечивается его учебными достижениями, обретаемыми, в том числе и за счет здоровой конкуренции, как в собственно учебной, так и в практико-ориентированной деятельности. В этой связи у студентов должны вырабатываться собственные технологические подходы обобщения и представления накопленного педагогического опыта, для чего необходимо создавать для их реализации соответствующие педагогические условия (в том числе сюда может быть включено участие будущих педагогов в проектах «Педагогические мастерские»), обеспечивающие личностный рост каждого.

На наш взгляд, это способствует формированию в ходе получения основной и дополнительной профессиональной подготовки такого важного качества, как профессиональная мобильность. Как отмечают В.А. Мищенко и А.В.Черкасов: «…развитие мобильности не является неотъемлемой частью профессионального образования. Однако данное новообразование выступает как средство обеспечения профессиональной компетентности. Поэтому, осуществляя профессиональную подготовку специалиста, при выстраивании модели выпускника нельзя обойтись без его мобильных характеристик» [5, 81].

В зарубежной литературе профессиональная мобильность часто интерпретируется как элемент процесса «жизненных достижений», реализуемого посредством трудовой деятельности, что позволяет рассматривать её в контексте непроизводственных достижений индивидов.

Руководствуясь позицией Б.М.Игошева [3, 131], вслед за В.А. Мищенко и А.В.Черкасовым можно заметить, что «профессиональная мобильность - это способность личности реализовать свою потребность в определенном виде деятельности, соответствующую склонностям и возможностям личности с пользой для общества, умело переходить от одного уровня к другому, расширяя или углубляя её характер или уровень, проявлять свою профессиональную мобильность как характеристику личности, обладающей такими чертами, как открытость, активность, адаптивность, коммуникативность, креативность и т.д.» [5, 82].

В исследовании «Профессиональная мобильность специалиста как проблема развивающегося образования России» Л.В Горюнова [2, 123] дает определение профессиональной мобильности в сфере образования, представляющее собой триплекс:

1. качество личности, обеспечивающее внутренний механизм развития человека;

2. деятельность человека, детерминированная меняющими среду событиями, результатом которой выступает самореализация человека в профессии и жизни;

3. процесс преобразования человеком самого себя и окружающей его профессиональной и жизненной среды.

По её мнению, «важнейшей специфической чертой мобильности как социально-экономической категории является то, что она включает в себя фактические сдвиги в трудовом статусе работников или, другими словами, не сами случаи их перемещения, а наличие у работников возможностей к ним. В силу этого степень развитости мобильности определяется многими другими факторами. Среди них – общий объем общеобразовательной подготовки, уровень теоретических и профессиональных познаний и производственных навыков, сложившаяся социальная структура общества и закономерности динамики. Показателями мобильного специалиста могут служить способности человека влиять на события, управлять событиями, использовать их для своего саморазвития. Основу профессиональной мобильности составляют профессиональные знания, профессиональные умения и профессионально значимые личностные качества, которые <…> выступают в качестве структурных компонентов. <…> Профессиональная мобильность выступает как интегративное качество личности, характеризующее подвижность внутреннего состояния учащегося, его адаптационные механизмы, обеспечивающие достижение профессиональной компетентности, позволяющее выстроить процесс приобщения будущего специалиста к приобретаемой профессии в период обучения» [2, 82-83].

Организация процесса практической подготовки будущих педагогов к самостоятельной профессиональной деятельности позволила сделать вывод о том, что повышение степени профессиональной мобильности зависит не только от специально созданных для этого педагогических условий, но и от своевременного и содержательного освещения в ходе образовательного процесса всех сторон профессиональной компетентности, обеспечения методических условий для закладывания её основ и воспитания в будущем актуального стремления к преодолению такого специфического явления, которое в науке получило название «полураспад компетенции».

Периодически возникающая тенденция к этому, имеющая циклический характер и повторяющаяся по истечении каждых пяти лет профессиональной деятельности, может быть преодолена в известной степени как за счёт повышения квалификации (в ходе подготовки к очередной аттестации уже после завершения образования), так и обретения других дополнительных специализаций (а также второго образования), значительным образом увеличивающих не только степень профессиональной мобильности выпускников, но и уровень их социальной защищённости.

Литература:

1. Бережнова Е.В., Краевский В.В. Исследования в области образования: проблемы управления качеством: монография [Текст] / Е.В. Бережнова, В.В. Краевский. – Москва, РАО, 2007. – 150 с.

2. Горюнова Л.В. Профессиональная мобильность специалиста как проблема развивающегося образования России. – Ростов н/Д: Изд-во РГПУ, 2006. С.123

3. Игошев Б.М. Системно-интегративная организация подготовки профессионально мобильных педагогов: Автореф. Дис….д.п.н. – Москва, 2008. С.131

4. Мильцова В.Ф. Формирование профессиональной компетентности куратора в учреждениях среднего профессионального образования: дис. ... канд. пед. наук [Текст] / В.Ф. Мильцова. – Челябинск, 2006. – 179 с.

5. Мищенко В.А., Черкасов А.В. Теоретические аспекты формирования профессиональногй мобильности студентов вузов на современном этапе реформирования высшего образования // Педагогическое образование и наука.- 2012. - №5. – С.81

6. Полежаева О. А. Современные аспекты профессиональной подготовки студентов в рамках педагогической практики [Текст] / О. А. Полежаева // Молодой ученый. — 2012. — №5. — С. 482-485.

7. Сериков В.В. Подготовка учителей к профессиональной деятельности в условиях личностной ориентации образования [Текст] / В.В. Сериков // Среднее профессиональное образование. – 2000. – № 7. – С. 5–10.

8. Сериков Г.Н. Управление достижением качества образования [Текст] / Г.Н. Сериков. – Челябинск, изд-во ЮУрГУ, 2009. – 265 с.

9. Сластенин В.А. Педагогика и психология инновационного образования [Текст] / В.А. Сластенин. – М.: Прометей, 2009. – 164 с.

10. Хрестоматия по истории философии (русская философия) [Текст] / Л.А. Микешина. В 3 ч. – М.: ВЛАДОС, 2001. – Ч. 3. – 672 с.

Лымарь М.Ю.

аспирантка кафедры международных отношений и внешней политики Черноморского государственного университета имени Петра Могилы, rita-lymar@rambler.ru

ИДЕЙНЫЕ ИСТОКИ ИНТЕГРАЦИОННЫХ ПРОЦЕССОВ В ЕВРОПЕ

На современном этапе развития международной системы интеграционные процессы стали предметом исследования многих ученых. Особое внимание уделяется изучению процесса европейской интеграции, которая стала наглядным примером впечатляющих успехов стран - членов Европейского Союза. Эта уникальная форма сотрудничества, которая является ярким воплощением политического и экономического партнерства между 28 государствами - членами, существует благодаря серии обязывающих договоров, и является последним этапом в процессе интеграции, который начался в первой половине XX века с целью укрепления мира и экономического процветания в Европе.

Проблематика европейских интеграционных процессов всесторонне освещается в современной политологической, экономической, культурологической литературе. В частности, положения и эволюция европейской интеграции рассматриваются в научных трудах таких украинских исследователей, как И. Грицак, В. Воронкова, В. Копейка, В. Манжола, Т. Шинкаренко. Среди зарубежных ученых, занимающихся исследованием аналогичных вопросов, необходимо отметить таких авторов: Г. Айзиг, К. Арчик, Д. Дайнен, М. Эмерсон, Б. Колер-Кох, Б. Куртис, М. Леонард, В.-Д. Линсер, Е. Моравчик, М. Полак, В. Уоллес, Г. Уоллес, М. Яхтенфукс. Неоценимый вклад в изучение европейских интеграционных процессов представлен исследованиями российских ученых: Ю. Борко, О. Буториной, Л. Глухарева, И. Иванова, В. Иноземцева, Е. Панарина, В. Шемятенкова, Ю. Шишкова, Н. Шмелева.

Интеграция Европы уже давно стала предметом интенсивных теоретических дискуссий и эмпирических исследований. С нашей точки зрения, изучение идейных основ является одним из ключей к пониманию ее сути, целей и механизмов осуществления, поскольку дает возможность определить, что именно объединяет страны на пути к формированию единой сверхструктуры и каковы ее перспективы. К таким идейным основам можно причислить следующие [4]:

- *Принадлежность государств – членов к одной европейской цивилизации.* Европа – это один из ярких примеров того, как географические рамки совпадают с цивилизационными, в пределах которых сформировались общие ценности – основные принципы обустройства общества и государства. По мнению российского мыслителя XIX века Петра Чаадаева, Запад имеет собственную атмосферу и психологию, а народы Европы - общие черты характера [7, 45-46]. К числу цивилизационных особенностей Европы, которые сформировались исторично, исследователи относят личностную свободу, рационалистический индивидуализм, верховенство закона и равенство перед ним всех граждан, принципы и институты частной собственности, интенсивный способ ведения хозяйства, культуру разумного компромисса и солидарности, капитализм, гражданское общество, политическую демократию, руководящий класс общества с соответствующим уровнем ответственности [3, 21].

Именно такой подход, в итоге, позволил очертить основополагающие принципы функционирования самого Европейского Союза Майклу Эмерсону, старшему сотруднику Центра по изучению европейской политики в Брюсселе, среди которых он обозначил 10 самых важных: демократия и права человека, общая юридическая основа для четырех свобод (единого экономического рынка, пространства для свободного передвижения, проживания и занятости населения граждан ЕС), социальная модель, многонациональный характер общества, отрицание национализма, светский мультикультурный подход, антитоталитаризм и антимилитаризм, многосторонний подход в международной политике и внутриевропейских делах, многоярусное управления в сочетании с открытостью для всех европейских демократий, гибкость границ ЕС без жесткого деления на «своих» и «чужих» [1].

- *Наличие доминирующей религии – христианства*. Религия, которая дала весомый повод для глобального взаимопроникновения культур по всему европейскому континенту, стала «железной» основой для объединения наций и осознания Европы себя не только как единой географической территории, но и как комплекса этносов. В первую очередь, речь идет о католической вере, учитывая тот факт, что из шести стран - основательниц в 1952 году Европейского объединения угля и стали (ЕОУС) - Франции, Италии, Бельгии, Люксембурга, Германии, Нидерландов - первые четыре являются сугубо католическими странами, а в Германии (представленной на то время только своей «западной» частью) католическую религию исповедует значительное количество населения [5, 344]. Более того, отцы-основатели европейского интеграционного процесса - Альчиде Де Гаспери, Робер Шуман и Конрад Аденауэр были ревностными, глубоко верующими католиками и убежденными антифашистами. Учитывая, что основой фашистских течений на европейском континенте был национализм в радикальном своем виде, против которого всегда выступала католическая универсалистская традиция, католики – антифашисты в противовес возвеличиванию одной конкретной нации начали предлагать идеи одной родины – Европы [8, 123].

- *Социокультурная близость стран.* Данная идея оформилась еще в Средневековье, когда Европа представляла собой «культурное целое», под покровительством Римской церкви, с единым языком, которым служила латынь, существенно развитой региональной торговлей, общей валютой – золотом, и даже с единой внешней политикой и стратегическими военными целями (например, во время крестовых походов) [2, 77]. Именно с тех пор Европу стали воспринимать как единый центр распространения научных открытий, политических и культурных ценностей.

- *Общее стремление к поддержанию мира и стабильности среди европейских наций.* Собственно, эта идея является и главной целью интеграционного процесса, который начал набирать обороты еще в первой половине XX века. Обе мировые войны нанесли не только значительный материальный ущерб государствам Европы, но и внесли моральную дестабилизацию, что, тем не менее, дало импульс для поисков путей консолидации усилий с целью восстановления послевоенного мира. Более того, одной из причин беспокойства для европейских политиков стала революция в России, и быстрые темпы индустриализации страны на фоне экономического кризиса в Европе.

Наиболее активную роль в пропаганде идеи «объединенной Европы», которая подразумевала отмену таможенных границ с целью укрепления экономики стран, преодоления аграрного кризиса и безработицы, в послеверсальской Европе сыграл «панъевропейский союз», основанный в 1923 году австрийским графом Г. Куденхове-Калерги. Именно тогда оформились две магистральные модели объединения: конфедерация с межгосударственными органами управления («реалистическая модель») и федерация на основе интернационального правительства. После Второй мировой войны идею объединения Европы как «Соединенных Штатов Европы» развил в своей речи английский премьер-министр В. Черчилль, выступая в сентябре 1946 года в университете Цюриха. В итоге, разработка новых подходов и возрождение «панъевропейского движения» привели, на пути европейской интеграции, к первому шагу в виде подписания в 1951 году договора про ЕОУС на основе наднационального сближения Франции и Германии, который положил реальное начало дальнейшим интеграционным преобразованиям в Европе [6].

Напоследок, необходимо отметить то, что изучая развитие процесса европейской интеграции, невозможно рассматривать в его рамках любые идеи объединения Европы, когда-либо возникавшие в разных местах континента, в разное время, в разных социально-экономических и политических условиях по отдельности. Начало этого процесса можно датировать преимущественно 20-ми годами XX века, когда эта идея получила широкую огласку и стала предметом серьезного обсуждения в политических и общественных кругах европейских стран. Вместе с тем, идейные основы имеют корни, которые значительно глубже уходят в общую историю европейского геополитического региона, что дает основания для их дальнейшего изучения как необходимой составляющей исследования евроинтеграционных процессов в условиях формирования нового мирового порядка.

ЛИТЕРАТУРА

1. Емерсон М. Екзистенціальна дилема Европи / М. Емерсон // Незалежний культурологічний часопис «Ї». - 2007. - № 50. [Електронний ресурс]. – Режим доступу. - http://www.ji.lviv.ua/n50texts/emerson.htm
2. Иноземцев В., Кузнецова Е. Возращение Европы / В. Иноземцев, Е. Кузнецова. - М.: «Интердиалект+», 2002. – 164 с.
3. Книга А., Пархаев Н. Европейская интеграция / А. Книга, В. Пархаев. - Барнаул: Изд-во АлтГТУ, 2004. – 124 с.
4. Львова О. Ідейні засади європейської інтеграції / О. Львова // Наукові записки НаУКМА. Політичні науки. - 2008. - Т. 82. - С. 50-53.
5. Омельченко А. Ідейна база євро інтеграційних процесів середини XX століття / А. Омельченко // Наукові праці історичного факультету Запорізького національного універсіту. - 2012. - вип. XXXII. – С. 341-346
6. Седляр Ю. Інтеграційні процеси в Європі у XX ст.: ідейні засади та механізми реалізації / Ю. Седляр [Електронний ресурс]. – Режим доступу. - http://lib.chdu.edu.ua/pdf/ukrpolituk/3/39.pdf
7. Ферховштадт Г. Маніфест для нової Європи / Г. Ферховштадт. - К.: Видавництво «К. І. С.», 2007. - 68 с.
8. Юдин А. Европеизм в идеологии политической деятельности А. Де Гаспери / А. Юдин // Единая Европа: идея и практика. – М., 1994. - С. 127–142.
9. Archick K. The European Union: Questions and Answers / K. Archik // Congressional Research Service. – 2013. – July, 5. – 14 p.

Загустина Д.А.
студентка 4 курса факультета психологии НИУ БелГУ
Ланских М.В.
канд. педагогических наук, доцент кафедры возрастной и
социальной психологии НИУ БелГУ
darya.zagustina@mail.ru

ОСОБЕННОСТИ САМООЦЕНКИ СТАРШИХ ШКОЛЬНИКОВ С РАЗНЫМИ ТИПАМИ МЕЖЛИЧНОСТНЫХ ОТНОШЕНИЙ В КЛАССЕ

Период ранней юности, соответствующий старшему школьному возрасту, характеризуется возрастным кризом. А значит, у старшеклассника изменяется социальная ситуация развития, ускоренными темпами формируются нравственные и этические качества, происходит изменение ведущей деятельности и самооценки. Через общение школьники усваивают жизненные цели и нравственные ценности, пробуют себя в различных ролях, усваивают ролевые формы поведения, развивают у себя деловые, организационные, исполнительские качества. Статус и самооценка старшеклассника детерминируются, с одной стороны – индивидуальными особенностями личности, с другой стороны – особенностями коллектива и его деятельности. То есть на формирование самооценки старшеклассника оказывает влияние группа факторов, среди них – межличностные взаимоотношения в классе, являющиеся центральным компонентом развития самооценки в старшем школьном возрасте.

Актуальность темы заключается в том, что в старшем школьном возрасте одним из приоритетных факторов формирования самооценки становятся межличностные отношения, в частности, взаимоотношения со сверстниками. Тип межличностных отношений будет напрямую или косвенно влиять на формирование самооценки школьника, так как через призму общения происходит становление «Я» старшеклассника. Следует учитывать, что межличностные отношения старшего школьника – многоаспектный феномен, включающий в себя взаимоотношения со сверстниками, со значимыми взрослыми, с учителями.

В отечественной психологии исследования проблемы самооценки связаны с изучением проблемы развития и самосознания, с именами Б.Г. Ананьева, Л.И. Божович, С.Л. Рубинштейна, Е.А. Серебряковой, Л.С. Славиной и др.

Так, по мнению Липкиной А.И., самооценка является оценкой личностью самой себя, своих возможностей, качеств и места среди других людей [2, с.7].

Савонько Е.И. отмечает, что «самооценка представляет собой особую ступень в развитии самосознания, предпосылкой, которой является осознание человеком самого себя, своих физических сил, умственных способностей, поступков» мотивов и целей своего поведения, своего отношения к окружающему, к другим людям и к самому себе» [4, с.107]

Существует множество подходов к изучению самооценки: 1) личностный подход рассматривает самооценку как неотъемлемый компонент развития личности; 2) структурно-целостный – самооценка как целостное, но в то же время многоаспектное явление; 3) деятельностный подход рассматривает самооценку как фактор, формирующий и влияющий на результаты деятельности; 4) динамический подход рассматривает динамику формирования самооценки в различных возрастах во взаимосвязи со становлением личности; 5) психопатологический подход – самооценка рассматривается как показатель психического здоровья личности; 6) функциональный подход – самооценка как важная функция личности [1].

Формирование самооценки происходит в течение всей жизни человека. Появляясь в младенческом возрасте, она видоизменяется в зависимости от факторов, оказывающих на нее влияние и степени их интенсивности.

Что касается самооценки старшего школьника, то она становится практически независимой от мнения окружающих [3]. Безусловно, факт внешнего окружения все так же имеет огромное значение для формирования самооценки, но ученики находят пути самореализации в учебной деятельности. В то же время самооценка в раннем юношеском возрасте имеет большую значимость, что говорит о высоком уровне самосознания. При этом школьники при оценивании себя осторожны, больше высказываются о своих недостатках, чем о добродетелях. И девушки, и юноши отмечают у себя вспыльчивость, грубость, эгоизм. Среди положительных черт часто встречаются такие самооценки: «верен в дружбе», «не подвожу друзей», «помогаю в беде», т.е. на первый план выступают те качества, которые важны для установления контактов со сверстниками, или те, которые этому мешают (вспыльчивость, грубость, эгоизм). Завышенная самооценка заметно обнаруживается в преувеличении своих умственных сил. Это проявляется по-разному: кому легко дается учение, считают, что и в любой умственной работе они будут на высоте положения; кто выделяется успехами по определенному предмету, готовы верить в свой специальный талант; даже слабоуспевающие ученики указывают на какие-либо другие свои достижения.

Среди зарубежных психологов понятие «самооценка» в основном рассматривается как равновесие личности с окружающей средой. Такой подход характерен для Фрейда З.и его последователей Фромма Э.,

Хорни К. и др. Также интересна точка зрения Роджерса К., уделявшего самооценке центральную роль в формировании личности. Джеймс У., впервые употребивший термин «самооценка», включал в него трехкомпонентную структуру «Я», рассматривая когнитивный, эмоциональный и поведенческий компоненты, что соответствует многочисленным современным взглядам на структуру самосознания и Я-концепции [5, с.93-95].

По нашему мнению, самооценка включает в себя умение оценить свои силы и возможности, отнестись к себе критически. Она позволяет старшекласснику примеривать свои силы к задачам и требованиям окружающей среды и в соответствии с этим самостоятельно ставить перед собой определенные цели и задачи. Присутствуя в каждом акте поведения, она является важным компонентом в управлении поведением школьника. Поэтому самооценка является важным фактором формирования личности школьника, и почему так важно развивать у него адекватную самооценку.

Общение является неотъемлемым компонентом жизни человека, в частности, в старшем школьном возрасте. В процессе общения старшеклассник учится навыкам социального взаимодействия, вырабатывает умение отстаивать свои права. Благодаря межличностному общению формируются коммуникативные навыки, старшеклассник, усваивает основы полоролевой принадлежности, признаки пола, идентифицирует себя с ним. Огромное влияние межличностные отношения оказывают на формирование самооценки школьника.

Целью нашего исследования было выявить, каким образом тип межличностных отношений влияет на самооценку старшего школьника. Согласно нашей гипотезе, адекватная самооценка будет формироваться при конвенциальном типе взаимоотношений (сотрудничество) и при альтруистическом типе; неадекватная завышенная самооценка – при авторитарном, независимом (доминирующем), агрессивном, недоверчивом (скептическом) типах взаимоотношений; неадекватная заниженная самооценка – при покорно-застенчивом, зависимом типах взаимоотношений.

Исследование проводилось на базе МОУ Гимназия №1 г. Белгорода. В исследовании приняли участие 51 человек – учащиеся 9-11 классов. Для осуществления исследования применялись методика диагностики межличностных отношений Т. Лири, предназначенная для выявления типа отношения к окружающим людям, степени благополучности личности в группе, и методика измерения самооценки Дембо-Рубинштейна для подростков и юношей с целью определения уровня их самооценки и притязаний.

Полученные данные в результате исследования были обработаны с помощью статистического пакета SPSS с использованием непараметрического критерия для К независимых выборок H-Крускалла-

Уоллиса. Группирующей переменной была самооценка старшеклассником (от заниженной до завышенной).

В итоге были получены следующие результаты. На уровне значимости p=0,05 наблюдается тенденция к закономерности о том, что самооценка старшеклассников зависит от типа межличностных отношений. Тенденция не наблюдается в трех случаях: при независимом типе ($\chi2$=4,626, p=0,99), при агрессивном типе ($\chi2$=3,35, p=0,187), при недоверчивом типе ($\chi2$=1,918, p=0,383) межличностных отношений. Это говорит о том, что тип межличностных отношений в этих случаях не оказывает значимого влияния на формирование самооценки старших школьников.

Анализ самооценки старшеклассников выявил следующие особенности. У 49% старших школьников наблюдается адекватная самооценка, что свидетельствует о сформированности у них своего образа «Я», независимого от оценок окружающих, о гармоничном развитии их личности. Заниженная самооценка наблюдается у 11,8% школьников, что может говорить о том, что у старшеклассников отсутствует самоуважение и любовь к себе, недостаточно развиты коммуникативные способности, отсутствуют ясные цели либо о высоком уровне самокритичности. Завышенная самооценка наблюдается у 39,2% старшеклассников, что является довольно высоким показателем. Это является свидетельством того, что старшеклассники преувеличивают свои интеллектуальные и физические способности. Это можно отнести к проблеме возраста и недостаточной сформированности целостного и адекватного восприятия своего образа «Я».

Анализируя данные по межличностным отношениям, выяснили, что наибольшее предпочтение старшие школьники отдают авторитарному типу (среднее значение 7 баллов). Причем, не слишком высокие значения (до 8 баллов) свидетельствуют о том, что школьники – уверенные в себе люди, не обязательно лидеры, настойчивые и упорные. Одинаковые показатели по сотрудничающему и альтруистическому типах (6 баллов) свидетельствуют о том, что большинство школьников склонны к сотрудничеству и кооперации, гибкие, стремятся помогать другим, проявляют теплоту и дружелюбие в общение.

Если говорить о формировании самооценки при определенных типах межличностных отношений, то, можно сделать вывод о том, что заниженная самооценка будет формироваться при агрессивном, недоверчивом, зависимом, застенчивом, сотрудничающем и альтруистическом типах межличностных отношений. Завышенная самооценка – при авторитарном и независимом типах отношений. В принципе, ранговые показатели по всем типам межличностных отношений различаются несущественно. Поэтому можно сделать вывод, что при агрессивном и альтруистическом типах отношений может формироваться также завышенная самооценка.

Интересно, что при анализе данных не было выявлено, при каких типах межличностных отношений будет формироваться адекватная самооценка. По нашему мнению, это может быть обусловлено тем, что для формирования нормальной самооценки необходимо интегральное соотношение множества типов отношений, обуславливающих в своей комплексности целостность личности и ее гармоническое развитие и социальную адаптированность.

В результате проведенного исследования была принята альтернативная гипотеза, в соответствии с которой формирование самооценки зависит от типов межличностных отношений. Гипотеза может быть принята частично, так как вторая часть ее не подтвердилась.

Данные нашего исследования требуют дополнительной проработки и перепроверки на большей по объему выборке, а также подробного изучения среди большего количества старших школьников.

Литература

1. Да Круш Сампайо Антеро. Роль самооценки в составе интеллектуального потенциала: автореф. канд.психолог. наук. –СПб.: 1995. – 116с.

2. Липкина А.И. Самооценка личности школьника // Новое в жизни, науке, технике. Серия «Педагогика и психология». – М.: Знание, 1976. – 64с.

3. Резниченко М.А. Особенности самооценки старших школьников при овладении способами учебной работы // Вопросы психологии. 1986. № 3. –153с.

4. Савонько Е.И. Возрастные особенности соотношения ориентации школьников на самооценку и оценку другими людьми / Московский государственный педагогический институт им. В.И. Ленина /АПН СССР НИИ общей и педагогической психологии, 1970. – с.299

5. Самооценка. Теоретические проблемы и эмпирические исследования: учебное пособие / Под ред. О.Н. Молчановой. – М.: Флинта-Наука, 2010. – 392с.

6. Социальная психология: Учеб. пособие для студентов ВУЗов / Под ред. А.Л.Журавлева. -- М.: ПЕР СЭ, 2002. – 351 с.

Шахваева А.Н.
аспирантки ФГБОУ ВПО ИВМиБ ОмГАУ им. П.А. Столыпина
Черевко М.Н.
аспирант ФГБОУ ВПО ИВМиБ ОмГАУ им. П.А. Столыпина

ВЛИЯНИЕ ГОЛШТИНОВ НА ЭКСТЕРЬЕРНЫЕ ОСОБЕННОСТИ КОРОВ КРАСНОЙ СТЕПНОЙ ПОРОДЫ

Обеспечение населения продуктами питания по научно-обоснованным нормам самым тесным способом связано с интенсификацией молочного скотоводства. Увеличение производства высококачественных продуктов скотоводства - проблема с годами, не теряющая своей актуальности, а все больше приобретающая значение. В связи с этим, развитию этой отрасли придается большое народнохозяйственное значение. Отечественный и мировой опыт показывает, что одним из основных условий решения этой проблемы является наличие пород и стад животных с высоким генетическим потенциалом молочной продуктивности. Главной особенностью современного этапа развития молочного скотоводства является значительное сокращение породного состава и широкое вовлечение в селекционный процесс генофонда лучших специализированных пород. На основе генофонда отечественных и улучшающих пород зарубежной селекции ведутся работы по созданию новых высокопродуктивных типов и линий молочного скота.

В развитых странах мира животноводство характеризуются стабильным динамичным ростом, освоением интенсивных технологий, что сопровождается повышением производства животноводческой продукции.

Многие исследователи [1, 28; 3, 51; 4, 190; 5, 42;6, 20; 8, 107; 9, 22] отмечают, что за последние десятилетия в результате использование голштинов оказало положительное влияние на живую массу, удой, % содержания жира и белка в молоке, качество молочной железы, уровень обмена веществ и другие хозяйственно - полезные признаки. В результате использования голштинов была повышена устойчивость к технологии содержания животных, снижено напряжение физиологических функций, что снизило ранние выбраковки и патологии животных [7, 29].

Главным направлением развития скотоводства в нашей стране является совершенствование материально-технической базы, позволяющей перевести отрасль на интенсивный путь развития, суть которого заключается в максимальном производстве продукции при наименьших трудовых и материальных затратах. Это направление должно быть основано на достижениях научно-технического прогресса и использовании системного подхода к производству высококачественной скотоводческой продукции, все большего применения перспективных, высокоэффективных технологий производства молока на основе научных достижений и открытий, сделанных в последние годы в скотоводстве, позволяющих, даже в самых экстремальных условиях, организовывать и вести рентабельное молочное скотоводство [2, 47].

С целью выявления влияния скрещивания был проведен научно производственный опыт в условиях ОАО «Новоазовское» Азовского района Омской области, которое занимается разведением красного степного скота.

Для проведения исследования было сформировано 4 группы: 1-группа-контрольная доля кровности по голштинам - 50%; 2-группа-опытная с долей кровности по голштинам 62,5%; 3 группа опытная с долей кровности 68%; 4 группа - опытная с долей кровности 75%, по 5 голов первотелок в каждой. Животные находились в одинаковых условиях кормления и содержания. Для оценки экстерьера животных разного происхождения были взяты промеры тела первотелок, которые представлены в таблице.

Таблица

Промеры голштинизированных коров красной степной породы, см (X±Sx).

Промеры тела коров	Группа			
	1	2	3	4
Высота в холке	131,6±1,38	131,8±1,91	135,8±1,56	135,6±1,19
Глубина груди	81,4±1,59	81,8±1,54	80,4±1,41	79,6±1,49
Косая длина туловища	159,8±1,46	163,8±2,97	175,0±3,76	178,4±3,86
Ширина за лопатками	46,0±1,50	46,6±2,11	47,6±1,54	47,0±2,57
Ширина зада в маклоках	48,4±0,46	49,8±1,64	54,0±1,27	51,2±0,77
Обхват за лопатками	202,0±6,82	196,6±4,49	192,8±1,85	194,0±4,03
Обхват пясти	19,2±0,34	18,9±0,46	20,3±0,59	18,2±0,34
Косая длина зада	48,2±0,82	48,6±1,43	48,0±0,63	49,2±1,04

Большие показатели промеров высоты в холке были у первотелок 3 и 4 группы, которые превосходили 1 группу на 4-4,2 см (P<0,05). Первотелки 1 и 2 групп по данному промеру имели равное значение. По величине промера глубина груди 1 группа превосходила своих сверстниц 3 и 4 групп, но уступала первотелкам 2 группы. По промеру косой длины тела коровы 1 группы незначительно уступали одновозрастным коровам 2 группы, а 3 и 4 группы на 15,2-18,6 см (Р<0,05). По ширине тела за лопатками между первотелками 1, 2, 3 и 4 группы существенных различий не выявлено, однако 1 группа незначительно уступала своим сверстницам 2, 3 и 4 групп. При измерении ширины тела в маклоках между 1 и 2 группой отмечено некоторое незначительное превосходство второй над первой (Р ≥ 0,05), а первотелки 3 и 4 группы превосходили 1 группу на 5,6 и 2,8 см (Р<0,001), по обхвату груди за лопатками отмечено некоторое превосходство 1 группы над своими сверстницами из других групп. По обхвату пясти первотёлки 1 группы превосходили 2 и 4 группу, а 3 группе уступали на 1,1 см (Р<0,05). По косой длине зада у коров 2 и 4 групп отмечена тенденция превосходства над 1 и 3 группами.

Таким образом, проведенные исследования и полученные результаты, позволяют сделать вывод о положительном влияние голштинской породы на внешние формы и производственный тип животных. С увеличением у помесей доли крови по голштинской породе они становятся более растянутыми и массивными, и представляют ярко выраженный молочный тип.

Библиографический список:

1. Беловодская Я., Кучинская Е., Кашко А. Использование голштино-фризов для создания технологического поголовья на молочных комплексах. №1. / Я. Беловодская, Е. Кучинская, А. Кашко А. //Ж. Молочн. и мясн. скотоводство. М; 1985. С.28-30.
2. Зеленков П.Е. Взаимосвязь основных показателей молочной продуктивности у крупного рогатого скота. /П.Е. Зеленков //Рубрики «ГРНТИ». Повышение продуктивности крупного рогатого скота на Северном Кавказе. 1984. -47с.
3. Инербаев Б.О., Байбаков М.Ю. Продуктивность первотелок и развитие их приплода в зависимости от живой массы и возраста при первой случке/ Б.О.Инербаев , М.Ю. Байбаков // Сибирский вестник сельскохозяйственной науки. 2005. № 6 С. 51-55.
4. Карликов Д.В. Селекция скота на устойчивость к заболеваниям. М., «Россельхозиздат». -1984. -190С.
5. Козловский В.Ю., Леонтьев А.А., Козловская А.Ю. Эффективность отбора голштинских коров по типу стрессоустойчивости / В.Ю Козловский, А.А. Леонтьев , А.Ю. Козловская// Вестник АПК Верхневолжья. 2010. № 2. С. 42-43.
6. Маньковский А.Я. Использование голштинов в племхозе «Мытница». //Ж. Зоотехния. М., -1990. -№8. -С.20-25.
7. Москаленко Л., Фураева Н., Зверева Е., Муравьева Н., молочная продуктивность голштинизированных коров ярославсой породы

при дол голетнем использовании/ Л. Москаленко , Н. Фураева, Е. Зверева , Н.Муравьева // главный зоотехник № 10 2012 С. 29-33.
  8. Петровская В.А. Повышение продуктивности качества молока. Орджоникидзе: «Ир», 1989. -107С.
  9. Эрнст Л.К. Генетическая теория отбора, подбора и методов разведения животных. -М., «Колос». -1976. С.22-60.

Шахваева А.Н.
аспирантки ФГБОУ ВПО ИВМиБ ОмГАУ им. П.А. Столыпина

ИЗМЕНЕНИЕ ПРОДУКТИВНЫХ КАЧЕСТВ КОРОВ КРАСНОЙ СТЕПНОЙ ПОРОДЫ РАЗНОЙ ДОЛИ КРОВНОСТИ

Увеличение производства высококачественных продуктов скотоводства – проблема, с годами, не теряющая своей актуальности, а все больше приобретающая значение. Как в нашей стране, так и за рубежом для повышения продуктивности местного поголовья крупного рогатого скота используется голштинская порода. В результате использования этой породы в России за последнее время были созданы массивы высокопродуктивного молочного и мясного скота. Разводимый в нашей стране красный степной скот обладает неплохим генотипическим потенциалом молочности благодаря тому, что при создании этой породы в качестве улучшающей используется голштинский скот [1,26; 2,4; 3,416].

Важным показателем молочной продуктивности коров является содержание и количество жира в молоке за лактацию. Приведенные данные свидетельствуют о том, что в изучаемом стаде при скрещивании красного степного скота с голштинским увеличилась обильномолочность коров [4,3].

С целью выявления влияния голштинов на красную степную породу от их межпородного скрещивания был проведен научно-производственный опыт в условиях ОАО «Ново-Азовское» Азовского района Омской области, которое занимается разведением и совершенствованием красного степного скота.

Для проведения исследования было сформировано 4 группы: 1-группа-контрольная - доля кровности по голштинам 50%; 2-группа-опытная с долей кровности по голштинам 62,5%; 3 группа опытная - с долей кровности 68%; 4 группа – опытная - с долей кровности 75%, по 10 голов первотелок в каждой. Животные находились в одинаковых условиях кормления и содержания.

Из документации первичного зоотехнического учёта были взяты данные возраста осеменения коров их живой массы при осеменении. Для оценки продуктивности животных нами было проведено контрольное доение и взятие средней пробы молока для анализа % жира и % белка.

Продуктивность коров зависит от возраста их плодотворного осеменения покрытия и отела. Известно, что слишком ранние и слишком поздние отелы отрицательно сказываются на уровне молочной продуктивности коров, особенно при первом отеле. Оптимальным принято в зоотехнии считать возраст плодотворного осеменения 16-18 месяцев. В наших исследованиях этот возраст варьировал от 14,8 до 17,0, при этом живая масса телок при плодотворном осеменение состовляла от 75-80% от полновозрастной коровы (таблица 1).

Таблица 1
Живая масса первотелок разной доли кровности (X±Sx).

Показатель	Группа			
	1	2	3	4
Возраст первотелок при 1 отеле, дней	795±14,24	759±28,18	729±19,66	768±18,53
Cv	1,98	3,91	2,52	2,29
Живая масса, кг	475,4±13,79	497,6±13,97	451,7±29,59	418,0±13,93
Cv	3,08	2,91	6,08	3,07

Более поздние отелы отмечены у коров 1 группы — 795 дней. При их сравнении со сверстницами 2 и 4 группы наблюдалась тенденция снижения возраста при увеличение доли крови, а у первотелок 3 группы отмечены отёлы на 66 дней раньше (P<0,05). По живой массе 1 наблюдалась тенденция увеличения живой массы во 2-ой группе, также 1 группа превосходила своих сверстниц из 3 и 4 групп на 23,7 -57.4 кг (P<0,05).

Более высокой обильномолочностью 5498. характеризовались первотелки 4 группы , т.е. коровы с долей крови 75% и более (таблица 2). Они превосходили своих сверстниц первых трех групп (с меньшей долей крови по голштинам) на 204,2; 671,4; 822,9 (P<0,05). Между удоем и % жира видна обратная корреляция, при увеличении удоев по данным группам наблюдалось снижение % жира в молоке на 0,20; 0,34; 0,73 (P<0,01....0,001).

Таблица 2.
Хозяйственно полезные признаки коров опытных группп(X±Sx).

Показатель	Группа			
	1	2	3	4
Удой, кг	4675,3±284,43	4879,5±286,40	5346,7±198,15	5498,2±211,92
Cv, %	5,73	5,55	3,95	4,32
%, жира	4,29±0,05	4,09±0,06	3,95±0,07	3,56±0,07
Cv, %	1,28	1,54	1,74	1,72
% белка	3,14±0,04	3,13±0,04	3,19±0,01	3,19±0,02
Cv, %	1,29	1,16	0,39	0,49
Скорость молоковыведения, кг/мин	1,77±0,05	1,65±0,04	1,89±0,04	1,68±0,04
Cv, %	3,52	2,17	2,32	1,72

Современными требованиями качественной оценки молока особое внимание отводится в нем содержание белка. Большим количествам содержания белка в молоке характеризуются также ¾ по голштинам коровы -3,19. Этот показатель равен значению его в третьей группе, но коэффициент изменчивости здесь больше, что представляет большие возможности для дальнейшей направленной племенной работы.

Одним из основных технологических показателей является приспособленность коров к машинному доению. Этот показатель включает в себя не только форму вымени, размеры долей вымени и размеры сосков, но и скорость молоковыведения.

По показателю скорости молоко выведения первотелки 1 группы уступали своим сверстниц 2 и 4 группы на 0,12 и 0,09 кг/мин (Р<0,05), но превосходили по этому показателю сверстниц 3 группы на 0,12(Р<0,05).

Таким образом, результаты наших исследований подтверждают, что использование быков-производителей голштинской породы оказывает существенное влияние на повышение молочной продуктивности коров.

Библиографический список

1. Алифанов В. Роль племенных быков при голштинизации / В. Алифанов, Д. Алифанова, Т. Калинина // Молочное и мясное скотоводство. – 1992. – № 3. – С. 26–27.

2. Гулева, А. Я. Основные направления работы с черно-пестрой породой крупного рогатого скота в Омской области / А. Я. Гулева //

Вопросы разведения, кормления и физиологии сельскохозяйственных животных : сборник научных трудов ОмСХИ. – Омск, 1993. – С. 4–6.

3. Гулева, А. Я. Продуктиное долголетие коров красной степной породы нового Западно Сибирского типа / А. Я. Гулева, И .В. Колодижный, А. П. Ефремов // Учеб.-методич. и производст. конф. посвещен. 80-летию проф. Ю. Ф. Юдичева. – Омск, 2011. – 416 с.

4. Гулева, А. Я Племенная работа с использованием голштинской породы при разведении молочного скота в Омской области / А. Я. Гулева // Актуальные вопросы животноводства Западной Сибири : сб. науч. тр. ИВМ ОМГАУ. – Омск, 2002. – С. 3–7.

Almukhametov V.F.
Cand.Tech.Sci., the senior lecturer, chair of Information technology and the automated systems of the Perm national research polytechnical university,
Perm, Russia
almval515@gmail.com

VISUALIZATION OF DYNAMIC MULTIFACTORIAL PROCESSES

Effective method of the analysis and research of multifactorial processes is visualization with use of geometrical images. For one-factorial or two-factorial dependence simply enough to represent a geometrical image of the model, allowing to investigate interrelations and to reveal laws. A line as an image in linear model and, for example, a parabola in polynomial models of the second order. The two-factorial model can be geometrically presented in the form of topology in which two factors are axes on a plane, and a defined indicator amplitude of the third co-ordinate. But the analysis of behavior of systems with the help of not enough factors dependences does not lead the objective to conclusions. In difficult technical and economic systems the set of factors and one of ways to overcome restriction for construction of a geometrical image of considered process this use of methods of imitating modelling and cognitive graphics schedules is usually considered. At simultaneous studying of influence on process of many factors methods of plural correlation are usually used. On amplitude of factors of factors of the equation of regress it is possible to estimate a share of each of them in change of level of a productive indicator, or by a direct estimation, or with an estimation of the influence expressed in a percentage parity. To investigate in dynamics the process described in a similar way, it is impossible. Presence of effects of interaction of components in similar models allows to describe real difficult technical and economic systems and to make the decisions considering dialectic contradictions in them. One of data processing versions, is connected with their transformation to frequency representation or a spectrum. The spectrum Fourier received on the basis of a sine will turn out as a result of decomposition of initial function, time-dependent, in basis, for example, a spectrum. Each component of a spectrum with certain frequency and the amplitude, received as a result of similar decomposition participates in result formation. At use of the equation of plural correlation for decomposition on a spectrum, factors at spectrum components it is the factors of regress showing degree from which corresponding functions correlate with the data. Application of components of a spectrum in two co-ordinates allows to receive the image in the form of a two-dimensional plane with a defined indicator displayed by amplitude of the third co-ordinate. For example, the equation of regress with without dimension the data is possible to have a projection on the orthogonal trigonometrically basis, satisfying for a condition of zero values within the plane limited to the individual sizes.

$$\psi_{ij} = \cos\left\{\frac{i\pi x}{L} - \left[1+(-1)^j\right]\frac{\pi}{4}\right\} \cdot \cos\left\{\frac{j\pi y}{C} - \left[1+(-1)^j\right]\frac{\pi}{4}\right\}$$

Where i and j basis fashions, C=1 and L =1 relative sizes of a plane: width and length. Without dimension factors of the equation of regress with the signs are fixed to basis fashions. The factor with factor the greatest on size that speaks about its maximum influence on process, is fixed to the basic fashion of a spectrum then the others is proportional to decrease of degree of influence. The total topology turns out by means of addition of components of a spectrum. The projection of a surface of an indicator to a plane is represented in the form of lines of an equal exit (isolines) in which all points an indicator has constant value irrespective of co-ordinates. Result the geometrical image of process is exposed to the subsequent dynamic analysis.

For research of the process displayed in the form of a geometrical image, in time dependence methods of dynamics of continuous environments in which the behavior of environment was described by means of the equations of Navier-Stokes having sensitivity at occurrence of a turbulent mode - the transition scenario to chaos are used. The equations of two-dimensional dynamics registered in variables function of a current and vorticity, in the form of the generalized equation of Helmholtz. Updating of the equations was carried out by addition of a component in the form of a rotor of a field compelling or motivating dynamics of process of forces which also were projection on basis.

$$\frac{\partial \omega}{\partial t} + \frac{\partial \psi}{\partial y}\frac{\partial \omega}{\partial x} - \frac{\partial \psi}{\partial x}\frac{\partial \omega}{\partial y} = k\left(\frac{\partial^2 \omega}{\partial y^2} + \frac{\partial^2 \omega}{\partial x^2}\right) + rotF_{xy}$$

$$\left(\frac{\partial^2 \psi}{\partial y^2} + \frac{\partial^2 \psi}{\partial x^2}\right) = -\omega$$

Where ψ - current function, ω - vorticity, t - relative time, F_{xy} - a field compelling dynamics of process of forces, *rot* - vector operation a rotor, *x, y* - linear without dimension co-ordinates of environment, $k \sim 1/Re$ - factor proportional to return value of number of Reynolds, defined on the characteristic size of environment and speed. For the numerical decision the obvious two-layer scheme with the central differences on spatial variables was used. The decision was considered on a uniform grid within the limited plane. The phase portraits of process considered in dynamics including geometrical images and power parameter - average on a layer speed of interaction were analyzed. Process, depending on initial structure, undergoes in due course change, is sometimes established in a steady state, sometimes passes in a self-oscillatory mode, sometimes, developing, leads to the instability expressed in sharp increase of high-speed indicators and destruction of structure.

Difficult technical and economic systems are usually characteristic set of factors influencing processes. The process condition can be stable or astable.

Crisis as показываает experience, is not rare event, any system, any process in process of development comes to a saturation condition that inevitably pours out in what or transformation. System parameters can be changed at timely revealing of a precritical situation by means of the managing directors, correcting influences. Research of dynamics of process with use of geometrical images and imitating modelling allows to define level of stability of process and to make the timely operating decision. Numerical researches of dynamics of processes with different structure of geometrical images have shown that initial distribution of components of process forming interaction structure leads in dynamics to different consequences. The structure in the form of four contours can generate self-oscillations in the form of paired short circuit opposite of them, at increase in intensity and at the certain parameters, resulting either to a steady state or to chaos. Two contours of interactions of components of process also lead to a mode of self-oscillations. Presence of the factor exceeding others on size that is displayed in the form of a single contour, promotes stability increase. The multiplanimetric structure of an image also raises stability of process owing to good dissipation energy in system. The data of numerical researches proved to be true results of physical experiments.

Адам А.М., Дацкевич С.Ю., Журков М.Ю., Муратов В.М.
старший научный сотрудник, кандидат технических наук
Томский политехнический университет Институт физики высоких технологий
vasily.muratov@gmail.com

ЭЛЕКТРОИМПУЛЬСНОЕ БУРЕНИЕ СКВАЖИН В ГОРНЫХ ПОРОДАХ ДЛЯ ХРАНЕНИЯ РАДИОАКТИВНЫХ ОТХОДОВ

Abstract. Volumes of radioactive wastes will increase in the next decades in Russia and also around the world. Trunks and the wells of the big diameter passed in strong rocks are used for burials and permanent storage of such wastes. Use of an electropulse way of destruction of the rocks developed in Tomsk polytechnical university is offered.

Ряд стран на государственном уровне приняли решение о полном отказе от атомной энергетики или постепенном ее сокращении. Это, например, такие страны, как ФРГ, Швеция, Дания, Эстония и другие. В Японии миллионы людей уже поставили свои подписи за закрытие всех атомных станций страны, и сбор подписей продолжается. Но реальность показывает обратное. Так, к 2007 году только в странах-участницах Европейского Союза (ЕС) захоронению подверглось 2000000 м^3 радиоактивных отходов [11]. К этому следует добавить остатки урановой промышленности. К 2020 году ожидается увеличение объемов радиоактивных отходов на 2000000 м^3 только в этих странах, т.е. без учета многих стран, в т.ч. Российской Федерации (РФ). С участием России ведётся или планируется строительство атомных станций в Индии, Китае, Турции, Вьетнаме, Белоруссии, Иране, других арабских странах, в Аргентине, Бразилии в Южной Африке. РФ занимает первое место в мире по количеству одновременно сооружаемых АЭС за рубежом. Двадцать процентов запасов урана США принадлежит РФ, столько же Казахстана. Добыча урановых руд планируется также в Австралии и Африке.

23 февраля 2013 года многие средства массовой информации, в т.ч. ИТАР-ТАСС, сообщили о том, что в штабе Вашингтон на берегу реки Колумбия произошла утечка ядерных отходов из шести резервуаров Хэнфордского комплекса, который был создан в 1940-х годах. Всего в хранилище 177 резервуаров, срок службы которых давно истек. В них хранится 200 миллионов литров отходов производства плутония, который использовался для изготовления ядерного оружия. Безопасное хранение, переработка и утилизация радиоактивных отходов актуальны и для жителей городов России. Считается рациональным использование для длительного хранения высокоактивных отходов горных выработок, пройденных в крепких монолитных горных породах, в т.ч. в северных районах. Проходка таких выработок (стволов, скважин большого

диаметра) возможна электроимпульсным (ЭИ) способом разрушения горных пород, который предложен в Томском политехническом институте [4, 5, 7]. Этот способ основан на закономерности превышения электрической прочности жидких диэлектриков над электрической прочностью твердых диэлектриков при малых временах нарастания импульсов напряжения до пробоя: менее $5\cdot10^{-6}$ с [3]. На (рис.1) видно, что в точке «а» пробивное напряжение фторопласта-4 равно пробивному напряжению технической воды, а в точке «б» - трансформаторного масла. Левее этих точек электрическая прочность фторопласта-4 меньше электрической прочности жидкостей [1].

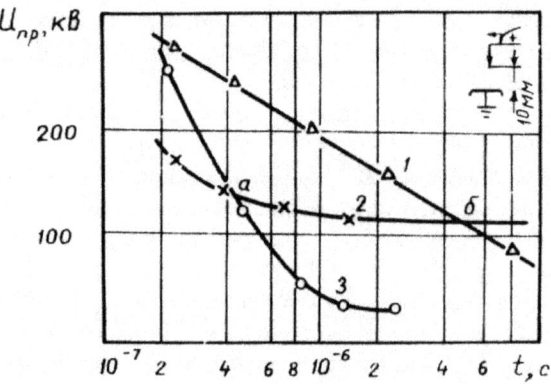

Рис. 1. Вольт-секундные характеристики:

1) трансформаторное масло; 2) фторопласт-4; 3) техническая вода

Аналогичные результаты получены при использовании в качестве твердых диэлектриков образцов различных горных пород (более 20 наименований), в т.ч. таких крепких как кварцит, фильзит-порфир, роговик, гранит. Эксперименты на образцах горных пород проведены с использованием двух разнополярных электродов, установленных на образец перпендикулярно ему или наклонно. Такое расположение электродов характерно практически для всех ЭИ буровых наконечников.

Важнейшим достоинством ЭИ способа является минимальный износ электродов буровых наконечников, что позволяет одним ЭИ буровым наконечником, изготовленным из стали, проходить сотни метров, например, в кварцитах (г.Лениногорск, Андреевский рудник), т.к. при ЭИ способе горная порода разрушается электрической импульсной искрой, сформированной в толще горной породы между двумя электродами. При этом происходит отрыв горной породы, расположенной над каналом разряда. Образующаяся откольная воронка заполняется жидкой средой;

следующий разряд происходит в одном из соседних межэлектродных промежутках, и так до полного разрушения горной породы по всей площади забоя. В результате этого ЭИ буровой наконечник опускается на образовавшийся забой скважины. ЭИ способ позволяет вести разрушение горных пород, в т.ч. бурение скважин, без вращения ЭИ наконечника, поэтому износ электродов происходит только за счет их электрической эрозии, воздействия шлама и ударов наконечника о забой скважины после каждого подскока при развитии электрических разрядов в горной породе. При этом эффективность ЭИ способа разрушения горных пород определяется не только их прочностными характеристиками, а, главным образом, электрофизическими свойствами, т.к. канал электрического разряда развивается непосредственно в горной породе, и ее разрушение происходит с преобладанием растягивающих и сдвигающих напряжений, что примерно на порядок ниже, чем на сжатие, характерное для механических способов. Эффективность ЭИ способа достигается еще и за счет того, что происходит минимальное разрушение горной породы, оторванной электрическими разрядами. Например [2], при бурении скважин в граните и микрокварците ЭИ буровым наконечником с межэлектродным промежутком 50 мм длина наиболее крупных кусков шлама составила более 40 мм, ширина 25 мм и толщина 15 мм, т.е. длина наиболее крупных кусков шлама близка величине межэлектродного промежутка, ширина равна половине, а толщина достигает 1/3 величины этого промежутка.

Преимущества ЭИ способа позволяют вести бурение скважин при энергозатратах (Дж/см^3) значительно ниже, чем при вращательном, ударном и огневом способах бурения. Важные результаты были получены при многократном воздействии импульсов напряжения на электродную систему с большим межэлектродным промежутком [8]. Исследования проводились на образцах гранита, а также насыщенного водой и замороженного песка. Образцы погружались в трансформаторное масло. Экспериментально установлено, что при увеличении межэлектродного промежутка пробивное напряжение растет значительно медленнее, чем промежуток. Так, при увеличении межэлектродного промежутка со 100 до 800 мм, т.е. в 8 раз, пробивное напряжение возросло всего в 2,2 раза, а при увеличении промежутка с 600 до 800 мм, т.е. на 33%, напряжение возросло менее, чем на 10%. Это показывает эффективность применения электродных систем с увеличенными межэлектродными промежутками для бурения скважин большого диаметра и проходки горных выработок. Так, например, скважины большого диаметра (700 мм) бурились на Степановском карьере г.Томска [6] ЭИ буровым наконечником диаметром 600 мм с межэлектродным промежутком 150 мм (рис.2). В окварцованном песчанике было пробурено 16 м, наибольшая глубина скважин составила 9 м. В качестве промывочной жидкости применялось дизельное топливо, которое прокачивалось по схеме обратной промывки с интенсивностью 3000 л/мин. Частота следования импульсов высокого напряжения изменялась от 1 до 5 имп./с при энергии импульса 5,5 кДж. Средняя скорость чистого бурения составила 1,8 м/ч, средняя энергоемкость разрушения 76 Дж/см^3, а производительность импульса 56-83 см^3/имп.

Рис. 2. ЭИ буровой наконечник диаметром 600 мм

Электроимпульсный способ показал высокую эффективность бурения скважин в вечномерзлых отложениях Колымы [6]. При бурении скважин в условия Крайнего Севера вечномерзлые горные породы были представлены песчано-глинистыми, валунно-гравийными и песчано-гравийными отложениями, а также линзами льда мощностью до 3 м. Бурение велось при температуре окружающего воздуха -47÷-53^{0}С. При испытаниях было пробурено две скважины общим метражом 20,7 м в интервалах глубин от 1,2 м до 8,8 м и до 14,3 м. Буровой снаряд был предназначен для прямой схемы промывки через центральную часть бурового наконечника. Изоляционный корпус высоковольтного ввода, центрирующие изоляторы колонны бурильных труб и короночные изоляторы были полиэтиленовыми. Диаметр колонны бурильных труб составлял 127 мм, а буровых наконечников 200 мм. Емкость импульсных напряжений в разряде составляла 0,025 мкФ, длительность фронта импульса – 0,6 мкс, номинальное напряжение – 600 кВ, энергия импульса – 1,125 кДж. В качестве промывочной жидкости применялось арктическое дизельное топливо. Производительность насоса была равна 600 л/мин. Крупность частиц шлама достигала 50 мм. Другие параметры и результаты бурения приведены в (табл.1.).

Таблица 1. Параметры и результаты бурения в вечномерзлых отложениях

№	Наименование параметра или результата	Размерность	Межэлектродный промежуток, мм		
			30	50	75
1	Всего пробурено	м	3,1	13,1	4,5
2	Частота следования импульсов	имп./с	9	12	9
3	Средняя скорость чистого бурения	м/ч	5,5	14,6	17,0
4	Максимальная и минимальная скорости	м/ч	5,7 5,0	15,5 12,9	17,1 16,6
5	Удельные энергозатраты на бурение	кВт·ч/м	1,44	0,925	0,765
6	Средний диаметр скважины	мм	227	234	239
7	Энергоемкость разрушения породы	Дж/см^3	127,0	77,6	61,7
8	Удельная производительность импульса	см^3/имп.	6,9	14,5	23,4

В Томском политехническом университете (ТПУ) разработана электроимпульсная буровая установка с наибольшим диаметром по породоразрушающим элементам 930 мм [9]. Одной из отличительных ее особенностей является комбинированное разрушение горных пород: электроимпульсным и механическим способами. На основании результатов лабораторных исследований определено, что скорость чистого бурения скважин диаметром 930 мм в крупнозернистом граните равна 0,68 м.

Для проходки стволов диаметром в несколько метров в крепких горных породах предназначен, предложенный в ТПУ, способ разрушения горных пород [10], для реализации которого в разрушаемой горной породе бурят шпуры (глубиной до 0,3 м), в эти шпуры вставляют по одному изолированному электроду и заполняют их жидкостью, например, водой; один из электродов заземляют, а на соседний электрод подают один или несколько импульсов высокого напряжения. При развитии разрядов в граните между погруженными в шпуры концами электродов происходит разрушение горной породы. В таблице 2 приведены результаты разрушения (отбойки) гранита при различных глубинах вертикальных шпуров (H) и расстояниях (S) между заглубленными концами электродов. В этой таблице $U_{пр}$ – пробивное напряжение, $W_з$ – энергия, запасаемая источником высоковольтных импульсов, $W_{уд}$ – удельные энергозатраты, Q – производительность одного импульса. Полученные результаты показывают, что эффективность отбойки выше при большем заглублении электродов и большем расстоянии между ними.

Таблица 2. Условия разрушения гранита при погруженных в шпуры электродах и некоторые результаты

H, мм	S, мм	$U_{пр}$, кВ	$W_з$, кДж	$W_{уд}$, Дж/см^3	Q, см^3/имп.
50	300	630	35,4	105,2	416
100	300	600	33,9	33,8	1005
100	200	610	39,5	51,8	820,7

Наибольшие габариты оторванных кусков породы достигали размеров межэлектродных промежутков и составляли 200-300 мм.

Важным преимуществом ЭИ способа проходки стволов в крепких горных породах над буровзрывным способом является сравнительно низкое разрушающее воздействие на стенки проходимых стволов, что позволяет проходить стволы на близком расстоянии друг от друга и размещать в них, например, металлобетонные контейнеры для отработанного ядерного топлива диаметром 2,3 м и высотою 4,8 м [12].

Литература

1. Адам А.М. Ректор ТПИ А.А,Воробьев – изобретатель электроимпульсного способа разрушения горных пород // Известия Томского политехнического университета. – 2013, - Т.322, №2. – С.191-196.
2. Важов В.Ф., Дацкевич С.Ю., Журков М.Ю. и др. Гранулометрический состав шлама при электроимпульсном разрушении горных пород // Физико-технические проблемы разработки полезных ископаемых. РАН. Сибирское отделение. – 2012. - №1. – С.118-124.
3. Воробьев А.А., Воробьев Г.А., Могилевская Т.Ю., Чепиков А.Т.. Способ бурения электрическими импульсными разрядами /Авторское свидетельство СССР №237073 с приоритетом от 14.04.1959 г.
4. Воробьев А.А., Воробьев Г.А., Чепиков А.Т. Закономерности пробоя твердого диэлектрика на границе раздела с жидким диэлектриком при действии импульса напряжения. Приоритет открытия 14.12.1961. Диплом 107.//Научные открытия. Сборник кратких описаний. – М.-СПб.: РАЕН, 1999. – Вып.1. – С.36-38.

5. Воробьев А.А., Завадовская Е.К. Способ разрушения горных пород и полезных ископаемых/ Авторское свидетельство СССР № 195403 с приоритетом от 26.06.1951 г.
6. Исследование процесса бурения горных пород и искусственных материалов электрическими импульсными разрядами // Отчет по контракту с японской фирмой Komatsu от 14.06.96: рук. Боев С.Г.; №ГР 02.9.70 003478. – Томск: НИИ высоких напряжений при ТПУ, 1997. – 119 с.
7. Кутузов Б.Н. Электроимпульсное бурение // Большая советская энциклопедия. – М.: Советская энциклопедия, 1978. – Т.30. – С.161-162.
8. Левченко Б.С., Подплетнев В.И., Семкин Б.В. Особенности многократного воздействия импульсных напряжений на горные породы // Электронная обработка материалов. – 1977. - №1. – С.50-53.
9. Муратов В.М., Адам А.М., Важов В.Ф., Лопатин В.В. Электроимпульсная буровая установка / Патент РФ №2445430 с приоритетом от 04.08.2010 г.
10. Муратов В.М., Адам А.М., Рябчиков С.Я. Способ разрушения горных пород / Патент РФ №2375573 с приоритетом от 20.08.2008 г.
11. Нойман В. Утилизация ядерных отходов в Европейском союзе: рост объемов и никакого решения/ Пер. с англ.; под ред. А.Козлова. – Воронеж, 2011. 68 с.
12. Щиголев Н.Д., Соловей В.А., Колхидашвили М.Р., Пирогов А.М. Контроль качества металлобетонного хранилища для отработанного ядерного топлива // Журнал технической физики. – 2011. – т.81, вып.8. – С.135-141.

Шитов И.С.

аспирант кафедры радиоэлектроники и защиты информации, Томский государственный университет систем управления и радиоэлектроники
fstudyz@gmail.com

АКТУАЛЬНОСТЬ ИСПОЛЬЗОВАНИЯ УНИВЕРСАЛЬНОЙ СИСТЕМЫ УДАЛЕННОГО ДОСТУПА К ОБОРУДОВАНИЮ В ДИСТАНЦИОННОМ ОБРАЗОВАНИИ

В условиях постоянного прироста информации о новых технологиях, методах решения задач, а также существующей конкуренции на рынке труда, регулярное развитие своего профессионального уровня становится необходимостью для большого числа специалистов. В связи с этим все большую популярность приобретает сочетание концепции непрерывного образования и дистанционного образования [1], позволяющее обновлять и расширять имеющиеся знания без отрыва специалиста от производства. Кроме того, данная форма удобна для обучаемого благодаря гибкому графику и выбору темпа обучения с учетом скорости восприятия материала, сокращению затрат на поездки.

Системы управления обучением (LMS), такие как Moodle или Sakai, на сегодняшний день активно используются для организации дистанционного обучения. Подобные системы предоставляют среду для работы с учебными материалами и контроля знаний обучаемого, а также имеют поддержку дополнений, среди которых можно выделить дополнения для проведения видеоконференций. Однако LMS все же не являются полноценными системами дистанционного обучения. Их серьезное ограничение проявляется в курсах, требующих приобретения практических навыков работы с каким-либо оборудованием.

Развитие профессионального уровня, основанное на изучении только теоретического материала, не может дать специалисту всех необходимых умений, связанных с используемыми в работе устройствами. Использование программы-эмулятора, при ее наличии, хотя и дает представление о работе устройства, но программа далеко не всегда точно воспроизводит поведение устройства и объем его функциональных возможностей. Следовательно, возникает необходимость в использовании решений, предназначенных для дистанционной наработки соответствующих навыков.

Производители современного оборудования, как правило, предусматривают интерфейсы, позволяющие управлять устройством с помощью персонального компьютера. Благодаря использованию таких интерфейсов упрощается разработка систем, предоставляющих удаленный доступ к оборудованию. Система удаленного доступа к оборудованию, требующему монопольный доступ пользователя на определенный период

времени, включает в себя следующий минимальный набор основных взаимосвязанных элементов:
- идентификация, аутентификация, авторизация пользователя;
- контроль доступа к оборудованию по зарезервированному времени;
- обеспечение связи между пользователем и устройством;
- сохранение результатов работы;
- подготовка оборудования к сеансу удаленного доступа.

В качестве примера систем удаленного доступа можно привести существующие частные решения: NetLab, NIL Remote Labs, предназначенные для выполнения лабораторных работ на телекоммуникационном оборудовании.

В связи с разнообразием существующих типов оборудования с различными интерфейсами разработка системы удаленного доступа превращается в более сложную задачу, но при этом система становится универсальной. При разработке такой системы следует выделить в качестве ядра постоянные составляющие, не изменяющиеся от типа оборудования или его интерфейса. Переменные составляющие системы следует выделить в подключаемые модули, разрабатываемые для управления определенным оборудованием через его интерфейс. В результате применения модульного принципа устанавливаются соответствия между каждой программой-клиентом, используемой для удаленного доступа к определенному набору оборудования, и лабораторным сервером. Подобный подход используется в существующей системе MIT iLab [2], а также в системе CIT-LAB, разрабатываемой в центре международной IT-подготовки Томского государственного университета систем управления и радиоэлектроники.

Еще одним принципом, заслуживающим рассмотрения при разработке, является замкнутость системы удаленного доступа, что подразумевает невозможность для пользователя получить доступ к каким-либо ее элементам или внешним ресурсам изнутри системы, помимо предопределенного лабораторного оборудования. Данный принцип, с одной стороны, защищает систему от несанкционированного вмешательства в ее работу, а с другой – исключает случайное или намеренное использование аппаратных ресурсов системы незаконным образом по отношению к узлам сети Интернет. При этом пользователь получает возможность безопасно проводить на лабораторном оборудовании эксперименты, направленные, например, на исследование поведения программ-вирусов. Обратной стороной принципа замкнутости являются ограничения, накладываемые на процесс взаимодействия пользователя с оборудованием. Пользователь лишается возможности использовать собственное программное обеспечение, выбор ограничен тем набором, который заранее предусмотрел разработчик системы.

Выбор в пользу протокола SSH при проектировании системы CIT-LAB упростил разработку модулей для оборудования, управляемого с использованием программ с интерфейсом командной строки. Данное упрощение возможно за счет использования механизма удаленного доступа к командной оболочке операционной системы. Другим достоинством является возможность для пользователя работать с TCP-портом оборудования с помощью любой локально установленной программы-клиента. Но для соблюдения принципа замкнутости потребуется дополнительно установить ограничения на выполнение программ [3,244] и создать правила для перенаправления TCP-портов. Кроме того, при использовании протокола SSH автоматически обеспечивается криптографическая защита всех данных, передаваемых в процессе подключения и работы с оборудованием.

Комплексное решение такой задачи, как организация дистанционного обучения, на данный момент сложно представить без участия универсальной системы удаленного доступа к разнообразному оборудованию, управляемому с помощью различных интерфейсов. Проработанный теоретический материал многих курсов нуждается в практическом закреплении, вырабатывающем профессиональные навыки самостоятельной работы с оборудованием. Помимо получения практических навыков, у пользователя появляется возможность проведения собственных экспериментов и исследовательских работ, что способствует развитию творческих способностей специалиста.

Литература:

1. Open and Distance Learning [Электронный ресурс] / UNESCO. URL:http://www.unesco.org/new/en/unesco/themes/icts/lifelong-learning/open-and-distance-learning/ (дата обращения: 26.11.2013).

2. The iLab Project [Электронный ресурс] / Massachusetts Institute of Technology. URL:http://ilab.mit.edu/wiki (дата обращения: 26.11.2013).

3. Шитов И.С. Защищенный удаленный доступ к лабораторному сетевому оборудованию // Научная сессия ТУСУР–2012: Материалы Всероссийской научно-технической конференции студентов, аспирантов и молодых ученых, Томск, 16–18 мая 2012 г. – Томск: В-Спектр, 2012: В 5 частях. – Ч. 3. – 300 с.

Плаксина Е.В.
ассистент кафедры теплогазоснабжения и нефтегазового дела
e-mail: elena.plaksina2013@yandex.ru

АНАЛИЗ СУЩЕСТВУЮЩИХ СИСТЕМ НАПОЛЬНОГО ОТОПЛЕНИЯ

Технология теплых полов в последнее время существенно модернизировалась. Теплый пол теперь обеспечивает максимальный комфорт в помещении, поскольку современная технология позволяет значительно уменьшить конвективные процессы, объемы перемещаемых загрязняющих веществ и масштаб теплового воздействия в отношении человека, а также – что не менее важно – сократить габариты такой системы отопления и улучшить параметры относительной влажности в помещении.

Главное преимущество теплого пола, что она создает благоприятный температурный режим в помещении, который максимально близок к оптимальному режиму для комфортного ощущения человека. На (рис. 1 а, б, в) видно, на сколько температурный режим теплого пола близок к оптимальному для человека режиму.

Второе преимущество теплого пола в том, что он хорошо подходит для аллергиков. Если посмотреть на распределение температуры в помещении при обычном радиаторном отоплении, то видно, что в комнате существует большой разброс температур (рис. 2а): жар от радиатора, холод от пола, окон и наружных стен. Такая разница температур создает в воздухе неравномерные тепловые потоки, отсюда – ощущение сквозняка, «дутья» от окон, летающая пыль (отсюда – пыль на шкафах). С системой теплого пола (рис. 2б) такого разброса температур нет, а теплый воздух, поднимающийся от пола, постепенно остывает. По этой причине пыль «не любит» теплые полы.

а – наилучший температурный режим для человека

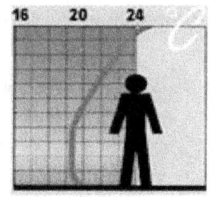

б – распределение температуры в помещении при обычной системе отопления

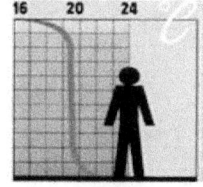

в – распределение температуры в помещении с системой отопления «Теплый пол»

Рис.1 Температурный режим для человека

Третье преимущество - это возможность установить теплый пол в любое помещение, куда затруднительна установка обычных обогревательных приборов. Теплый пол можно монтировать в пол в сырых помещениях (ванная комната), также можно производить монтаж не только в пол, но и в стену.

Четвертое преимущество – эстетическая составляющая. Мы привыкли к радиаторам и трубам отопления в каждой комнате, очень трудно представить себе помещение без этих «элементов интерьера». Если теплый пол выбран как основная система отопления, то не придется ломать голову над тем, как бы лучше замаскировать радиатор и трубы.

Пятое преимущество – экономия. При эксплуатации теплых полов экономия на энергозатраты составляет – 10-45 %. И здесь вырисовывается интересная закономерность – чем выше потолки в помещении, тем экономия будет выше. Ведь обогревать нужно только тот объем воздуха, где находиться человек, и с этой задачей теплые полы справляются на «отлично».

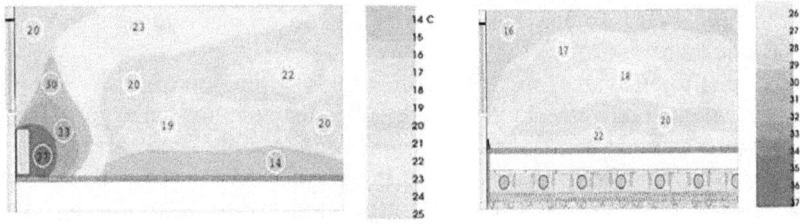

а – температура воздуха в помещении, отапливаемого радиатором

б – температура воздуха в помещении, отапливаемого напольными панелями

Рис. 2 Распределение температур в помещении

Разновидности теплых полов

Первым появился теплый пол с теплоносителем вода, затем уже – электрические полы. По виду теплоносителя теплые полы бывают водяные и электрические. Электрические теплые полы, в свою очередь, по исполнению делятся на кабельные, пленочные и стержневые. По принципу обогрева электрические полы бывают конвекционные и инфракрасные. Водяные теплые полы по принципу обогрева всегда конвекционные.

Самым распространенным типом теплого пола является водяной «мокрый» пол бетонный. Несмотря на все сложности, связанные с устройством бетонной стяжки, такой пол может использоваться как самостоятельная система отопления. Трубы диаметром 12-20 мм в такой системе укладываются на специально подготовленное основание и заливаются бетоном. После чего устанавливается напольное покрытие. Половое покрытие также влияет на эффективность передачи тепла. Так, керамическая плитка и керамогранит очень хорошо проводят тепло, и пол с таким покрытием будет самым теплым.

Иногда применение бетонного пола невозможно. Например, если перекрытие деревянное – то оно не выдержит нагрузки от бетонной стяжки. В этом случае водяной теплый пол устраивают «по-сухому». Пол, смонтированный таким образом, является менее эффективным по теплоотдаче, и в нашем холодном регионе не может использоваться как самостоятельная система отопления.

Его преимущество – простота монтажа (нет бетонной стяжки) и возможность использования для любых типов зданий и несущих конструкций. Еще такую систему теплых полов называют «настильной». В зависимости от исполнения она может быть двух видов – «полистирольной» и «деревянной». Отличие этих типов укладки – в материале основания, на которое будут укладываться алюминиевые пластины и трубы.

Выводы

Рассмотрены два основных вида теплых полов, которые различаются источником подогрева.

Главное преимущество теплого пола, что она создает благоприятный температурный режим в помещении, который максимально близок к оптимальному режиму для комфортного ощущения человека. Второе преимущество теплого пола в том, что он хорошо подходит для аллергиков. Третье преимущество - это возможность установить теплый пол в любое помещение, где затруднительна установка обычных обогревательных приборов. Четвертое преимущество – эстетическая составляющая. Пятое преимущество – экономия. При эксплуатации теплых полов экономия на энергозатраты составляет – 10-45 %.

Кроме перечисленных достоинств, электрический теплый пол обладает некоторыми преимуществами перед водяным теплым полом – простота монтажа, дешевая стоимость и простота терморегулирования, возможность установить в любом помещении.

Сысоева И.Н., Кожевников С.Г.
к.т.н., доценты, ФГБОУ ВПО ЮРГПУ (НПИ) имени М.И.Платова

МАТЕМАТИЧЕСКОЕ МОДЕЛИРОВАНИЕ ХАРАКТЕРИСТИК ЦЕНТРОБЕЖНЫХ НАСОСОВ ШАХТНЫХ ВОДООТЛИВНЫХ УСТАНОВОК

На сегодняшний день известно несколько технологических схем стационарных шахтных водоотливных установок в зависимости от расположения основных насосов выше уровня воды в водосборнике. В качестве основных используют центробежные секционные насосы. Несмотря на разнообразие технологических схем, проточная часть основного насоса должна быть заполнена жидкостью непосредственно перед пуском, либо всегда заполнена жидкостью [1,182].

Для исследования динамических процессов, проходящих в шахтных водоотливных установках, разработана математическая модель и ее программное обеспечение, выполненное в редакторе Mathcad.

Одной из особенностей разработанной математической модели является то, что работа центробежных насосов моделируется в трех квадрантах, то есть для турбомашин рассматриваются режимы противовключения, насосный (рабочий) и турбинный, что позволяет исследовать динамику шахтных водоотливныхустановокна нормальных режимах работы и в критических ситуациях.

В случае допустимой геометрической высоты всасывания меньше, чем требуемая глубина нижнего уровня воды в водосборнике, необходимо применять подкачивающие устройства – погружные насосы или струйные аппараты. Подкачивающие устройства выполняют функцию заполнения проточной части основного насоса перед пуском. При этом в случае достаточно высокого напора, создаваемого подкачивающим устройством возможна работа колеса основного насоса в режиме турбины, то есть колесо насоса раскручивается потоком жидкости.

Поскольку в технологических схемах имеются задвижки для регулирования подачи насосовподкачивающих и основных, то для основного насоса возможны два режима: рабочий (насосный – если подача подкачивающего устройства равна подаче основного насоса) и противовключения (если на выходе из основного насоса сопротивление велико, а подача подкачивающего устройства незначительна, то при том же направлении вращения колеса основного насоса поток жидкости движется в обратном направлении).

Построение расходных характеристик основных насосов в трех квадрантах необходимо для того, чтобы при математическом моделировании шахтных водоотливных установок не потерять решение в подобных ситуациях.

Используя теорию подобия электрических, магнитных и гидравлических систем расходные характеристикицентробежных насосов моделируем по аналогии с электрическими асинхронными машинами по упрощенному уравнению Клосса [2÷4].

Текущее значение давления развиваемого гидравлической машиной в рабочем (насосном) и турбинном режимах определяется с учетом скольжения по формуле

$$P_{i,m} = \frac{2 \cdot Pk_i \cdot Sk_i \cdot S_{i,m}}{Sk_i^2 + S_{i,m}^2}, \qquad (1)$$

где Pk_i – критическое давление, развиваемое насосом, Па,
Sk_i, $S_{i,m}$ – критическое и текущее скольжение насоса.

Критическое скольжение центробежного насоса рассчитывается по формуле

$$Sk_i = 1 - \frac{Qk_i}{Qo_i}, \qquad (2)$$

где Qk_i, Qo_i – критическая и максимальная подачи насоса, м³/ч.

Текущее значение скольжения насоса определяется аналогичным образом по следующему выражению:

$$S_{i,m} = 1 - \frac{Q_{i,m}}{Qo_i}, \qquad (3)$$

где $Q_{i,m}$ – текущее значение подачи насоса, м³/ч.

Характеристика центробежного насоса в режиме противовключения строится по следующей зависимости:

$$P_{i,m} = \frac{2 \cdot Pk_i \cdot Sk_i}{Sk_i^2 + 1} + r \cdot Q_{i,m}^2, \qquad (4)$$

где r – гидравлическое сопротивление насоса, Па/(м³/ч)².

В зоне неустойчивой работы центробежного насоса давление, развиваемое насосом, принимаем равным нулю. Так как в этой зоне в любой точке режим является статически неустойчивым, и работа на нем практически невозможна. Режим будет меняться в сторону увеличения или уменьшения подачи до тех пор, пока не наступит равновесие.

На графике (см. рис.1) приведен пример построения расходной характеристики центробежного насоса ЦНС180 в трех квадрантах, то есть в режимах противовключения зона 1, рабочем (насосном) зона 2 и турбинном зона 3, а также зона неустойчивой работы насоса 4.

Расхождение экспериментальной характеристики [1, 176] и характеристики, полученной на математической модели для одного колеса центробежного насоса ЦНС 180 составляет не более 1,5%.

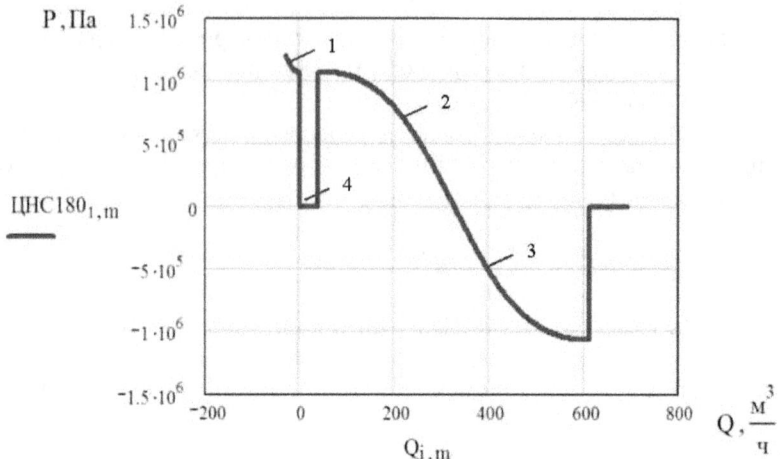

Рис.1.Расходная характеристика одного колеса центробежного насоса ЦНС 180:

1 – зона режима противовключения; 2 – зона рабочего (насосного) режима; 3 – зона турбинного режима; 4 – зона неустойчивой работы

Для моделирования характеристики многосекционного насоса следует учитывать, что характеристики отдельных колес будут складываться по напору или давлению.

Предложенная методика построения характеристик центробежных насосов в трех квадрантах может быть использована для математического моделирования других технологических систем, например, добычи нефти.

Литература

1. Гейер В.Г., Тимошенко Г.М. Шахтные вентиляторные и водоотливные установки: Учебник для вузов. – М.: Недра, 1987.- 270 с.

2. Г.М.Водяник. Электромагнитогидродинамические аналоги систем // Научные труды НПИ / Совершенствование проветривания шахт: Тезисы докладов Всесоюзного науч.-техн. совещания, сентябрь 1972г. – г.Новочеркасск, 1972. – С.123-124.

3. Теоретические основы САПР: Учебник для вузов / В.П.Корячко, В.М.Курейчик, И.П.Норенков. – М.: Энергоатомиздат, 1987.-400 с.: ил.

4. Копылов И.П. Электрические машины: Учебник для вузов. М.: Энергоиздат, 1986.- 360 с.: ил.

УДК 629.1

Швалев С.А., Куюков В.В.

Кубанский государственный технологический университет
Швалев С.А. студент-магистрант кафедры «Машиностроение и автомобильный транспорт» КубГТУ;
Куюков В.В. – к.т.н., доцент кафедры «Машиностроение и автомобильный транспорт» КубГТУ
sergibius@mail.ru

АНАЛИЗ И СОВЕРШЕНСТВОВАНИЕ ТЕХНОЛОГИИ И ОБОРУДОВАНИЯ ДЛЯ РЕМОНТА ТОПЛИВНОЙ АППАРАТУРЫ ДИЗЕЛЕЙ

Авторами статьи проведен обзор и анализ причин отказов топливной аппаратуры дизельных двигателей Д-245 предприятия «Юг-Сервис», [1,2,3].

В целях их устранения разработана достаточно совершенная технология восстановления деталей топливных насосов высокого давления (ТНВД), на примере насоса типа УТН-5 с использованием современного станочного оборудования и гальванотехники. Для реализации технологии восстановления авторами предложена и внедрена конструкция специального гидрофицированного стенда-стола, описанного в информационном бюллетене, [4].

Стенд используется на первом этапе выполнения технологического процесса в целях закрепления корпуса топливного насоса в положение, удобное для разборки и дефектации, а затем для ремонта и восстановления поверхностей насоса в труднодоступных полостях, заварки трещин, изломов, резьбовых отверстий.

Кроме закрепления корпуса насоса, стенд-стол обеспечивает его поворот на 360^0 с помощью управляющей педали, подъем-опускание на необходимую высоту штоком, быстрый и удобный доступ к любым соединениям и поверхностям. Подъем-опускание стола осуществляется с помощью гидроцилиндра и гидропривода, включающей в себя шестеренный масляный насос с рабочим давлением 12…15 МПа и гидрораспределитель золотникового типа, позволяющий фиксировать высоту стола в положении, удобном для работы с механизмом. Количество точек приложения зажимных усилий определяется направляющими стола конкретно к каждому случаю крепления корпуса насоса. Для снижения вероятности смятия поверхностей корпуса при закреплении уменьшено удельное давление в местах контакта зажимного устройства с механизмом, путем рассредоточения зажимного усилия. Это достигается применением в зажимных устройствах контактных элементов соответствующих конструкций, распределяющих зажимное усилие поровну между двумя-тремя точками, а также рассредоточивающих его по поверхности корпуса насоса. Количество точек зажима зависит от типа корпуса и метода выполнения последовательных операций ремонта. В качестве зажимных элементов стола используются винты, эксцентрики, прихваты, тисочные губки, клинья, плунжеры, прижимы, планки.

Для заключительного этапа технологического процесса восстановления и ремонта насосов УТН-5 используется модернизированный магистрантами кафедры «Машиностроение и автомобильный транспорт» КубГТУ испытательный стенд с топливной аппаратурой, включающий в себя топливные баки 1 и 29 емкостью 10 и 38 л, соответственно, расположенные в нижней части конструкции, (рис. 1). Топливо из бака 29 поступает в магистрали высокого и низкого давления и возвращается в него через сливные трубопроводы. В топливный бак 1 сливается часть топлива, омывающая наружную поверхность испытуемого насоса и плиту стенда 5. Лопастной топливный насос 2, производительностью 8 л/мин с максимальным давлением 5 МПа, приводится во вращение электродвигателем мощностью 0,6 кВт, при 1350 мин$^{-1}$. Насос 2 засасывает топливо из бака 29 и подает его в дроссель 24 через предохранительный клапан 3, настроенный на давление 2,5 Мпа. Регулировкой дросселя можно изменять величину его проходного сечения и тем самым ограничивать количество топлива, проходящего в фильтр 23 тонкой очистки. Давление топлива после фильтра 23 контролируется манометром 21, а избыточное топливо сливается в бак 29. Очищенное топливо из фильтра 23 направляется в трубопровод 11 и далее к испытуемому топливному насосу 9, при этом распределительный кран 20 устанавливается в закрытое положение.

Топливный насос 2 в аппаратуре стенда используется для создания высокого давления топлива при испытании насосов дизелей, а также для определения угла начала подачи топлива и давления открытия нагнетательных клапанов.

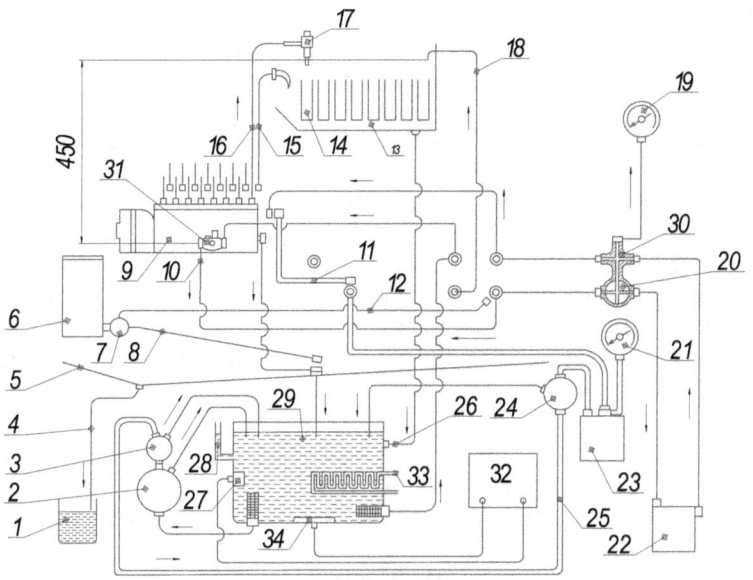

Рис.1 - Схема модернизированного испытательного стенда

1- бак для загрязненного топлива; 2- стендовый насос высокого давления; 3- предохранительный клапан; 4- трубка для слива топлива с плиты стенда; 5- плита стенда; 6- мерный цилиндр; 7- кран мерного цилиндра; 8- трубка для слива топлива из мерного цилиндра; 9- испытуемый топливный насос; 10- трубка для слива избыточного топлива из головки испытуемого насоса; 11- трубка для включения испытуемого насоса в магистраль высокого давления; 12- трубка для подачи топлива в мерный цилиндр при замере производительности подкачивающего насоса и пропускной способности топливного фильтра; 13- резервуар для слива отработанного топлива; 14- мензурка; 15- гибкая трубка для замера угла начала подачи топлива и давления открытия нагнетательных клапанов; 16- трубка высокого давления; 17- стендовая форсунка; 18- трубка для создания постоянного напора топлива, подаваемого стендовым насосом; 19- манометр магистрали низкого давления; 20- распределительный кран; 21- манометр магистрали высокого давления; 22- топливный фильтр магистрали низкого давления; 23- топливный фильтр магистрали высокого давления; 24- дроссель; 25- трубка магистрали высокого давления; 26- сливная трубка; 27- термометр; 28- трубка для определения уровня топлива в баке; 29- топливный бак; 30- тройник; 31- подкачивающий насос; 32- авторегулятор; 33- змеевик; 34- электроподогревательный элемент.

Для определения угла начала подачи топлива и давления открытия нагнетательных клапанов к выходным штуцерам испытуемого насоса присоединяют гибкие трубки с наконечниками. Давление открытия нагнетательных клапанов контролируется манометром 21 в момент начала вытекания топлива из наконечников. Вместо перепускного клапана в испытуемом насосе 9 устанавливают пробку. Давление в топливопроводном канале насоса постепенно повышают дросселем до момента начала вытекания топлива из наконечников. Кулачковый вал топливного насоса при этих замерах проворачивают от руки воротком, вставленным в отверстие муфты привода.

Изменена магистраль подачи топлива низкого давления, которая теперь как служит для питания топливом испытуемой аппаратуры, так и для сбора отработавшего топлива при определении производительности топливного и подкачивающего насосов, угла начала впрыска топлива, максимального давления, развиваемого подкачивающим насосом, и пропускной способности фильтров.

Для поддержания температуры топлива при испытании насоса используют авторегулятор температуры подогрева 32, змеевик подогрева топлива 33, термоподогревательный элемент 34 и контрольный термометр 27.

Литература

1. Баширов Р.М. Основы теории и расчета автотракторных двигателей / Баширов Р.М. – Уфа: БГАУ, 2008. – 304 с.
2. Баширов Р.М. Топливные системы для автотракторных дизелей, - Уфа: Гилем, 2005, - 204 с.
3. Баширов Р.М., Кислов В.Г., Попов В.Я. Надежность топливной аппаратуры тракторных и комбайновых дизелей – М.: Машиностроение, 1988, - 184 с.
4. Куюков В.В. Гидрофицированный стенд-стол для разборки, ремонта, сборки и обслуживания механизмов трансмиссии и топливной аппаратуры дизелей – Информационный бюллетень РОСИНФОРМРЕСУРС № 23-001-09, 2009, - 3 с.

Самигуллина Н.А., Яхин Р.Р. *, Яхин Р.Г. **
Учитель химии гимназии №16, Казань, Россия
*Врач-хирург, Минздрав. РТ ГАУЗ «Межрегиональный клинико-диагностический центр»
**Доктор технических наук, Казанский национальный исследовательский технический университет им. А.Н.Туполева, Россия

ВЛИЯНИЕ СВЧ-ИЗЛУЧЕНИЯ НА ПРОДУКТЫ ПИТАНИЯ

Все, кроме кислорода, человек для своей жизнедеятельности получает из пищи и воды. При этом следует иметь в виду, что пища имеет одно принципиальное отличие от других факторов внешней среды: в процессе питания она превращается из внешнего фактора во внутренний фактор, и ее компоненты в цепи последовательных превращений трансформируются в энергию физиологических функций и структурные элементы органов и тканей человека. Пища современного человека является не только носителем пластических и энергетических материалов, но и источником компонентов неалиментарного (непищевого) происхождения – ксенобиотиков (чужеродных веществ): радионуклидов, ядохимикатов, нитратов и нитритов, микотоксинов, разного рода биологических загрязнителей (микроорганизмов, вирусов) и др. [1].

Поэтому остро стоят проблемы, связанные с повышением ответственности за эффективность контроля качества пищевых продуктов, гарантирующих их безопасность для здоровья потребителя.

Наиболее вредным для организма человека, с точки зрения биологии, является высокочастотное излучение сантиметрового диапазона (СВЧ), дающее электромагнитные излучения наибольшей интенсивности.

Под воздействием различных излучений происходят электронные переходы в молекулах вещества или свободных атомах исследуемого химического элемента, а также изменения ориентации спинов атомов или электронов [2].

На сегодняшней день выявлены четыре фактора, свидетельствующие о вреде микроволновой печи.

Во-первых, электромагнитные излучения нельзя увидеть, услышать или явственно почувствовать. Но оно существует и действует на организм человека. Точно механизм воздействия электромагнитного изучения еще не изучен. Влияние этого излучения проявляется не сразу, а по мере накопления, поэтому бывает сложно отнести то или иное заболевание, внезапно возникшее у человека, на счет приборов, с которыми он контактировал.

Во-вторых, это влияние СВЧ излучения на пищу. В результате воздействия электромагнитного излучения на вещество возможна ионизация молекул, т.е. атом может приобрести или потерять электрон, – а это меняет структуру вещества.

Излучение приводит к разрушению и деформации молекул пищи. Микроволновая печь создает новые соединения, не существующие в природе, называемые радиолитическими. Радиолитические соединения создают молекулярную гниль — как прямое следствие радиации.

В-третьих, СВЧ излучения приводят к ослаблению клеток нашего организма.

В-четвертых, микроволновая печь создает радиоактивный распад молекул с последующим образованием новых неизвестных природе сплавов, как обычно при радиации [3].

Для изучения изменений, происходящие при СВЧ-излучении был применен метод электронного парамагнитного резонанса (ЭПР). Среди современных методов физико-химических анализов этот метод позволяет получить наиболее полную информацию о важнейших свойствах продукта. Спектральные методы исследования основаны на использовании явления поглощения (или испускания) электромагнитного излучения атомами или молекулами определенного вещества [4]. Спектральный анализ используется для определения разнообразных органических соединений, а также минеральных элементов с концентрацией $10^{-2} - 10^{-6}$ моля.

Исследования проводились при комнатной температуре с образцами пищевых продуктов. К таким относятся: соломка из цельного картофеля, чипсы, кириешки и др. Каждый из перечисленных пищевых продуктов сначала подвергался воздействию СВЧ – излучения продолжительностью 0 мин, 5 мин, 10 мин. Мощность СВЧ - нагрева: 750 Вт. Затем проводился эксперимент по выявлению сигнала ЭПР вышеперечисленных образцов с различными временами СВЧ экспозиции.

Для описания и анализа спектров ЭПР используется ряд параметров, характеризующих интенсивность линий, их ширину, форму, а также положение в магнитном поле. Интенсивность линий ЭПР при прочих равных условиях пропорциональна концентрации парамагнитных частиц, что позволяет проводить количественный анализ[5].

При исследовании пищевых продуктов во многих случаях имеются исходные сигналы. Почти во всех образцах наблюдаются после облучения радиационные сигналы разной формы, различной амплитуды при одинаковой дозе облучения и по разному "наложенные" на исходный сигнал. Такие данные подталкивают на мысль о том, что исходные материалы изначально содержали незначительное количество свободных радикалов. Под воздействием электромагнитного СВЧ-излучения в образцах увеличивается количество такого рода парамагнитных центров или образуются новые за счет раздробления или раскалывания молекул вещества. Чем дольше время воздействие и больше мощность облучения, тем больше становится количество парамагнитных центров или свободных радикалов[6].

Таблица 1.
Параметры спектров ЭПР продуктов питания при СВЧ обработке

Образцы пищевых продуктов	Время облучения СВЧ, мин.	Интенсивность I, отн. ед.	Ширина линии ΔH, Гс	g - фактор
Соломка из цельного картофеля	0	0,0365±0,042	4±0,3120	1,9988±0,0005
	5	0,0330±0,021	4±0,2230	
	10	0,0380±0,038	14±0,1440	
Чипсы	0	0,0170±0,123	3±0,0684	1,9988±0,0005
	5	0,0180±0,186	6±0,0640	
	10	0,0300±0,134	10±0,0590	
Кириешки	0	-	-	1,9988±0,0006
	5	-	-	
	10	0,030±0,029	10±0,078	

Таким образом, пища, изменённая микроволнами, наносит вред пищеварительному тракту и иммунной системе человека и может, в конечном счёте, вызвать различные заболевания [7]. Под безопасностью продуктов питания следует понимать, что они не оказывают вредного, неблагоприятного воздействия на здоровье настоящего и будущих поколений.

Работа выполнена при поддержки гранта РГНФ № 13-16-16003а/В / 2013

ЛИТЕРАТУРА

1. Подлегаева Т.В., Просеков А.Ю.. Методы исследования свойств сырья и продуктов питания: Учебное пособие // Кемеровский технологический институт пищевой промышленности. Кемерово. 2004.- 101 с.
2. Гичев Ю.П.. Загрязнение окружающей среды и здоровье человека. – Новосибирск. СО РАМН. 2002. – 230 с.
3. http://gamma7.m-l-m.info
4. Ингрэм Д.. Электронный парамагнитный резонанс в биологии, пер. с англ. М. 1972.
5. Яхин Р.Г., Самигуллина Н.А.,Шагададина А.И., Яхин Р.Р., Морозов Г.А.. Разработка метода анализа состава пищевых продуктов на основе ЭПР // Вестник КГТУ им. Туполева.2011. №1.
6. Яхин Р.Г., Самигуллина Н.А., Яхин Р.Р., Морозов Г.А.. Радиоспектроскопический метод определения свободных радикалов в продуктах питания // Вестник КГТУ им. А.Н. Туполева. 2012.№4, вып.1.
7. Козлов А.И.. Экология питания. М., 2002. – 184 с.

Семёнова М.Н.
студентка Поволжского государственного университета сервиса (ПВГУС),
кафедры «Экономика и управление», 4 курс.
Mariasemenova63@gmail.com
Сафонова Е.А.
студентка Поволжского государственного университета сервиса (ПВГУС),
кафедры «Экономика и управление», 4 курс.
Силаева Е.В.
ктн., доцент кафедры «Обще-профильные технические дисциплины»,
Поволжский государственный университет сервиса.

ОСНОВНЫЕ НАПРАВЛЕНИЯ ДЕЯТЕЛЬНОСТИ И ФУНКЦИОНИРОВАНИЯ СИСТЕМЫ УПРАВЛЕНИЯ ОХРАНОЙ ТРУДА В РОССИЙСКОЙ ФЕДЕРАЦИИ

В настоящее время на предприятиях РФ действует строго регламентированная система управления охраной труда (СУОТ). Она представляет собой часть общей системы управления (менеджмента) организации, которая обеспечивает управление рисками в области охраны здоровья и безопасности труда, связанными с деятельностью организации. Система включает: организационную структуру; деятельность по планированию; распределение ответственности; процедуры, процессы и ресурсы для разработки, внедрения, достижения целей, анализ результативности политики и мероприятий по охране труда в организации.

Основу нормативно-правовой базы создания и функционирования СУОТ на предприятиях России составляют ФЗ, в т. ч. "Об обязательном социальном страховании от несчастных случаев на производстве и профессиональных заболеваний", "О промышленной безопасности опасных производственных объектов" и др., а также ТК РФ, постановления Правительства РФ по вопросам охраны труда, нормативные правовые акты и нормативно-технические документы федеральных органов исполнительной власти и субъектов РФ в соответствии с их компетенцией.

Основными направлениями деятельности и функционирования системы управления охраной труда в РФ являются: обеспечение приоритета сохранения жизни и здоровья работников, а так же координация деятельности в сфере защиты конституционного права работников на труд в условиях, соответствующих требованиям безопасности и гигиены. Важным аспектом является соблюдение государственных нормативных требований охраны труда работодателями и работниками, возложение на них ответственности за нарушение этих требований и профилактическая работа по предупреждению производственного травматизма и профессиональных заболеваний работников, контроль за ее проведением. Так же уделяется внимание разработке и реализации комплекса мероприятий, определенных областными и ведомственными целевыми программами улучшения условий и охраны труда и обеспечение работодателями перспективного целевого планирования мероприятий по улучшению условий и охраны труда, их финансирования. Осуществление прямой и обратной связи всех звеньев системы управления охраной труда, развитие и совершенствование системы непрерывной подготовки работников по охране труда и развитие информационной инфраструктуры в сфере охраны труда для доведения нормативных правовых актов по охране труда до работодателей и получения от них информации о ходе работы по улучшению условий и охраны труда на предприятиях России. Определяется использование механизмов государственной экспертизы условий труда в целях улучшения условий и охраны труда и осуществление эффективного взаимодействия, и сотрудничества в сфере охраны труда на принципах социального партнерства всех субъектов социально-трудовых отношений.

В современных условиях возможен переход на новые принципы управления ОТ. Постепенно укрепляются рыночные отношения, предопределяющие необходимость формирования нового подхода к управлению ОТ, который отличался бы от существовавшего в централизованной экономике. Некоторыми российскими компаниями внедряются принципы управления, принятые в мировой практике. Появились разработки российских научных и образовательных организаций (в т. ч. Академии труда и социальных отношений), позволяющие формировать элементы СУОТ, адекватные западным.

Научные разработки Академии труда и социальных отношений направлены на создание принципиально новой СУОТ в организациях. Необходимо было пересмотреть сформировавшиеся и длительно действовавшие в стране отношения к отдельным процедурам в сфере ОТ, таким, как расследование и учет (микро)травм, инцидентов, идентификация опасных факторов и рисков, оценка работы руководителей и специалистов, персонала по предупреждению аварийности, травматизма и профессиональных заболеваний, а также создание стимулов к положительным результатам этой работы.

Данные статистики показывают, что одному смертельному случаю предшествуют 10—30 тяжелых травм, около 100—300 легких травм (с потерей трудоспособности на 1 день и более), 1—3 тыс. микротравм и 10—30 тыс. опасностей, возникающих на производстве. Гипотетически каждый из 10—30 тыс. опасных факторов при определенных условиях может привести к тяжелому или смертельному случаю. Чтобы определить реальный риск этих опасных факторов, надо их идентифицировать. На 1-м этапе можно использовать результаты аттестации рабочих мест по УТ и травмоопасности. Это позволит резко сократить количество опасных факторов. Затем следует провести детальный анализ рисков и выделить наиболее неприемлемые риски.

Результаты оценки рисков используются для определения целей и задач в области ОТ организации, для составления программ мероприятий по улучшению УТ и ОТ. Новизна подхода заключается в том, что именно на основании анализа рисков устанавливаются цели, направленные на решение проблем ОТ, и определяются задачи, сроки их выполнения.

Список использованной литературы:

1. Российская энциклопедия по охране труда: В 3 т. — 2-е изд., перераб. и доп. — М.: Изд-во НЦ ЭНАС,2009.
2. Постановление Правительства Самарской области от 16.12.2011 г. N 810 «О системе управления охраной труда в Самарской области».
3. Федеральный закон от 17 июля 1999 г. N 181-ФЗ "Об основах охраны труда в Российской Федерации".
4. Справочник специалиста по охране труда / журнал, 2012.
5. Охрана труда и право / журнал, 2011.

Трубаков Е.О., Гулаков В.К.
асп. ФГБОУ ВПО Брянский государственный технический университет; к.т.н., проф. ФГБОУ ВПО Брянский государственный технический университет
TrubakovEO@gmail.com, gvk10@yandex.ru

АНАЛИЗ МЕТОДОВ ПОСТРОЕНИЯ ПРОСТРАНСТВЕННО-ВРЕМЕННЫХ СТРУКТУР ДАННЫХ ДЛЯ МОНИТОРИНГА МОБИЛЬНЫХ ОБЪЕКТОВ

Ежедневно каждый человек сталкивается с информацией распределенной в пространстве, которую ему необходимо обрабатывать. Например, расположение дома, места работы и покупок можно считать пространственной информацией. И каждый день приходится строить оптимальный маршрут пути, включающий заданные точки (например, как пройти от работы до дома и сделать необходимые покупки). С развитием соответствующих технологий (технологии позиционирования и др.) появилась возможность собирать и анализировать информацию о пространственном поведении т.е. перемещении объектов (мобильные устройства, автомобили, поезда, самолеты, и д.р.). Тем самым повышая комфорт и безопасность человека (например, авиационные и железнодорожные диспетчерские, мониторинг загруженности автомобильных дорог и др.).

Во всех этих и многих других сферах жизни-деятельности человека используются геоинформационные системы (ГИС) мониторинга передвижения мобильных объектов. Подобного рода системы состоят из трех составляющих [3]:

- аппаратная часть (устройство позиционирования ГЛОНАСС, Galileo или GPS, набор датчиков для снятия показаний параметров объекта и устройство приема-передачи информации на сервер);
- программное обеспечение (интерфейс, по средствам которого происходит обработка и визуализация данных для пользователей системы);
- математическое обеспечение (модель данных позволяющая минимизировать объемы хранимой информации и время её обработки).

В зависимости от сферы применения геоинформационная система должна решать различного рода задачи. Кроме круга задач, область применения накладывает ряд ограничений. Например, запрет произвольного перемещения объектов в пространстве. В таком случае это перемещение называется движением в сетях (железнодорожный транспорт, автомобили и др.). При проектировании и разработке ГИС учет подобных и многих других параметров применения позволяет создавать более

эффективные системы. В первую очередь ограничения должны отражаться в математическом обеспечении. Например, временной промежуток данных, которых производится обработка, делит существующие структуры на группы [1]:
- структуры индексирования траекторий перемещения (это структуры, взаимодействующие только с исторической информацией, то есть с маршрутом передвижения);
- структуры индексирования текущего положения объектов (учитываются пространственные данные соответствующие текущему моменту времени);
- структуры индексирование текущего положения с прогнозированием будущего (учитывается текущее положение объектов и строится с определенной точностью прогноз о будущем его положении);
- структуры обобщенного индексирования (это структуры взаимодействующие со всей временной осью).

В структурах первой и последней (наиболее актуальной в данный момент) группы происходит взаимодействие с исторической информацией. То есть необходимо сохранять пространственное положение мобильных объектов с пометкой временного интервала действительности этого положения. В данном случае наиболее распространены два метода индексирования исторических данных.

Первый метод заключается в использовании двух структур. Первая структура индексирует пространственную составляющую данных, а вторая же временную. Чаще всего используется наиболее хорошо себя зарекомендовавшее многомерное R-дерево и его модификации [2,243-301].

Второй метод состоит в объединении пространственных и временных данных и отсутствии различия между пространственной и временной осью. Таким образом, к пространственным данным добавляется еще одно измерение, которое представляет собой время. В данном подходе индексирования используют любую многомерную структуру.

Из логики работы индекса видно, что достоинства практического применения одного метода являются недостатками другого и наоборот. Например, при обработке запросов на временные или пространственные срезы (случаи, когда временные или пространственные характеристики считаются фиксированными) наиболее эффективно использовать индекс с двумя структурами. Это связанно с тем, что необходимо обрабатывать меньшее количество измерений. В случае же смешанного запроса (запроса, где используется как временной так и пространственный диапазон данных) необходимо производить выборку из одной структуры, затем из второй, после чего выявлять данные вошедшие в результаты обеих выборок. Таким образом, увеличивается время обработки запроса. При использовании индекса с одной структурой наблюдается обратная ситуация, то есть увеличение скорости обработки смешанных запросов и снижение при обработке срезов.

Таким образом, при построении геоинформационной системы, зная заранее тип запросов, можно склоняться к выбору того или иного подхода индексирования пространственно-временных данных. В случае отсутствия подобной информации или в случае построения системы для сфер применения с одним и другим типом запросов необходимо опираться на другие общие характеристики данных методов индексирования. А именно:
- количество обращений к диску при поиске места вставки новых данных (так как эта операция наиболее дорогостоящая);
- время вставки данных;
- размер индекса.

Были проведены эмпирические исследования для сравнения двух методов индексирования по указанным критериям. Для экспериментов использовались три типа распределения данных:
- равномерное распределение;
- нормальное распределение (моделирование скопления объектов с определенным центром(например, распределение объектов в городе));
- кластерное распределение (моделирование скопления объектов с несколькими центрами (например, распределение объектов в нескольких населенных пунктах одновременно)).

В ходе исследований были экспериментально получены разницы соответствующих критериев для методов индексирования с одной структурой и двумя для трех типов распределений. Во всех случаях разница времени вставки в индекс и его размера от количества вставляемых объектов линейно растет, а количество обращений к диску от номера вставляемого объекта растет логарифмически. Таким образом, доказано преимущество использования индекса с одной многомерной структурой над индексом с двумя структурами данных.

Список литературы:

1. Гулаков, В.К. Пространственно-временные структуры данных [Текст] + [Электронный ресурс]: монография / В.К. Гулаков, А.О. Трубаков, Е.О. Трубаков – Брянск: БГТУ, 2013. – 215с.

2. Гулаков, В.К. Многомерные структуры данных [Текст] + [Электронный ресурс]: монография / В.К. Гулаков, А.О. Трубаков – Брянск: БГТУ, 2010. – 387с.

3. Гулаков, В.К. Пространственно-временные модели данных для геоинформационных систем позиционирования движущихся объектов в ограниченных сетях / В.К. Гулаков, Е.О. Трубаков // Энергетика, информатика, инновации-2011 – ЭИИ-2011 [текст]: сб. трудов Междунар. Науч.-техн. конф. В 2 т. Т. 2. Секции 3,4,5. Смоленск: РИО филиала ГОУВПО МЭИ(ТУ) в г. Смоленске, 2011. – С.226-229

Лапшина К.Н.
канд. техн. наук, доц. кафедры теплогазоснабжения и нефтегазового дела
Удалов Д.А.
аспирант кафедры теплогазоснабжения и нефтегазового дела
e-mail: udalov_dmitrii@mail.ru

РАЗРАБОТКА ПРОЕКТА ОБЕСПЕЧЕНИЯ АКВАЦЕНТРА ЭЛЕКТРОЭНЕРГИЕЙ С ИСПОЛЬЗОВАНИЕМ ЭНЕРГИИ ВЕТРА

Были рассмотрены условия применения ветроэнергетических установок на территории Воронежской области. В качестве примера рассчитана возможная схема внедрения ВЭУ на конкретном объекте – аквацентре санатория.

Ветроэнергетика является сложившимся направлением энергетики. Производятся и работают ветроэнергетические установки от нескольких сотен ватт до тысяч киловатт. Большая часть установок используется для производства электроэнергии – в энергосистеме или автономно. Использование ветровой энергии становится все более актуальным для любой страны, которая хочет уменьшить свою энергозависимость от традиционных источников энергии (нефть, газ, уголь и др.). К тому же такое производство не дает выбросов в атмосферу вредных веществ.

Максимальная проектная мощность ветроэнергетических установок определяется для некоторой стандартной расчетной скорости ветра в пределах от 7 до 15 м/с. Мощность, снимаемая с 1 м² ометаемой площади ветроколеса равна 0,3…0,4 кВт. В районах с благоприятными ветровыми условиями среднегодовое производство электроэнергии составляет 25-35% его максимального проектного значения. Срок службы ветрогенераторов – 15-20 лет.

Лучшее место установки ВЭУ – вершина холма или центр поля. Но в реальной жизни все гораздо сложнее. Если предполагается ВЭУ рядом со зданием, то высота мачты должна быть на 3-5 м выше здания, либо при более низкой мачте ее необходимо устанавливать на расстоянии не менее 3-х кратной высоты этого здания. Таким образом, если высота объекта, например, десять метров, то мачту необходимо разместить не ближе 30 м. При наличии высоких деревьев расстояние до них должно быть не менее двукратной высоты дерева.

В любом случае более высокая мачта более выгодна, так как ветер на высоте 15-20 м дает прирост по выработке электроэнергии более чем на 20% по сравнению с мачтой вдвое ниже, особенно в застроенной местности.

Схема установки ВЭУ представлена на **Рис.1**.

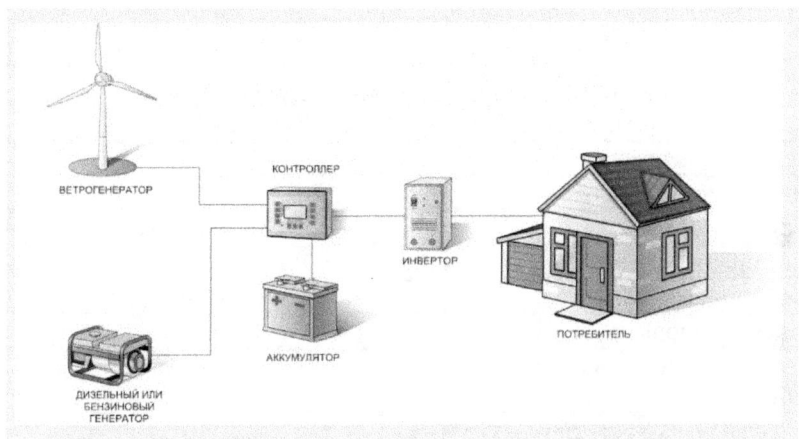

Рис. 1 – Схема установки ветроэнергетической установки

Мощность, развиваемая ветродвигателем, зависит от скорости ветра, мощности ветрового потока, типа ветродвигателя и его аэродинамической характеристики. Наиболее полно ветровой поток используется горизонтально-осевым пропеллерным (рипеллерным) двигателем, для которого вся ометаемая ветроколесом площадь потока является активной.

Рассмотрим для примера ветроэнергетическую установку для аквацентра санатория, расположенного в Воронежской области. Изучив рынок предложения, предлагается использовать ветрогенератор производства компании ТК «Чистая энергия», Самарская обл., г.Тольятти. Характеристика и стоимость полного комплекта ветрогенератора вместе с монтажом приведена ниже:

- мощность - 20кВт при ветре 10 м/с;
- рабочий диапазон скоростей ветра – 3… 40 м/с;
- напряжение - 380 В;
- цена - 1 370 000 руб.

В комплект входят: генератор – 1 шт., лопасти – 3 шт., втулка – 1 шт., комплект крепежных болтов для лопастей – 1 шт., механизм направления по ветру – 1 шт., блок контроллер заряда/инвертор – 1 шт., мачта, основание для мачты – 1 шт., закладные детали (анкерные болты L-образные) для – 1 комплект, тросы для растяжек – 1 комплект, закладные детали (анкерные болты О-образные) для растяжек – 1 комплект, кабель электрический, инструкция по установке. Технические характеристики ветрогенератора приведены в таблице 1.

Таблица 1
Технические характеристики ветрогенератора
производства компании ТК «Чистая энергия»

Диаметр крыльчатки, м	10
Количество лопастей	3
Материал лопасти	Стекловолокно
Длина лопасти, м	5
Направление вращения	По часовой стрелке
Занимаемая площадь, м^2	78,5
Номинальное число оборотов, об/мин	120
Номинальная скорость ветра, м/с	10
Тип генератора	Трехфазный генератор с пост.магнитами
Номинальная мощность, Вт	20000
Максимальная мощность, Вт	25000
Выходное напряжение, В	380
Начальная скорость ветра, м/с	3
Рабочая скорость ветра, м/с	3-20
Максимальная скорость ветра, м/с	40
Высота мачты, м	15
Полная масса, кг	800
Диаметр вала, мм	377
Управление	Микропроцессорный блок
Аккумуляторы (опция)	12V100AHх30 шт.

Срок окупаемости установки был рассчитан с учетом того, что прибылью будет являться экономия денежных средств, потраченных на оплату электроэнергии, потребляемой аквацентром. Потребление составляет 13 МВт в месяц, тариф на электроэнергию составляет 1,78 руб./кВт. Расчет выполнен с учетом дисконтирования затрат. Ежегодные эксплуатационные затраты приняты в размере 20% от стоимости оборудования. Расчетный срок окупаемости установки ветрогенератора составил 4,8 года.

Вывод

Были рассмотрены условия применения ветроэнергетических установок на территории Воронежской области. В качестве примера рассчитана возможная схема внедрения ВЭУ на конкретном объекте – аквацентре санатория. В расчете был принят ветрогенератор производства компании ТК «Чистая энергия», Самарская обл., г.Тольятти. Срок окупаемости ветроэнергетической установки составил 4,8 года.

Барханов А.И.
аспирант, магистр техники и технологии (направление «Строительство») Казанский государственный архитектурно-строительный университет
barhanovai@gmail.com

ИССЛЕДОВАНИЕ ВЛИЯНИЯ УЗЛОВЫХ ЭЛЕМЕНТОВ НА КОЛЕБАНИЯ СБОРНЫХ ЖЕЛЕЗОБЕТОННЫХ КАРКАСОВ ВЫСОТНЫХ ЗДАНИЙ

Динамический расчет строительных конструкций зданий может быть выполнен на современном уровне с учетом геометрической и физической нелинейности. Высотные здания, как объекты гражданского строительства, представляют собой объекты особой важности, являются уникальными сооружениями. В связи, с чем к ним предъявляются особые требования надежности, жесткости, устойчивости при частичном разрушении под воздействием различных факторов, в том числе, знакопеременные и динамические воздействия.

Существующие строительные нормы, действующие на территории России, не предусматривают учет долговечности строительных конструкций в соответствии с количеством циклов нагружения или деформаций. В связи с предъявляемыми требованиями жесткости к каркасам высотных зданий, например перемещения характерной точки не должны превышать величины порядка 1/1000 от высоты здания, учет нелинейности деформаций несущих конструкций нецелесообразен в связи с малостью возникающих деформаций и перемещений. Таким образом, расчет рамы каркаса высотного здания на динамическое воздействие ветра должен быть проведен, без допущения повреждений конструкций, в геометрически и физически линейной постановке.

В настоящий момент инженерная методика расчета каркасов зданий (в том числе и высотных) представлена в следующих работах: «Руководство по расчету зданий и сооружений на действие ветра»[2, 17-23], и «Рекомендации по уточненному динамическому расчету зданий и сооружений на действие пульсационной составляющей ветровой нагрузки» [3]. Первая работа содержит в себе подробные рекомендации по расчету величин ветровых нагрузок – статических и динамических. Предложена инженерная методика расчета каркасов зданий и инженерных сооружений на полученные нагрузки. Работа имеет статус документа и рекомендована к применению при проектировании и проведении научных исследований.

Вторая работа представляет собой рекомендации по учету пульсационной составляющей ветровой нагрузки, содержит уточненную и инженерную методики проведения динамического расчета зданий и сооружений. В работе приведены примеры расчетов и сравнение полученных результатов с утверждением преимуществ предложенных методик. Работа также имеет статус документа и является актуальной инженерной методикой.

Методы динамического расчета каркасов зданий изначально предполагали выполнение их вручную или с незначительным использованием вычислительных систем. При расчете каркасов не высоких зданий (3-10) этажей такое способы расчета при удовлетворительном объеме вычислительных операции и времени расчета позволяют выполнять расчеты достаточной точность. Развитие ЭВМ позволило расширить их использование, однако, чаще всего в их основу заложены понятия и критерии все того же «ручного счета». Точность вычисления достигается увеличением числа конечных элементов.

Согласно действующим нормам СНиП демпфирование в конструкциях учитывается усреднено при помощи логарифмического декремента колебаний, общего для всех конструкций, выполненных из одного материала без учета конструктивных особенностей. Применение современные методик расчета должно позволить применять в расчетах индивидуальные показатели демпфирования, которые могут быть использованы для детального определения ветровой нагрузки и проведения динамического расчета при действии ветровой нагрузки.

Существующие методики предусматривают учет различного количества форм колебаний в зависимости от конструктивных особенностей здания и характера ветровой нагрузки. Согласно [2] необходимо учитывать 1 форму колебаний для зданий с равномерным распределением массы и жесткости по высоте точечных в плане, 1-ю и 2-ю для сложных в плане, и первые три для протяженных зданий панельного типа. Требования СНиП предписывают учитывать различное количество форм колебаний в зависимости от сравнения первой и второй форм колебаний от некоторой критической частоты, определяемой скоростными параметрами потока воздуха.

Согласно полученным результатам для рассмотренной конструкции наибольшее влияние имеют дополнительные элементы, расположенные в средней зоне по высоте (рис. 2). Очевидно, что добавление 1го уровня дополнительных элементов не влечет за собой значительного изменения частоты. Замена всех узлов на податливые приведет к значительному изменению частоты, но так же значительно снизит жесткость конструкции и исключит вариации расположения податливых узлов.

Характерной чертой сборных конструкций является строгое деление на отдельные элементы и сложность учета их совместной работы в общей расчетной схеме. Совместная работа всех конструктивных элементов каркаса здания достигается проектированием и исполнение специальных узлов осуществляющих интересующее проектировщика взаимодействие между элементами. В связи с чем, данным конструктивным элементам должны быть назначены при проектировании и выдержаны при исполнении особые геометрические и деформативные характеристики. Появляется возможность таким же образом задать особые динамические характеристики данным узловым элементам конструкции с целью добиться определенных параметров колебаний каркаса в целом, элемента в отдельности или группы элементов, например группы технических этажей.

Введение в каркас здания таких узлов и соответствующее этому изменение расчетной схемы каркаса здания для динамического расчета является основой нашего исследования. Если положение и геометрические размеры узловых элементов расчетной схемы каркаса здания могут быть получены исходя из габаритных размеров элементов основных несущих конструкций, то их жесткостные параметры требуют отдельного исследования. В случае, выбранном для рассмотрения, основными несущими элементами являются колонны и ригели. Колонны и ригели образуют продольные и поперечные рамы каркаса здания. В качестве перекрытий для формирования поверхности используются плиты перекрытия (ребристые, многопустотные или сплошные), которые опираются шарнирно на ригели для передачи вертикальных нагрузок на рамы, и формируют сплошные диски перекрытий, обеспечивающие совместные горизонтальные деформаций соседних рам каркаса. То есть формируют пространственный каркас. В случае недостаточной суммарной сдвиговой жесткости колонн могут быть введены диафрагмы жесткости или связи.

Исследования проводились на основе расчета собственных частот и форм колебаний железобетонной рамы каркаса высотного здания. Исследования заключались в последовательном перемещении расположенных в стыке между колоннами и ригелями элементов имеющих геометрические характеристики аналогичные ригелям, но отличающиеся по деформативным параметрам. Такие элементы, расположенные в стыке ригеля и колонны, будем называть «Узловые конечные элементы», а часть перекрытия – ригель и его стыки с колоннами, содержащие такие элементы, «Перекрытия с податливыми узлами». При этом при размещении узловых конечных элементов в следующем перекрытии с податливыми узлами, проводился расчет собственных форм и частот колебаний заново. После проведения серии расчетов составлялись графики зависимости собственных частот от количества и места расположения перекрытий с податливыми узлами.

Для плоской рамы, влияние узловых конечных элементов на общую жесткость каркаса выше, чем для пространственной системы с диафрагмами жесткости. Перемещение перекрытий с податливыми узлами по высоте конструкции приводит к изменению формы колебаний, уменьшению частоты и при размещении податливых узлов конечных элементов в средней зоне рамы по высоте, форма колебаний приобретает вид, приближающийся ко 2ой форме собственных колебаний.

Для полученных результатов проведено сравнение откликов (величины горизонтального перемещения характерной точки – верхнего перекрытия) в направлении действующей динамической нагрузки. При этом изменение отклика конструкции при действии горизонтальной динамической нагрузки для случая, приведенного на рис. 2 при размещении группы из 6-ти перекрытий с податливыми элементами на уровне 13-го этажа (расположение нижнего из группы перекрытий с податливыми элементами), как наиболее варианта с наибольшим влиянием узловых конечных элементов, для рассмотренного примера, составляет 30,9%.При выполнении расчетов несущей системы используется АРС ЭРА-ПК2000 - Программная система – Экспертиза, Расчет, Анализ Пространственных Конструкций [1]. Оформлено свидетельство о пригодности для исследований прочности авиационных конструкций в центре ЦАГИ-ТЕСТ (№ СЦ.- 17 Авиационного Регистра МАК). Является объектом авторского права коллектива ОНИЛ кафедры строительной механики КазГАСУ. Теоретической основой АРС ЭРА-ПК2000 является МКЭ, реализованный в форме метода перемещений. Выбор этой формы объясняется простотой алгоритмизации, а также единообразием построения матриц жесткости и векторов нагрузок для различных типов конечных элементов. Привлекательной стороной этого подхода является простота учета произвольных граничных условий и сложной геометрии рассчитываемой конструкции. Библиотека конечных элементов содержит достаточное количество элементов, достоверно моделирующих работу различных типов конструкций.

Полученный результат свидетельствует об эффективности применения предложенных узловых конечных элементов в виде групп перекрытий с податливыми элементами. Применение данных конструктивных решений и их реализация при расчетах реальных конструкций может позволить эффективно изменять динамическое поведение высотного здания под действием ветровых нагрузок. При известных величинах и динамических параметрах ветровых нагрузок с учетом аэродинамических эффектах характерных для конкретного здания предложенное решение может позволить конструктивными методами избежать опасного сближения частот действующих нагрузок и частот собственных колебаний, а также даст возможность проектировщикам варьировать динамические параметры здания, не изменяя общей структуры каркаса.

Рис. 1 Относительное уменьшение частот собственных колебаний при изменения количества уровней от 1 до 12 начиная с 1го этажа

Рис. 2 Относительное уменьшение частоты собственных колебаний при перемещение группы из 6ти «перекрытий с податливыми узлами» по высоте

Литература:

1. Лукашенко В.И., Абдюшев А.А., Доронин М.М., Нуриева Д.М., Сладков А.В. Экспертиза, расчет, анализ пространственных конструкций: Монография. - Казань: КГАСУ,2006.-321 с.;
2. Руководство по расчету зданий и сооружений на действие ветра. М. Стройиздат, 1978 г.;
3. Рекомендации по уточненному динамическому расчету зданий и сооружений на действие пульсационной составляющей ветровой нагрузки. Утверждены Научно-техническим Советом ЦНИИСК 15 декабря 1999г.;
4. Ю. Козак, 1988, Конструкции высотных зданий, Москва Стройиздат, 306.;
5. М. Ф. Барштейн и др. Динамический расчет сооружений на специальные воздействия. М. Стройиздат, 1981 г.;
6. СНиП 2.01.07-85*, Нагрузки и воздействия, Утв. Постановлением Гос. комитета по делам строительства СССР от 29.08.1985г. №135;
7. СТО 36554501-015-2008 "Нагрузки и воздействия". Утвержден и введен в действие приказом и.о. генерального директора ФГУП «НИЦ «Строительство» от 19 декабря 2008 г. № 452.

Шумаков И.В.
доцент, кандидат технических наук,
профессор, заведующий кафедрой технологии строительного производства
Харьковского национального университета строительства и архитектуры,
shumakov.hisi@gmail.com

ИННОВАЦИОННЫЕ АСПЕКТЫ ЗАЩИТЫ ПОДЗЕМНЫХ ЧАСТЕЙ ЗДАНИЙ

Подземные воды, являясь мобильной составляющей литосферы, активно взаимодействуют с природно-технологическими процессами на застроенных территориях, участвуют в таких негативных геологических процессах, как оползни, суффозия, подтопление, и часто являются их катализаторами. Масштабы влияния подземных вод в области взаимодействия литосферы и техносферы бывают настолько значительны, что вызванные ими опасные процессы охватывают целые города.

В последнее время на территориях городов возрастающие масштабы принимает повышение уровня грунтовых вод (первого от поверхности земли безнапорного водоносного горизонта), приводящее к подтоплению зданий. Эти процессы прогрессируют и на территории Левобережной Украины (рис. 1). При этом, статистика обследований подтопленных подземных частей зданий констатирует, что нормативный срок их эксплуатации сокращается в 2÷3 раза [1, с. 5].

Наличие инженерно-гидрогеологических и техногенных факторов способствует повышению уровня грунтовых вод. Широкомасштабные и интенсивные темпы освоения новых площадей городов и уплотненной застройки их центров привели к значительным преобразованиям геологической среды, нарушениям естественных условий питания, циркуляции и разгрузки подземных вод, т.е. нарушению условий естественного водообмена и, как следствие, – к подтоплению.

На уровень грунтовых вод значительно влияет наличие подземных конструкций. Это, в первую очередь, свайные поля под жилой застройкой, подземные паркинги, тоннели метро и т.п. В большинстве случаев это влияние отрицательное, поскольку нарушает естественную циркуляцию воды, затрудняет отток ее из тех районов, где в грунте есть искусственно возведенные преграды. Уровень воды поднимается, когда она встречает препятствие – возникает барражный эффект. При его возникновении кроме капиллярного давления влаги на материал добавляется еще и гидростатическое давление, на которое гидроизоляция обычно не рассчитана.

Основным методом профилактики подтопления является создание дренажных систем, а методом борьбы с последствиями – гидроизоляция подземной части. Необходимо отметить, что в настоящее время в подземном строительстве доминируют конструкции из монолитного железобетона и актуальность их применения неизбежно влечет за собой меры по их защите. Водонепроницаемость гидроизоляционного покрытия – одна из основных задач защиты подземных и заглубленных частей зданий.

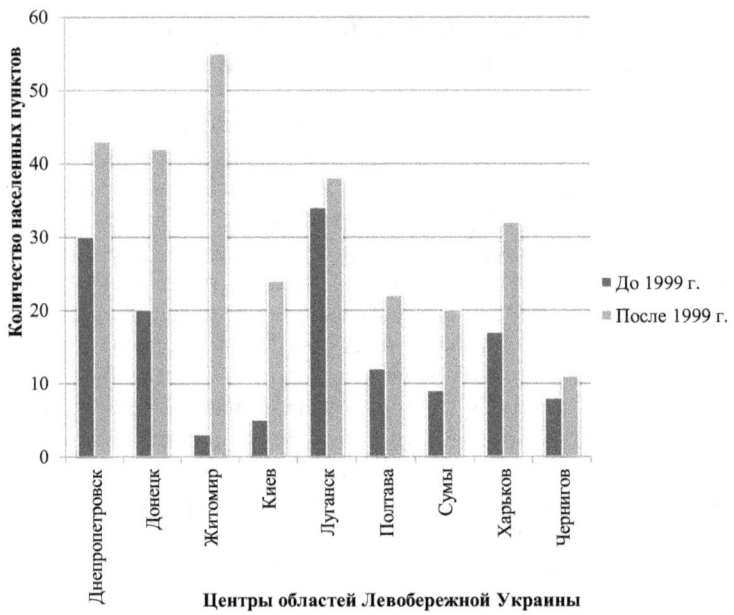

Рис. 1 – Статистика развития процессов подтопления населенных пунктов Левобережной Украины за 1989 – 2011 гг.

Известный способ определения водонепроницаемости бетона по методу «мокрого пятна» [2] характеризуется сложностью обеспечения надежной герметизации образцов, что приводит к увеличению ошибок в измерениях, дополнительной систематической ошибкой вследствие поэтапного увеличения давления, достигающей 30%, высокой трудоемкостью (требования выдерживания образца под давлением) и ограничениями в форме образцов (только цилиндрическая). Другие существующие способы [3] имеют аналогичные недостатки. Кроме того, в них не предусмотрена возможность регистрации положения, скорости и ускорения фронта перемещения влаги по образцу.

Решение данных задач достигается в разработанном комплексном методе определения водонепроницаемости цементных материалов (рис. 2), который включает:

- высушивание образца до постоянной массы;
- гидроизоляцию его боковых поверхностей;
- водонасыщение и расчет водонепроницаемости;
- установку на фиксированные опоры внутри емкости для водонасыщения;
- заполнение емкости водой для обеспечения равномерного контакта с ней нижней поверхности образца;
- регистрацию серии голографических интерферограмм верхней несмачиваемой поверхности образца;
- определение положения, скорости и ускорения перемещения фронта влаги по образцу посредством сравнения изменений поля перемещений зарегистрированной поверхности, полученного по интерферограммам с расчетным полем перемещений геометрически подобного образца.

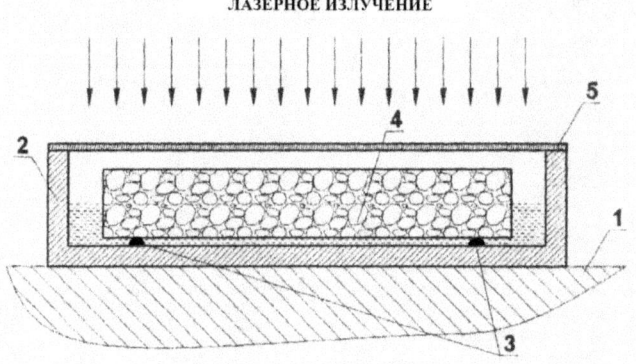

Рис. 2 – Принципиальная схема проведения исследований:
1 – виброзащищенная платформа; 2 – емкость для водонасыщения образца; 3 – фиксированные опоры; 4 – образец; 5 – фотопластина.

Использование данного метода позволяет существенно повысить точность и достоверность исследования процесса проникновения влаги в цементные материалы с учетом того, что в процессе измерений контролируются:
- целостность образца;
- равномерность проникновения влаги по сечению образца, что позволяет выявить существование локальных зон повышенной проводимости влаги (что может повредить результатам измерений в традиционных методах);
- динамика проникновения влаги через оценку деформационных характеристик образца.

Литература

1. Каржинерова Т. И. Разработка организационно-технологических решений ремонта и восстановления конструкций подземных частей жилых и гражданских зданий: автореф. дис. на соиск. научн. степ. канд. техн. наук: спец. 05.23.08 «Технология и организация промышленного строительства» / Т. И. Каржинерова. - Х.: ХГТУСА, 2005. - 24 с.
2. ГОСТ 12730.5-84. Бетоны. Методы определения водонепроницаемости [Текст]. – М.: Стандартинформ, 2007. – 11 с.
3. Рекомендации МИ 300.5-94 «Безнапорный метод определения показателей водонепроницаемости бетона и раствора для средне- и низконапорных сооружений» (введены в действие 01.01.1995).
4. Кесарійський О. Г. Спосіб визначення водонепроникності цементних матеріалів / О. Г. Кесарійський, В. І. Кондращенко, Ю. В. Ложка, І. В. Шумаков // Патент України на винахід № 102343; заявл. 26.06.2012; опубл. 25.06.2013, бюл. № 12. – 4 с.

Бикбулатова А.А.
канд. техн. наук, доцент, зав. кафедрой «Технология и конструирование одежды», декан факультета дизайна и национальных культур
Уфимского государственного университета экономики и сервиса
albina-bikbulatova@yandex.ru

ИССЛЕДОВАНИЕ ВЛИЯНИЯ ВИДА ПАКЕТА МАТЕРИАЛОВ НА КОМПРЕССИОННОЕ ВОЗДЕЙСТВИЕ ОКАЗЫВАЕМОЕ ДЕТАЛЯМИ КОРРЕКТОРА ОСАНКИ

Для профилактики и лечения заболеваний позвоночника применяют эластичные корректоры осанки [1]. В положении фигуры, приводящем к нарушению осанки, элементы коррекции оказывают компрессионное воздействие на участки тела человека, вынуждая держать спину прямо. Компрессионное воздействие на тело человека в корректоре оказывают бретели, ребра жесткости и пояс.

В процессе эксплуатации эластичные детали корректоров осанки испытывают постоянные нагрузки, чередующиеся с отдыхом. Возникающие усилия разрушают структуру материала и приводят к ухудшению его эластичных свойств. Снижение эластичности уменьшает величину компрессионного воздействия корригирующих деталей, снижая при этом профилактический эффект. Известен способ уменьшения остаточных деформаций эластичных полотен высокой растяжимости, путем настрачивания формоустойчивых фрагментов на эластичную основу [2]. Формоустойчивым элементом, обладающим высокой сопротивляемостью была выбрана натуральная кожа. Фрагменты кожи настрачивают по периметру на эластичное полотно, при этом незафиксированная структура трикотажа сохраняет эластичность, а зафиксированная повышает формоустойчивость.

При проведении эксперимента использовали пять видов пакетов, отличающихся площадью нанесения формоустойчивого элемента, из которых были изготовлены бретели корректора.

Таблица 1- Виды пакетов бретелей

Вид пакета	Площадь дискретного формоустойчивого покрытия, S
Пакет № 1	0,5
Пакет № 2	0,6
Пакет № 3	0,625
Пакет № 4	0,75
Пакет № 5	0,85

Исследование релаксационных свойств проводились на приборе релаксометр типа «стойка» по стандартной методике [3].

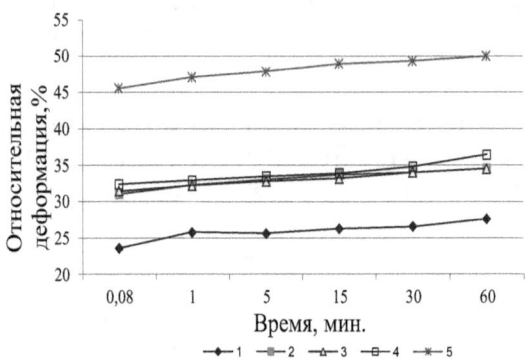

Рис.1.График относительной деформации образцов пакета материалов «эластичная лента - кожа»

Анализ результатов испытаний выявил, что относительное удлинение образцов пакета №2, №3, №4 (см. рис 1) практически не отличается и находится в диапазоне от 30 до 37 %, в зависимости от времени действия нагрузки, тогда как у образца пакета № 1 оно меньше в среднем на 10 %. А относительное удлинение образца пакета № 5 в среднем выше на 15 %, чем у образцов пакетов № 2,3,4. Образцы пакета материалов «эластичная лента-кожа» показали высокую восстанавливаемость 0,3-1,2%, что значительно выше восстанавливаемости эластичной ленты – 2 %.

Таким образом, на основании данных исследования релаксационных характеристик пакетов «эластичная лента – кожа» установлена целесообразность применения их для изготовления эластичных деталей корректора.

Для выявления зависимости длины бретелей (X1), вида пакета материала (X2), из которого они изготовлены, и величины давления (Y) проведен двухфакторный эксперимент. Цель исследования - нахождение интерполяционных моделей (уравнений) для определения величины давления корригирующих элементов в зависимости от длины бретели и вида пакета (площади дискретного формоустойчивого покрытия бретели), из которого они изготовлены [4].

Интервал варьирования фактора (X1) длины бретели определен от 18 до 22 см (исходя из конструкций корректоров осанки). В качестве фактора (X2) выбрана площадь дискретного формоустойчивого покрытия бретели. Факторы X1 и X2 являются независимыми друг от друга, они имеют четкий метрологический смысл, то есть могут быть измерены с определенной точностью конкретным измерительными приборами.

При проведении эксперимента использовали опытный макет корректора. Исследования проведены в положении фигуры: «руки опущены», «руки вверх», «руки вперед», «руки в стороны». Измеряли давление в точке давления бретели на плечо (точка 1) и точке давления ребра жесткости на лопатку (точка 2) на экспериментальной установке [5].

В результате реализации эксперимента рассчитаны регрессии (табл. 2), получены неполные линейные уравнения вида:

$Y = B_0 + B_1 X$;

где Y – значение критерия (давление);

B_0, B_1 – линейные коэффициенты;

X – площадь бретели, зафиксированная фрагментами кожи.

Проверку адекватности математических моделей проводили при помощи критерия Фишера, при уровне значимости 5 %.

Таблица 2 Уравнения регрессий

Положение фигуры	Уравнения регрессии	
	Точка 1	Точка 2
Руки опущены	Y = 9,25+3,25 X1	Y = 12,75 + 3,25 X1
Руки в стороны	Y = 14,87 + 4,21 X1	Y = 15,75 + 4,25 X1
Руки вперед	Y = 19,25 + 6,25 X1	Y = 20 + 4,5 X1
Руки вверх	Y = 15,75 + 5,75 X1	Y = 14,25 + 3,75 X1

На основании результатов эксперимента установлено, что полученные математические зависимости дают возможность прогнозировать величину давления на участках коррекции на основе выбора параметров пакета бретелей «эластичная лента – кожа».

Литература:

1. Потапчук А.А. Осанка и физиологическое развитие детей [Текст]: / Дидур М.Д., Потапчук А.А. - СПб.: Речь, 2001.- 166 с.
2. Пат. 2144300 Российская Федерация. Способ изготовления комбинированной одежды [Текст]/ Гафурова А.Ф., Каюмова Р.Ф. заявка № 97117844, дата поступления 20.10.1997г.
3. Бузов Б.А. Практикум по материаловедению швейного производства [Текст]: учеб. пособие для студ. высш. учеб. заведений. / Бузов Б.А. – М.: Академия, 2003.- 416 с.Кириллова Л.И. Разработка методов испытаний и оценки формоустойчивости многослойных пакетов одежды [Текст] / Кириллова Л.И. - М., 1992. - 210 с.
4. Бикбулатова А.А., Гирфанова Л.Р. Патент на полезную модель 68250 Российская Федерация, МПК[7] A41C 1/00, A61F 5/02. Установка для измерения величины давления корригирующих элементов одежды на тело человека. Заявитель и патентообладатель Уфимск. гос. акад. эконом. и сервиса. - № 2007126244; заявл 09.07.07.; опубл. 27.11.07, Бюл. № 33 – 1 с.: ил.

Данилов В.А.
ФГБОУ ВПО «Госуниверситет–УНПК» Мценский филиал, соискатель
E-mail: vitalid@yandex.ru

ВИБРОЗАЩИТА ОПЕРАТОРОВ МОБИЛЬНЫХ МАШИН – ЗАЛОГ ВЫСОКОГО КАЧЕСТВА И КОНКУРЕНТОСПОСОБНОСТИ ПРОИЗВОДИМОЙ ТЕХНИКИ

Развитое машиностроение является индикатором развития АПК любой страны. Высокая механизация труда является залогом роста объемов и качества производимой продукции. В то же время, не полная обеспеченность отрасли необходимым количеством и качеством производимой техники является серьезным барьером для развития, как отдельных отраслей, так и страны в целом.

В настоящее время ситуация в производстве техники в нашей стране критична. Россия практически утратила свои позиции в тракторостроении. Многие заводы перестали выпускать традиционную продукцию (к примеру, «Липецкий тракторный завод»). На грани банкротства «Алтайский тракторный завод». ООО «Владимирский мотoро-тракторный завод», наряду с производством колесных тракторов, организует выпуск комплектующих. В 2009 году было произведено чуть более 6 тыс. машин из них 4,5 тыс. приходится на крупноузловую сборку тракторов МТЗ. При этом доля импорта возросла до 50% в год (табл.1) /1/.

Таблица 1
Рынок и импорт тракторов в России в 2005-2010 гг., тыс. руб.

	2005	2006	2007	2008	2009	2010
Рынок, всего	16 235 869	23 549 298	30 243 153	44 486 753	12 237 273	15 649 146
в т.ч.:						
Российское производство	4 233 999	5 752 430	5 048 618	3 978 271	1 771 719	908 715
Импорт	11 130 822	17 105 118	23 604 656	32 012 104	5 205 603	8 200 205

Высокая доля импортной техники в структуре российского рынка объясняется, прежде всего, отсутствием конкурентоспособности моделей машин российского производства.

При эксплуатации строительных и дорожных машин водители подвергаются комплексу вредных факторов, из которых вибрация рабочего места является лимитирующим фактором, определяющим производительность и безопасность оператора. Кроме того, из-за воздействия вибрации могут проявляться физические и нервно-эмоциональные нагрузки, опасность проявления профессиональных болезней и даже риска травматизма.

По данным ФГНУ ВНИИОТ Минсельхоза России только за 2002 год в организациях АПК в результате несчастных случаев пострадало 3456 человек (в том числе погибло 1052 человека). Из общего числа травмированных более 20% составили операторы мобильных машин /3/. Можно утверждать, что вероятность несчастного случая повышается при воздействии вибрационных нагрузок, поскольку они неизбежно вызывают у операторов машин, например, расстройство зрительного восприятия и замедление реакций. Ситуация усугубляется тем, что при внедрении новой техники (тракторов, сельскохозяйственных и дорожных машин) не обеспечивается надлежащих показателей вибрационных характеристик на рабочих местах операторов, т.е. реального прогресса в области защиты человека-оператора мобильных машин от транспортной вибрации за последние годы не произошло.

Параметры вибрации главным образом зависят от состояния покрытия дорог (микро и макро неровности по базе и колее ДСМ), скорости передвижения, степени изношенности и нагруженности машины. Диапазон скоростей движения строительных и дорожных машин достаточно широк от 20 до 50 км/ч, а случайный характер неровностей возбуждает случайную широкополосную вибрацию различных частей машины, значительная часть которых передается человеку.

Трудность решения задачи по улучшению условий труда операторов машин заключается в том, что вибрации транспортных средств имеют наибольшую интенсивность в низкочастотной области (1...10 Гц), что требует весьма низких собственных частот виброзащитной подвески. Виброзащита человека в данной области частот имеет особое значение и в связи с тем, что основные резонансы тела человека находятся в диапазоне 2...10 Гц.

Одним из основных средств борьбы с неизбежной вибрацией и сравнительно дешевым средством является качественное сиденье водителя.

При разработке виброзащитных устройств исследователи сталкиваются с проблемой оценки их эффективности. Возникает необходимость производить измерения уровней вибрации в процессе движения машины по дороге. В этом случае решающим показателем, сказывающимся на уровне вибрации, являются микро и макронеровности дорожного покрытия (табл. 2) /2/.

Таблица 2

Параметры микропрофиля дорог Орловской области

Наименование микропрофиля	Среднеквадратическое значение функции высоты неровностей микропрофиля σ_m (см); для диапазона частот – Гц			
	0,88 – 1,4	1,4 – 2,8	2,8 – 5,6	5,6 – 11,2
Асфальтированная дорога	0,48	0,44	0,23	0,29
Бетонная дорога	1,14	1,29	1,76	7,49

Однако, даже в условиях проезда одной и той же единицы техники по определенному участку дороги, результаты измерений, полученные при проезде машины, не обладают объективностью, сходимостью и воспроизводимостью данных, так как на конечный результат, кроме микропрофиля оказывают влияние дополнительные неконтролируемые параметры (скорость ТС, оператор, давление в шинах и т.д.). Ситуация дополнительно осложняется и произвольным выбором дорожного участка.

Следовательно, для того, чтобы повысить качество выпускаемой продукции и, как результат, обеспечить вибрационную безопасность человека-оператора, необходимо проводить измерения в хорошо воспроизводимых условиях, а это в свою очередь возможно в случае «жёсткой» стандартизации микропрофиля, либо в случае использования операции приведения величины неровностей фактического дорожного покрытия села, района, области, региона к типовому значению.

Однако в современных методах определения вибрации на рабочем месте оператора по ГОСТ 12.1.049 – 86 и 12.1.012 –2004 операция приведения к типовому микропрофилю отсутствует и это связано, в первую очередь с трудоемкостью и длительностью процесса проведения и обработки измерений. Как результат, эти методы не дают объективных оценок качества машины и требуют уточнения, а сами машины не могут гарантировать защиты операторов от вредного вибрационного воздействия.

Для решения проблемы виброзащиты в области низких частот за рубежом затрачивают значительные средства, разрабатывают сиденья с применением одновременно как пассивных, так и активных виброзащитных систем с механическими обратными связями, пневматическими, гидропневматическими и электрогидравлическими системами, характеризующимися весьма низкими собственными частотами системы порядка десятых и даже сотых долей герца. Сиденья обеспечивают сохранение здоровья водителя, высокие производительность труда и степень комфорта на рабочем месте.

В нашей стране понятие комфорт водителя-оператора зачастую рассматривается поверхностно и с целью удешевления производства на мобильных машинах применяют унифицированные виброзащитные сидения, применение которых зачастую приводит не к снижению, а увеличению вибрации в отдельных частотных диапазонах вследствие отсутствия необходимых регулировок под конкретную местность. Как результат, работники страдают от заболеваний спины (профессиональное заболевание), чаще вынуждены прибегать к помощи медицины, т.е. пропускать рабочее время, находясь на лечении (амбулаторно или в стационаре), что естественно снижает производительность, даже самой новой машины.

Поэтому в настоящее время проблема надежной защиты рабочих мест от воздействия вибраций является весьма актуальной. Установка комфортного сиденья на отечественных машинах при незначительных затратах – существенный вклад в повышение конкурентоспособности отечественной продукции.

Литература:

1. Союз производителей сельскохозяйственной техники и оборудования для АПК «СОЮЗАГРОМАШ». Обзор отрасли сельскохозяйственного машиностроения России 2012.
2. Данилов В.А. Микропрофиль дороги как основной источник низкочастотной вибрации на сидении оператора строительной и дорожной техники. // Управляемые вибрационные технологии и машины: сб.науч.ст.:в 2ч. Ч.2, Курск,2012. С.228.
3. Шлыков В.Н. и др. Состояние производственного травматизма и условий труда в 2001 г. в Российской Федерации (по данным выборочных наблюдений Госкомстата России) // Научно-практический и учебно-методический журнал «Безопасность Жизнедеятельности», №11, 2002г.

Крюкова Н.В.
аспирант, ФГБОУ ВПО Уральский Государственный Экономический Университет, г. Екатеринбург, KrucovaN-0503@yandex.ru
Пищиков Г.Б.
д.т.н., ФГБОУ ВПО Уральский Государственный Аграрный Университет, г. Екатеринбург
Гаврилов А.С.
д.ф.н., Уральская Государственная Медицинская Академия, г. Екатеринбург
Ахметова Г.З.
к.х.н., начальник НИЦ ООО Концерн «Калина», г. Екатеринбург

РАЗРАБОТКА СЕНСОРНОГО ПРОФИЛЯ И СЕНСОРНОЙ КАРТЫ ПОМАД

Восприятие любого косметического изделия потребителем, как средства ухода за кожей, во многом определяется влиянием препарата на органы чувств, и, прежде всего тем, какого рода тактильные ощущения вызывает препарат при нанесении на кожу [1,6; 2,197]. Объективные методы измерения не дают возможности оценить эти субъективные ощущения. По Бушу [3,355], методом испытания путем сенсорной оценки можно с приемлемой точностью и воспроизводимо оценивать сенсорные эффекты косметического изделия в результате привлечения эталонных рецептур и точного соблюдения инструкций по проведению испытаний. Этот метод предполагает участие в испытании коллектива испытуемых, обученных в отношении сенсорной оценки. Необходимо также установить характерные, субъективно переживаемые параметры и последовательность их восприятия. Количественная оценка проводится испытуемыми по каждому сенсорному параметру с помощью шкалы в баллах. Объединяя результаты, полученные по каждому из испытуемых, выводят так называемые сенсорные профили опытных рецептур. Сенсорный профиль продукта это ключ к характеристике и многим другим свойствам, которые часто связаны с реологическими свойствами готового изделия [4,605].

Целью исследования было разработать сенсорный профиль и составить сенсорную карту для помад.

Исследование сенсорной характеристики проводили с помощью группы экспертов разработчиков косметических изделий, состоящих из 10 человек.

В качестве исследуемых образцов помад были взяты лидеры рынка в уходе за губами: бальзам для губ «Чистая линия», бальзам для губ «Сто рецептов красоты», гигиеническая помада для губ «Маленькая фея», гигиеническая помада «Nivea», гигиеническая помада «Мое Солнышко», гигиеническая помада «Фруктовый поцелуй».

В ходе эксперимента эксперты оценивали сенсорные характеристики образцов путем нанесения на губы образца. Оценки по органолептическому профилю помад эксперты ставили в специально разработанную анкету. В анкете были установлены характерные, субъективно переживаемые параметры и последовательность их восприятия. Интервал между нанесением образца на губы составлял 1-2 часа. Полученные результаты оценки по сенсорной характеристике оценивали как среднее арифметическое результатов всех оценок экспертов. Результаты анкет экспертов представлены на рисунке 1.

Сенсорный профиль

Рисунок 1 – Результаты анкет экспертов определения сенсорных характеристик помад

Из рисунка видно, что наименьшие оценки по органолептическим свойствам имеет гигиеническая помада Nivea. Данный образец обладает низкой впитываемостью, жирной и маслянистой пленочкой на губах, есть ощущения липкости. Наивысшие результаты имеет бальзам для губ «Сто рецептов красоты», это означает, что помада имеет хорошую растекающую способность на губах, блеск и гладкость.

Для анализа и сенсорной характеристике представленных образцов помад нами была разработана сенсорная карта, которая дает полную характеристику помад по органолептическим свойствам ощущения пленочки на губах а так же ощущение при нанесении/распределении помады. Данная карта представлена на рисунке 2.

Описывая сенсорную карту помад поясним, что чем ближе расположен испытуемый образец к краю оси карты, тем более выражены описываемые его свойства. Чем ближе образец расположен к середине оси, тем менее заявленные свойства выражены.

Согласно сенсорной карте образцы помад «Сто рецептов красоты», «Чистая линия» находятся в одном векторе оси, но помада «Сто рецептов красоты» обладает более тонкой пленочкой на губах с маслянистым разнесением. Образцы помад «Мое солнышко» и «Фруктовый поцелуй» так же находятся в одном векторе оси, имеют толстую пленочку на губах. Но образец «Мое солнышко» имеет более тяжелое распределение по губам. Образцы помад «Маленькая фея», «Nivea» имеют легкую тонкую пленочку на губах. Образец «Nivea» имеет более легкое жирное разнесение.

	тяжелая жирность/маслянистость
	Мое солнышко
Сто рецептов красоты	
Чистая линия	*Фруктовый поцелуй*
тонкая пленочка на губах	толстая пленочка на губах
Маленькая фея	
Nivea	
	легкая жирность/маслянистость

Рисунок 2 – Сенсорная карта помад

На основании данных исследований нами разработаны сенсорный профиль и сенсорная карта для помад. Разработанная сенсорная карта описывает общее векторное направление сенсорного ощущения при анализе образцов. Что позволяет разработчику сравнивать образцы конкурентов и разрабатывать продукты по заданному направлению сенсорных ощущений.

Литература

1. Чугунова О.В. Использование методов дегустационного анализа при моделировании рецептур пищевых продуктов с заданными потребительскими свойствами [текст]: [монография]/О.В. Чугунова Н.В. Заворохина; М-во образования и науки РФ, Урал.гос.экон.ун-т.- Екатеринбург: Изд-во Урал.гос.экон.ун-та, 2012.-с 6.
2. Ломов, Б.Ф. Кожная чувствительность и осязание Текст. / Б.Ф. Ломов // Познавательные процессы: ощущения, восприятие / под ред. А.В.Запорожца. -М.: Педагогика, 1982. -с.197-218.
3. Busch P., Gassenmeier T., Sensory assessment in the cosmetic field, in: "Emulsion", Verlag fur chemische Industrie, Augsburg, 355, (1998)
4. How Sensory Evaluation Can Provide Development Direction: An Approach/Gail Vance Civille and Clare Dus//Formulating Strategies in Cosmetic Science.-2009.P605-613

Клишкова М.Л.
аспирант кафедры Управления и Экономики фармации и медицинского и фармацевтического товароведения, ВолГМУ
Ганичева Л.М.
д.ф.н., доцент, зав.каф.Управления и Экономики фармации и медицинского и фармацевтического товароведения, ВолГМУ
klishkova@mail.ru

ОЦЕНКА ПРЕДПОЧТЕНИЙ ВРАЧЕЙ-ПЕДИАТРОВ В ВЫБОРЕ ЛС ДЛЯ ЛЕЧЕНИЯ ОРВИ И ГРИППА У ДЕТЕЙ РАННЕГО ВОЗРАСТА

Проблема использования ЛС для лечения ОРВИ и гриппа актуальна с точки зрения как сложности выбора эффективного и безопасного ЛП для детей в возрасте до 3-х лет, так и высокого уровня заболеваемости данной патологии[1,311]. Предварительные исследования показали, что в изучаемой педиатрической популяции удельный вес ОРВИ среди всех инфекционных заболеваний составляет до 90% [2,241]. Особо следует отметить, что у детей первых 3 лет жизни чаще, чем в других возрастных группах, отмечаются случаи более тяжелого течения респираторных инфекций, а также неблагоприятные исходы заболевания [3,9]. Таким образом, совершенно очевидно, что ранний детский возраст характеризуется повышенной чувствительностью организма ребенка к респираторной вирусной инфекции, и это не отклонение от нормы, а онтогенетическая особенность данного возрастного периода [4,831].

Все выше сказанное подтверждает сложность и значимость выбора оптимального ЛП для лечения ОРВИ и гриппа у детей раннего возраста.

Цель работы. Провести оценку предпочтений врачей -педиатров в выборе ЛС для лечения ОРВИ и гриппа у детей раннего возраста

Методика исследования. Оценка проводилась врачами-педиатрами по 3-балльной шкале, где 1 – наименьший балл.

Общее количество собранных анкет у врачей-педиатров поликлинического профиля составило 62, которые и были использованы при подсчете результатов.

Данные анкеты включали 3 блока вопросов относительно эффективности ЛС: на любой стадии и на начальной стадии, побочных эффектов и способа применения

Результаты и обсуждение. Выборка препаратов для исследования включала следующие 5 наименований ЛС: Арбидол, Анаферон, ИРС 19, Кагоцел, Тамифлю, - ввиду их присутствия в списках ДЛО, ЖНВЛС, стандартах оказания первичной медико-санитарной помощи детям.

Результаты анализа представлены в таблице 1.

Таблица 1

Оценка предпочтений врачей –педиатров в выборе ЛС для лечения ОРВИ и гриппа в раннем детском возрасте

Критерий ЛС	Арбидол	Анаферон	ИРС 19	Кагоцел	Тамифлю
Возрастная группа	С 3 лет	С 1мес	С 3 мес	С 3 лет	С 1 года
ЛФ	Капсулы	Таблетки	Спрей назальный	Таблетки	Порошок для сусп., капсулы
Способ применения	1 капсула в сутки	Первые 2 ч - по 1 табл. каждые 30 мин; в течение первых суток - 3 табл. через равные промежутки времени. Со 2-х суток и далее- по 1 табл. 3 раза в день	По 1 дозе препарата в каждый носовой ход 2 раза в день	1 табл. 2 раза в день в первые 2 дня, далее 2 дня — по 1 табл. 1 раз в день. Длительность курса — 4 дня.	Необходимое количество суспензии отобрать из флакона дозирующим шприцем, перенести в мерный стаканчик и принимать внутрь в соответствие с весом ребенка
Эффективность	2,15	1,8	2,45	2,95	2,58
Переносимость	2,58	2,91	2,82	2,91	2,83
Способ применения	2,67	2,75	2,83	2,83	2,17

Как следует из таблицы 1, наивысшую оценку по суммарной эффективности как на всех стадиях, так и на начальной, врачами – педиатрами получил Кагоцел, (2.95), наименьшую – Анаферон (1,8).

Последний при этом приобрел, наряду с ИРС 19, наибольшую оценку по переносимости применения (2,91 балла).

Важно отметить, что ни Кагоцел, ни Анаферон не включены в стандарты оказания первичной медико –санитарной помощи детям.

Арбидол детский, который единственный из анализируемой группы представлен во всех трех списках, а главное в стандартах оказания первичной медико-санитарной помощи, получил среднюю оценку эффективности в 2, 15 баллов и наименьшую оценку по переносимости –2, 58 балла.

Если говорить о способе применения, то наиболее удобным в этом отношении доктора назвали препараты Кагоцел и ИРС-19 (2,83 балла), сложность в расчете и приготовлении суспензии обусловили низшую оценку в 2,17 балла для Тамифлю.

Выводы:

Наивысшую суммарную оценку эффективности получил препарат Кагоцел, который включен в список ЖНВЛС, наименьшую –Анаферон.

Арбидол детский, единственный из группы представлен в стандартах оказания первичной медико-санитарной помощи детям, получил среднюю оценку эффективности и наименьшую оценку по переносимости.

Наиболее удобным в применении доктора назвали препараты Кагоцел и ИРС-19, которые представлены в форме таблеток и спрея назального соответственно.

Список литературы:

1.Ганичева Л.М., Иванова Е.В., Клишкова М.Л. ЛС для лечения ОРВИ и гриппа у детей: Анализ ассортимента в аптечных учреждениях //Материалы 68-й открытой научно-практической конференции, Волгоград, издательство Волг ГМУ – 2010 г., с.311.

2.Иванова Е.В., Клишкова М.Л., Ганичева Л.М.. Исследование структуры врачебных назначений и уровня заболеваемости инфекциями верхних дыхательных путей у детей. //Инновационные достижения фундаментальных и прикладных медицинских исследований в развитии здравоохранения. Сборник научных трудов. - Волгоград – 2009.- с.241-242

3.Крамарь Л.В., Хлынина Ю.О. Часто болеющие дети: проблемы и пути решения//Вестник Волг ГМУ. – 2010. - №2. – С.9.

4.Малышев Н. А. Современные подходы к повышению эффективности терапии и профилактики гриппа и других острых респираторных вирусных инфекций// Consiliummedicum. - 2005. - т. 7, № 10. - С. 831-835.

Ганичева Л.М.
д.ф.н.
Голубева Ю.А.
студентка ВолгГМУ
juliagolubeva@mail.ru

СРАВНИТЕЛЬНЫЙ АНАЛИЗ БОНУСНЫХ ПРОГРАММ ПРИВЛЕЧЕНИЯ ПОКУПАТЕЛЕЙ НА ПРИМЕРЕ АПТЕЧНЫХ СЕТЕЙ РОССИИ И ДРУГИХ СТРАН

На сегодняшний день все аптечные сети находятся в условиях жесткой конкуренции. Статистика показывает, что расходы аптечных организаций выросли по сравнению с 2011 годом (страховые взносы увеличились до 34%, рентабельность снизилась до 0,5-2,5%). [4] Проверенные методы ценовой конкуренции (демпинг и «война цен») уже неприемлемы, т.к. снижение цен на весь ассортимент практически до себестоимости экономически невыгодно. Поэтому аптеки ищут новые пути привлечения покупателей.

Одним из ценовых факторов конкуренции, обеспечивающих успешность организации на рынке, является применение различных бонусных программ. В России, как показал анализ 10 аптечных сетей (36,6, Доктор Столетов, Ригла и др.), – это сезонные акции (в 42% случаев) и накопительные дисконтные карты (21%). [2]

Товары аптечного ассортимента можно разделить на две группы по долговечности:

- длительного пользования – приобретаются редко, выдерживают многократное применение (товары медицинской техники, тонометры);
- краткосрочного пользования – приобретаются часто, потребляются за один или небольшое количество применений (лекарственные препараты, перевязочные средства, косметика, продукты питания). [4, с.16]

По виду спроса на товары:

- основного спроса – требуются постоянно (анальгетики, средства гигиены, средства для лечения заболеваний сердечно-сосудистой системы);
- временного спроса – сезонные товары (противовирусные средства, иммуномодуляторы, нестероидные противовоспалительные средства);
- эксклюзивного спроса (элитная косметика, лекарственные средства по индивидуальным прописям).

По стоимости:

- низкой стоимости (до 100 рублей);
- среднего уровня (100-500 рублей);
- высокой стоимости (свыше 500 рублей).

Бонусные программы будут выгодны для покупателей, приобретающих товары краткосрочного пользования (лекарственные средства) среднего и высокого уровня стоимости. Если посетитель имеет дисконтную карту, то для него не имеет значения, к какой группе относятся товары по виду спроса, а скидка на препараты низкой стоимости не будет столь существенна. С другой стороны, проведение сезонных акций напрямую связано с группами товаров именно временного спроса, а основные лекарственные препараты формируют постоянный доход аптечной организации.

Если рассматривать крупные аптечные организации за рубежом, то сталкиваемся с понятием «программа лояльности», направленной на увеличение количества постоянных посетителей аптеки посредством индивидуального подхода.

Главным ее проявлением является дисконтная карта с возможностью накопления баллов «лояльности», которые в будущем могут быть использованы для оплаты безрецептурного препарата. Данную систему применяют такие организации как ACP Pharma (Польша), Chemmart Pharmacy (Австралия), Janzen's Pharmacy (Канада), 5+ Pharmacy (Армения), Guide Point Pharmacy (США). [1; 6]

Нужно отметить новшество, которое применяет 5+ Pharmacy – на карте сохраняются данные о предыдущих покупках, которые затем при считывании компьютерной системой позволяют фармацевту предупредить покупателя о возможных побочных эффектах, связанных с одновременным приемом ранее приобретенных лекарственных препаратов. [6]

В России стремление в формировании лояльности проявляется в улучшении качества обслуживания (установка внутреннего стандарта аптеки – правильность приветствия посетителей, презентации товаров, внешний вид сотрудников), расширение товарного ассортимента с учетом спроса, добавление услуг (консультации), проведении дней посетителя. Это связано с тем, что чаще всего аптечные организации создаются в тех местах, где наибольший поток потенциальных покупателей, оказавшихся в данном районе по стечению обстоятельств. Поэтому довольно трудно применить индивидуальный подход в данном случае. Вместе с тем, предпринимаются попытки запустить программы индивидуального обслуживания путем учета приобретаемых товаров через систему дисконтных карт, а также через интернет - продажи, что позволяет обслуживающим аптекам располагать базой личных данных относительно постоянных покупателей. Например, фирма Пфайзер (Германия) в сотрудничестве с Юнико - участники программы получают возможность по выданной карте приобретать со скидкой, назначенные лечащим врачом препараты фармацевтической компании Пфайзер во всех аптеках, являющихся партнерами программы. [3]

Вывод: использование зарубежных программ открывает новые возможности в реализации товаров аптечного ассортимента, но вместе с тем, необходимо адаптировать их к особенностям российского рынка или создать отечественные программы, максимально учитывающие условия, в которых находятся аптечные организации. Программы «лояльности» смогут быть эффективными только в случае индивидуального подхода к каждому покупателю. Знание и учет конкретных пожеланий и требований будет способствовать формированию лояльности клиентов, повышению конкурентоспособности аптечной организации, тем самым обеспечивая выполнение двух основных её функций – обеспечение населения лекарственными средствами и получение прибыли.

Литература:

1. Janzen's Pharmacy Loyalty-program URL: http://www.janzens.ca/loyalty-program (дата обращения 20.11.2013)
2. Аптеки Волгограда: адреса, акции, скидки URL: http://volgograd.infoskidka.ru/skidki/Krasota_Zdorovie-Apteki.html (дата обращения 15.11.2013)
3. Дворова О. «Юнико». Материалы конференции «Стратегия и тактика современной аптеки» - Казань, 13.11.2013
4. Дремова Н.Б. Медицинское и фармацевтическое товароведение. Учебное пособие (курс).- Курск: КГМУ, 2005. – 520 с.
5. Основные проблемы фармрынка и способы их решения. Материалы конференции «Стратегия и тактика современной аптеки» - Казань, 13.11.2013
6. Программа лояльности 5+Pharmacy URL: http://www.danapharm.com/e/5-pharmacy/loyalty-program (дата обращения 20.11.2013)

Ганичева Л.М.
доктор фармацевтических наук, доцент, заведующая кафедрой управления и экономики фармации, медицинского и фармацевтического товароведения ГБОУ ВПО «Волгоградский государственный медицинский университет» МЗ РФ

Вышемирская Е.В.
ассистент кафедры управления и экономики фармации, медицинского и фармацевтического товароведения ГБОУ ВПО «Волгоградский государственный медицинский университет» МЗ РФ
gep_volgograd@volgmed.ru

МЕДИЦИНСКИЕ И ФАРМАЦЕВТИЧЕСКИЕ СПЕЦИАЛИСТЫ О ПРОБЛЕМАХ ПРИВЕРЖЕННОСТИ ЛЕЧЕНИЮ АМБУЛАТОРНЫХ ПАЦИЕНТОВ

Развитие медицинской науки привело к тому, что в руках как медицинских, так и фармацевтических работников появились инструменты, которые способны значительно увеличить продолжительность жизни пациентов, улучшить качество жизни или излечить заболевание. Однако реализовать в полной мере все эти достижения в реальной клинической практике мешают подчас, как это ни парадоксально, сами пациенты. Актуальность проблемы комплаентности определяется связью между приверженностью к терапии и ее успешностью [1, 89; 2, 24].

Для выявления существующих на сегодняшний момент проблемных направлений комплаентности пациентов при амбулаторном лечении использовался социологический метод (анкетирование) 2 групп респондентов - фармацевтические специалисты и врачи. В исследованиях принимали участие как врачи общего профиля (терапевты), так и специалисты узкого профиля. В анкетировании принимали участие медицинские и фармацевтические специалисты различного возраста, с различным стажем работы. Следовательно, полученные выборки можно считать репрезентативными (то есть достаточно точно отражающими сведения относительно всей массы объектов исследования). Ответы, полученные на вопросы анкет, обрабатывались статистически. Общее количество собранных анкет составило 450 штук

При анализе опросных листов, заполненных медицинскими специалистам, были выявлены следующие данные. Половина респондентов (49%) считают, что случаи невыполнения врачебных рекомендаций встречаются с частотой 1 случай из 5; 33% предполагают, что 1 пациент из 10 не следует назначенному лечению; 6% опрошенных врачей утверждают, что каждый второй пациент не соблюдает рекомендации врача; 12% врачей ответили, что в их практике нарушения в схеме лечения встречались очень редко (единичные случаи). В отношении пациентов медицинские работники отмечают, что мужчины не соблюдают рекомендации по лечению гораздо чаще женщин (64% против 36%). При этом чаще всего, по мнению врачей, рекомендации не соблюдают пациенты возраста 20-40 лет (48%), пациенты возрастной категории 40-60 лет не соблюдают рекомендации с частотой 27 случаев из 100 и 25% респондентов старше 60 лет не следуют врачебным инструкциям.

Медицинские специалисты считают, что чаще всего врачебные рекомендации не соблюдают пациенты с заболеваниями сердечно - сосудистой системы (40%); болезни органов дыхания и коллагеновые и суставные болезни заняли второе место (по 16 %); на третьем месте болезни нервной системы (14%). При этом 92% врачей отметили, что чаще всего врачебные назначения не соблюдают хронически больные пациенты, и лишь 8% считают, что больные с острыми заболеваниями не следуют их рекомендациям.

По мнению врачей, 20% пациентов приобретают лекарственные препараты (ЛП) в аптеке (аптечном пункте) в поликлинике; 26%- в ближайшей к поликлинике аптеке; большинство (44%) - в привычной для себя аптеке, где можно получить скидку и 10% - на следующий день, сравнив цены в различных аптеках. Из всего числа медицинских специалистов 61% отметили, что пациенты покупают все наименования одновременно назначенных врачом ЛП, остальные же (39%) считают, что пациенты приобретают только основные, наиболее важные, по их мнению, ЛП. При этом врачи отмечают, что 34 из 100 пациентов предпочитают российские ЛП, 16- зарубежные и для 50 производитель не имеет значения, если ЛП назначил врач.

44% медицинских специалистов считают, что пациенты начинают лечение непосредственно в день посещения врача, 48%- на следующий день, 7% через день и 1% врачей считают, что пациенты откладывают лечение на более поздние сроки. 36% врачей ответили, что пациенты прекращают лечение при улучшении самочувствия и исчезновении симптомов; 40% считают, что пациенты полностью проходят назначенный курс лечения и 24% повторяют курс лечения, если этого требует схема.

Мнения фармацевтических специалистов несколько отличаются от мнений врачей. Большинство опрошенных фармацевтов (45%) считают, что случаи несоблюдения врачебных рекомендаций встречаются с частотой 1 случай из 10; немного меньше (39%) -1 случай из 5 и 16 % ответили, что врачебные рекомендации не соблюдает каждый второй пациент. Как и врачи, фармацевтические специалисты считают, что мужчины чаще, чем женщины, не следуют назначениям врача (по мнению фармацевтов 60% против 40%). Фармацевты и провизоры считают, что чаще всего не соблюдают рекомендации врача пациенты в возрасте 20-40 лет (45%), а на второе место, в отличие от врачей, фармацевтические специалисты отдали возрастной группе старше 60 лет (30 %), третье - пациентам в возрасте 40-60 лет (25%).

Как врачи, так и фармацевты отмечают высокое влияние авторитета медицинского работника на точность соблюдения рекомендаций (в этом убеждены 90% опрошенных фармацевтических специалистов). Мнения совпали и в отношении того, что хронические больные намного чаще нарушают рекомендации врача, чем больные с острыми заболеваниями (85% против 15%). При ответе на вопрос о том, как быстро пациенты начинают лечение, мнения врачей не совпали с мнениями фармацевтов. По мнению фармацевтов и провизоров, 52% пациентов поликлиник начинают лечение непосредственно в день посещения врача, 36%- на следующий день после визита к врачу и 12% через день после посещения врача.

По мнению фармацевтических специалистов, 44% посетителей аптек приобретает ЛП, назначенные врачом, не отдавая предпочтения какому-либо производителю, 36% - выбирают российские препараты, а 20%- зарубежные. Аналогичная картина наблюдается при выборе между оригинальными и воспроизведенными препаратами: по мнению фармацевтов, большинство респондентов не обращают внимания на тип ЛП, если он назначен врачом. 38 из 100 работников аптек считают, что пациенты прекращают лечение при улучшении самочувствия, 40 - проходят полностью курс лечения и 22 фармацевта из 100 отметили, посетители готовы повторить схему лечения, если это необходимо.

Среди причины, которые могут привести к нарушению рекомендаций и назначений врача, фармацевтические и медицинские специалисты поставили на первое место высокую стоимость лечения, на второе и третье - боязнь побочных эффектов и сложную схему приема ЛП.

По результатам анкетирования можно сделать вывод, что мнения медицинских и фармацевтических специалистов при определении проблем приверженности лечению амбулаторных пациентов совпадают по многих направлениям. Для повышения приверженности лечению пациентов можно рекомендовать принять меры по приближению медицинской и фармацевтической помощи.

Литература

1. Ганичева Л. М., Вышемирская Е. В. Оценка эффективности работы различных моделей аптек в амбулаторно-поликлинических медицинских организациях Волгограда / Л. М. Ганичева, Е. В. Вышемирская / Вестник Волгоградского государственного медицинского университета. – 2012. – № 4 (44). – С. 87 - 89.
2. Нефедов И.В., Блинцова Е.В., Аджиенко В.Л., Фролов М. Ю. Приверженность антигипертензивной терапии (комплаенс) у пациентов с заболеваниями сердечно-сосудистой системы / И.В. Нефедов, Е.В. Блинцова, В.Л. Аджиенко, М.Ю.Фролов / Лекарственный вестник.- 2012.- № 6 (46) Том 6.- С. 24-30

Тавлыкаев Р.Ф.[1], Абдрахманов Н.И.[2], Ягодкин В.М.[3]
[1]к.ф.-м.н., доцент, [2]старший преподаватель, [3]д.ф.-м.н., профессор кафедры статистической радиофизики и связи физико-технического института Башкирского государственного университета
trf@rfs-bsu.ru

ВЛИЯНИЕ ИЗБЫТОЧНЫХ ЭЛЕКТРОНОВ НА ДИСПЕРСИОННЫЕ ПАРАМЕТРЫ МОЛЕКУЛЯРНЫХ АРОМАТИЧЕСКИХ СИСТЕМ

Исследование кинетики процессов автолокализации избыточных электронов в полиядерных ароматических средах представляет интерес с точки зрения получения новых классов материалов для молекулярной электроники. В данной работе были определены дисперсионные параметры полярных жидкостей – ацетофенона (АЦФ) и циклогексанона (ЦГН) в области частот $20...2,5 \cdot 10^7$ Гц методом диэлькометрии (см., например, [1]). Результаты приведены на рис.1,2.

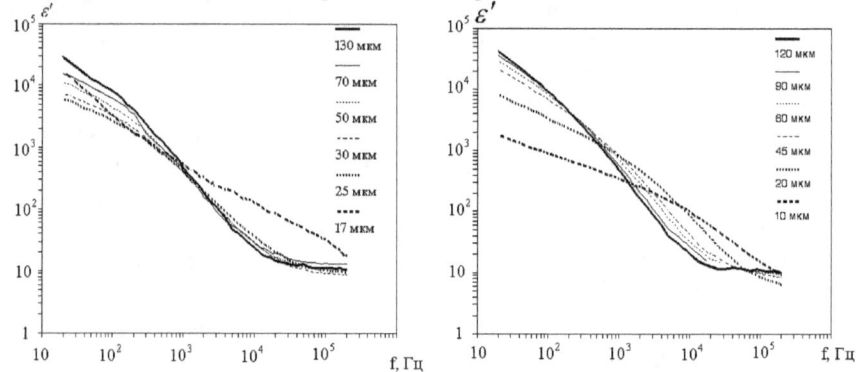

Рис.1. Зависимости ε(f) для АЦФ (слева) и ЦГН (справа).

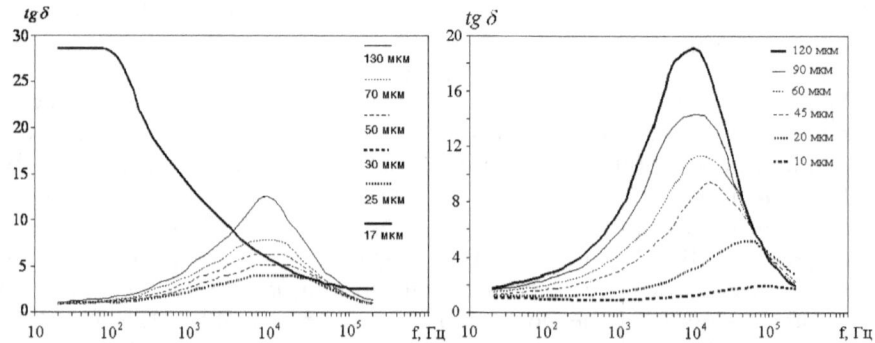

Рис.2. Зависимости tg δ (f) для АЦФ (слева) и ЦГН (справа).

Молекулы этих веществ обладают примерно одинаковым дипольным моментом ~3 Д [2]. Температура плавления составляет для АЦФ 19,7°С, а для ЦГН –40,2°С, что обусловливает различную степень упорядоченности молекул при температуре проведения эксперимента (20°С). Также существенным отличием электронной структуры АЦФ от ЦГН является наличие у первого π-электронной подсистемы, что обусловливает различный характер явлений локализации электронов. В АЦФ наиболее вероятна локализация электрона на центр ароматического ядра, в ЦГН же центром локализации электрона двойная связь C=O. Высокое значение статической диэлектрической проницаемости ($\varepsilon_{cm} \approx 17$) позволяет достигать значительных концентраций избыточных электронов, т.к. плотность инжекционного тока $j \sim \varepsilon_{cm}$.

Для интерпретации полученных экспериментальных данных по уравнению, приведённому в [3], были рассчитаны микроскопические параметры среды: g – фактора корреляции ориентации молекул, характеризующего межмолекулярное взаимодействие и структуру ближнего порядка; τ_Θ^s – время молекулярной релаксацииОшибка! Источник ссылки не найден., характеризующее межмолекулярные обменные процессы; $\tau = \tau_\Theta^s g$ – время релаксации среды. Наблюдаемый характер частотных зависимостей этих параметров связан с инжектированным в диэлектрик объёмным зарядом. В области частот f>10^6 Гц $g \rightarrow 1$, время релаксации $\tau = 10^{-10}$ с, что характерно для дипольно-ориентационной и дипольно-радикальной поляризации. Существенное увеличение этих параметров в области f<10^6 Гц обусловлено наличием избыточных электронов.

Оценка глубины приэлектродной области объёмного заряда даёт величину ~10 мкм, поэтому изменение межэлектродного расстояния в пределах 10…100 мкм приводит к значительному изменению концентрации инжектированных в диэлектрик электронов. Наблюдаемая зависимость диэлектрической проницаемости от толщины диэлектрика описывается моделью неоднородного диэлектрика Максвелла – Вагнера [4,243]. В неоднородном диэлектрике большую роль играет миграционная поляризация, обусловленная перемещения заряженных частиц, образующих области объёмного заряда, на значительные (макроскопические) расстояния (объёмнозарядная поляризация) и коллективным поведением крупных дипольных групп (макродипольная поляризация).

Поведение систем можно проиллюстрировать на основе модели заряженных кластеров [5]. Большие значения g-фактора (порядка 10^4) в области частот f<10^4 Гц обусловлены обменным взаимодействием избыточных электронов с молекулярной средой и образованием заряженных кластеров в полярной матрице. Характерное время межмолекулярного обменного взаимодействия τ_Θ^s составляет $10^{-6}…10^{-5}$ с.

С ростом концентрации избыточных электронов g-фактор уменьшается, а τ_Θ^S возрастает, что связано с уменьшением области локализации (размера кластера) избыточных носителей из-за увеличения их кулоновского отталкивания. Это вызывает падение поляризуемости и величины $tg\delta$ в исследуемых системах при увеличении n_e. Диаметр заряженного кластера можно оценить, используя соотношение [5]:

$$D = R_M \sqrt{\frac{\tau}{\tau_\Theta^S}},$$

где R_M – радиус молекулы жидкости.

При малых концентрациях ($n_e < 10^{15}$ см$^{-3}$) избыточные электроны не образует автолокализованных состояний, так как взаимодействие их с полярными молекулами среды, характеризуемое τ_Θ^S, мало. По всей видимости, они захватываются на молекулах среды с образованием автораспадных электронных состояний [6] с временем жизни порядка τ_Θ^S. Процесс образования и распада такого состояния проходит с возбуждением колебательных состояний молекулы по схеме

$$e + AB(v=0) \to (AB^-)^{**} \to e + AB(v),$$

где AB – многоатомная молекула, $(AB^-)^{**}$ - автораспадное состояние (отрицательный ион), v – колебательное квантовое число, так как соотношение времёни релаксации среды τ и τ_Θ^S показывает, что при взаимодействии избыточного электрона со средой лишь незначительная часть ($\tau_\Theta^S/\tau = g^{-1} \sim 10^{-3}$) его энергии рассеивается на одной молекуле.

Возрастание концентрации избыточных электронов, вызванное перекрыванием областей объёмного заряда при $d<20$ мкм, приводит к существенным изменениям свойств диэлектрика. В АЦФ при этом наблюдается фазовый электронный переход, связанный с автолокализацией избыточных электронов и обусловливающий значительное возрастание проводимости среды (рис.3, слева), увеличение потерь, времени релаксации среды и размера кластера. Время τ_Θ^S при этом значительно уменьшается. В АЦФ возникает зарядово-упорядоченное состояние. Возможность возникновения таких устойчивых систем автолокализованных электронов неоднократно обсуждалась в научных работах, например, [7]. Такое состояние среды можно уподобить кулоновской кристаллизации электронного газа малой плотности (кристаллизация по Вигнеру). Механизм переноса заряда в АЦФ носит характер резонансного туннелирования локализованных носителей между центрами захвата. Это подтверждается результатами исследований диэлектрических потерь в системе в переменных и постоянных полях.

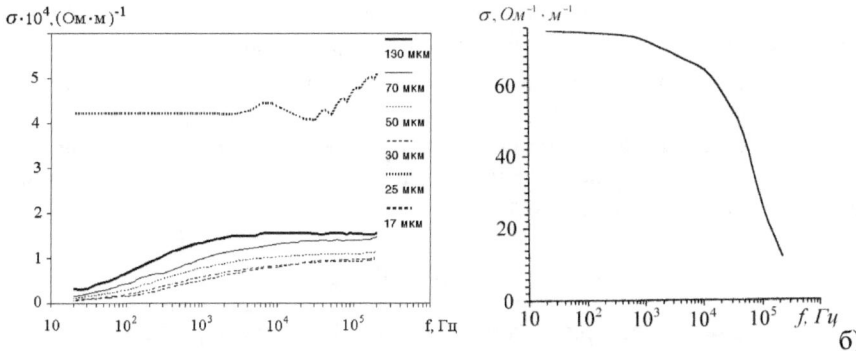

Рис. 3. Зависимость удельной проводимости системы металл-АЦФ-металл от частоты переменного электрического поля для различной толщины диэлектрика: 130…17 мкм (слева) и 15 мкм (справа).

Приложение постоянного поля приводит к нарушению изоэнергетичности уровней соседних потенциальных ям, причём с увеличением напряжённости постоянного поля расстройка энергетических уровней усиливается, что затрудняет перенос носителей таким образом.

При уменьшении d до 15 мкм характер зависимости $\sigma(f)$ резко меняется (рис. 3, справа). Наблюдается значительный рост проводимости (в ~$2 \cdot 10^5$ раз). Подобное поведение системы при дальнейшем возрастании концентрации избыточных носителей объясняется образованием "минизоны" в электронном спектре системы вследствие перекрытия волновых функций автолокализованных электронов, приводящего к уширению энергетических уровней электрона в поляризационной потенциальной яме. Проводимость в этом случае обусловлена делокализацией избыточных электронов по системе и переносом их по минизоне.

Ширину минизоны можно оценить, исходя из соотношения неопределённостей $\Delta\varepsilon\Delta\tau \geq h$. Учитывая, что при делокализации электронов время резонансного туннелирования $\Delta\tau = 10^{-12}$ с, ширина минизоны $\Delta\varepsilon$ составляет $2 \cdot 10^{-2}$ эВ. Наблюдаемый характер частотной зависимости проводимости обусловлен штарковским расщеплением энергетических уровней в минизоне и влиянием времени релаксации среды на процесс переноса.

Молекулярная структура ЦГН характеризуется большей разупорядоченностью, т.к. температура его кристаллизации составляет -40,2°C, что существенно ниже, чем у АЦФ. Вследствие этого даже при большей, чем в АЦФ, концентрации избыточных электронов, образование минизонного спектра и их делокализация не наблюдаются. Размер кластера в области малых толщин уменьшается до 30 Å. Проводимость в этом случае обусловлена потерями, связанными с объёмнозарядной, дипольно-ориентационной и дипольно-радикальной поляризацией. Увеличение потерь в области до 10^3 Гц при малой толщине объясняется тем, что проводимость в этом случае носит прыжковый характер.

Для более детального выяснения характера наблюдаемых явлений представляет интерес расчет параметров автолокализованных электронных состояний, например по модели [8].

Литература

1. Эме Ф. Диэлектрические измерения: Пер. с нем. – М.: Химия, 1967. – 223 с.
2. Справочник по дипольным моментам / Сост. Осипов О.А. – М.: Высшая школа, 1971. – 416 с.
3. Калмыков Ю.П. Дисперсия диэлектрической проницаемости растворов полярных жидкостей // Химическая физика. – 1990. – Т.9, №11. С.1551-1557.
4. Поплавко Ю.М. Физика диэлектриков: учеб. пособие для вузов. – Киев.: Вища школа. Головное изд-во, 1980. – 400 с.
5. Гросберг А.Ю., Хохлов А.Р. Физика в мире полимеров. – М.:Наука, 1982. – 208 с.
6. Илленбергер Е., Смирнов Б.М. Прилипание электрона к свободным и связанным молекулам // УФН. – 1998. – Т.168. – №7. – С.731-766.
7. Александров А.С. Биполяроны в узкозонных кристаллах // ЖФХ. – 1983. – Т.57. – №2. – С.273-284.
8. Copeland D.A., Kestner N.R., Jortner J. // J. Chem. Phys. – 1970. – V.53. – P.1189.

Parfenova E.S.*, Knyazeva A.G.**
* Tomsk Polytechnic University, Institute of High Technology Physics
** professor, doctor of physical and mathematical sciences, Tomsk Polytechnic University, Institute of High Technology Physics
Linasergg@mail.ru

MATHEMATICAL MODELING OF PROCESS INTERACTION BETWEEN THE ION BEAM AND THE METAL SURFACE WITH VACANCIES FORMATION

Introduction

The ion implantation is one of the most perspective methods of surface treatment of metals. The main advantages are the high reproducibility and the possibility of introducing impurities in any material. The friction coefficient, wear resistance, hardness and other characteristics are improved after processing. The general subjects of energy effects study are redistribution of atoms in the surface layers of metals, the mass transfer processes and changes of the surface properties. It is necessary to know the defect structure is formed after implantation and ion distribution for greater efficiency. The simplest radiation defects are vacancies and interstitials (Frenkel pair). Many researchers associate these phenomena with the "long-range effect" – the propagation of the influence of ion fluxes on distances much greater than the thickness of the surface-alloyed layer. This effect was opened in the second half of the twentieth century, but there is not single theory explaining it.

Among the discoverers of "long-range effect" can be noted P.V. Pavlov and D.I. Tetelbaum, D.C. Sud and G. Dirnli, V.S. Hmelevskaya, V.N. Chernikov and A.P. Zakharov, M.I. Guseva, V.M. Anishchik and V.V. Uglov, Y.A. Perlovich, A.N. Didenko and A.E. Ligachev, S.A.B. Bol and L.M. Matt. In [1] it is shown that excess of atoms (introduced and own) in interstitial positions and the presence of vacancies are generated owing to radiation in the area over mileage of ions leads to a specific spatial distribution of point defects. Removal of impurity and defect structures out of the implanted layer is connected, on the one hand, with the generation of elastic waves arising at the time of ions introduction in the solid and, on the other hand, with static stresses in the implanted layer are induced by ion implantation [2, 25]. That is why it is important to consider such wave processes in the construction of mathematical models of surface treatment process. But investigators pay attention to various processes of this treatment in the construction of mathematical models and do not consider the possible mutual influence of different phenomena

In this paper the process of co-propagating waves of impurity concentration and waves of mechanical stresses is considered, also the influence of generated vacancies and the diffusion coefficient on the concentration profile is studied.

Mathematical formulation

The dynamical model [3] was used. Then should be taken arising stresses – elastic, temperature is constant (for example, low-energy ion implantation), and the deformations are small.

$$\tau_r \frac{\partial^2 C}{\partial \tau^2} + \frac{\partial C}{\partial \tau} = \frac{\partial}{\partial \xi}\left[f(C)\frac{\partial C}{\partial \xi}\right] - \omega\gamma \frac{\partial}{\partial \xi}\left[C\frac{\partial S}{\partial \xi}\right];$$

$$\frac{\partial^2 S}{\partial \tau^2} + \gamma \frac{\partial^2 C}{\partial \tau^2} = \frac{\partial^2 S}{\partial \xi^2};$$

$$\frac{\partial C_v}{\partial \tau} = k_v C_v F(S \cdot e);$$

$$S = e - \gamma(C - C_0);$$

$$\xi = 0: \quad J = -(f(C) + d_v C_v)\frac{\partial C}{\partial \xi} + C\omega\gamma \frac{\partial S}{\partial \xi} - \tau_r \frac{\partial}{\partial \tau}, \quad J = \beta\varphi(\tau), \quad S = S_0 \varphi(\tau);$$

$$\xi \to \infty: \quad C = 0, \quad S = 0; \quad \tau = 0: \quad C = 0, \quad S = 0, \quad \frac{\partial C}{\partial \tau} = 0, \quad \frac{\partial S}{\partial \tau} = 0,$$

where J – mass flow, S – of the stress tensor in the direction of irradiation ($O\xi$), e – component of the strain tensor in the direction of irradiation ($O\xi$), ξ – spatial coordinate, C – the mass concentration of the introduced component, C_v – vacancy concentration, τ_r – relative relaxation time of mass flow, ω – parameter of connectedness, γ – the relative difference between the concentration expansion coefficients of the introduced and basic materials, β – parameter of external influence, D_0 – self-diffusion coefficient, d_v – coefficient of the diffusion gain owing to generating of vacancies, k_v – relative rate of vacancies generation.

Because the most of parameters of real materials are unknown and require the development of special methods that is why presented below results are only qualitative.

Results

The implicit difference scheme was used for solving the equations system. Fig. 1 shows the distributions of the impurity concentration and deformation.

By the time $\tau = 1.35$ the concentration wave slightly lags behind the wave deformations. Changing the sign of the strain corresponds to the depth of penetration of impurities. By the time $\tau = 4.61$ the second pulse begins to act and the second extreme on both waves appears. But gradually two peaks merge into one. By the time $\tau = 12.21$ near to the relaxation time, strain wave runs far ahead.

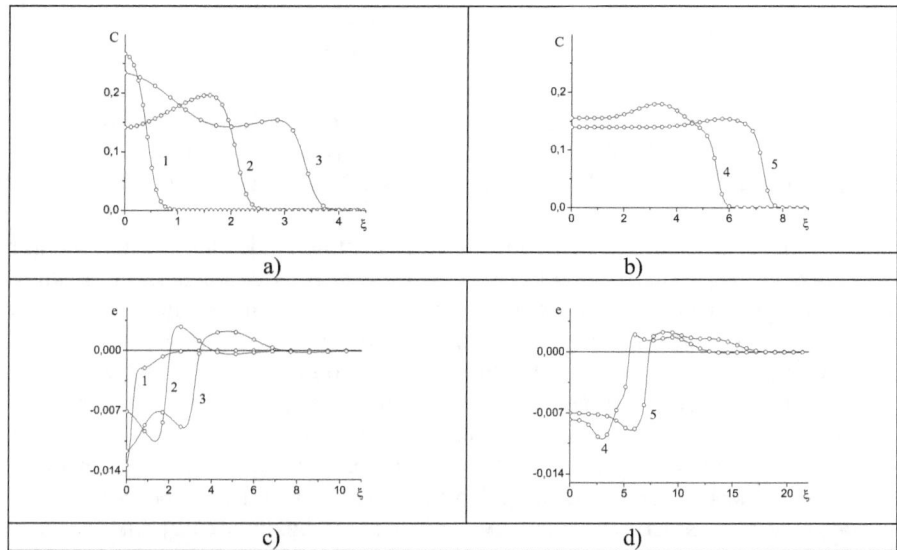

Fig.1. The distribution of impurity concentration (a, b) and strain (c, d) in depth, taking into account vacancy generation. Time of a pulse $t_{imp} = 3.0$, parameters of model $\tau_r = 13.0$; $\gamma = -0.05$; $\omega = 100.0$. Moments of time 1)$\tau = 1.35$; 2)$\tau = 4.61$; 3)$\tau = 5.42$; 4)$\tau = 12.21$; 5)$\tau = 14.4$.

Accounting of vacancy generation in the target surface leads to an increase of the amplitudes concentration and mechanical waves (Fig. 1). Coefficient of the diffusion gain owing to generating of vacancies has the most influence on the obtained result (in the Fig. 1: $d_V = 6 \cdot 10^2$). Increase of its value leads to increases the amplitude of both waves. Besides increasing extremums, accounting vacancies leads to a slight change in the velocity of wave propagation.

Thus, in the paper is shown that taking into account the influence of generated vacancies on diffusion transfer leads to increasing the depth of penetration. The law of vacancy generation in the wave of stress require special justification.

References

1. Sugakov V.I. Yadernaya fizika i energetika, 2009, Vol. 10, no. 4, pp. 395–402.
2. Aparina N.P., Guseva M.I., Kolbasov B.N., Korshunov S.N., Mansurova A.N., Martynenko Yu.V. Voprosy atomnoy nauki i tekhniki – Termoyadernyy sintez, 2007, no. 3, pp. 18–27.
3. Demidov V.N., Knyazeva A.G., Ilina E.S. Izv. Vuzov. Fizika, 2012, no. 5/2, pp. 34–42.

Поддуев А.Н.
ФГБОУ ВПО Госуниверситет – УНПК Мценский филиал

ВЫСОКИЙ УРОВЕНЬ МАТЕМАТИЧЕСКОЙ КУЛЬТУРЫ СТУДЕНТА – ГАРАНТ ФОРМИРОВАНИЯ ПРОФЕССИОНАЛЬНЫХ КОМПЕТЕНЦИЙ СПЕЦИАЛИСТА

Математические истины абсолютны и вечны. Абстрактность придает ей силы, универсализм и общность. В этом ее гносеологическое знание. История развития математики является базой научной методологии и одним из возможных источников анализа процесса мышления.

Создание таких математических теорий, как динамическое программирование, сетевое планирование, оптимальное управление повлияло на ускорение технического прогресса, возникновение теории случайных процессов и комплексной теории исследования операций. Математика как область знания рассматривает математические структуры, которые могут являться моделями реальных физических, химических, биологических, экономических, социальных и др. явлений. Изучение моделей дает возможность исследовать процессы, протекающие в окружающем нас мире. Математика вмешалась и в вопросы организации экспериментов (созданы основы такой теории). А с появлением ЭВМ разработана теория ошибок массовых вычислений, возникают новые отрасли наук: техническая кибернетика и диагностика.

На фоне усложнений условий жизни общества ускоряется рост поступающего в наше сознание объема накопленных знаний. Возникает необходимость разработки вопросов быстрой и плотной укладки новой научной информации в длительной памяти человеческого мозга и развитие творческих способностей человека, так как пока недостаточно ясен процесс творческого акта и способности нашей интуиции(неформализованный язык). Во многих областях науки созревает мысль о том, что математика является тем решающим методом, который позволит сдвинуть с места решение фундаментальных (и актуальных) проблем научного познания, играющих исключительное значение для будущего человечества. Среди них: изучение высшей нервной деятельности для выяснения причин развития психических заболеваний; разработка оптимальных методов обучения для управления познавательной деятельностью. Важность в их понимании позволило бы облегчить и ускорить образовательный и воспитательный процесс. Чем грандиознее замыслы познания, относятся ли они к макро- или микромиру, тем более значительной становится роль математики. Трудно указать какую-либо ветвь математики которая бы не находила применение в огромном разнообразии проблем практики. Математический аппарат таит в себе много скрытой информации и скрытого богатства, накапливающихся в ней веками, благодаря чему формулы могут оказаться «умнее» применяющего их и дать больше, чем от них ожидалось. [1]

Познание предмета не осуществляется вдруг, а проходит ряд последовательных ступеней. Теория может носить чисто качественный характер, в котором даже не предусмотрена сама возможность производства количественных выводов. К таким теориям принадлежит и педагогика. Методика преподавания математики еще не достигла научного уровня, т.е. пока не знаем как надо наиболее экономно и эффективно учить математике при современных к ней требованиях. Привлечение математических методов в науку влечет за собой и необходимость привлечения самого стиля математического мышления; четкую формулировку исходных положений, полноту проводимой классификации, строгость логических заключений. [2]

Содержание общего курса математики не может быть основано лишь на специфике будущей специальности, без учета внутренней логики математики: специальной математики не существует. Для представителей разных профессий требуется разный уровень математических знаний. Часто к моменту выпуска специалиста методы, которым его обучали, оказываются устаревшими. Важно, чтобы студент приобрел необходимую математическую культуру, а она воспитывается на базе основательных знаний – только прочный фундамент знаний способствует развитию в себе умению пополнять свое образование правильным использованием математического аппарата, что бы поддерживать свою квалификацию на нужном для работы современном уровне.

Для большей части студентов изучение математики является не самоцелью, а неизбежной необходимостью. С другой стороны, изучение математики требует постоянного напряжения, внимания, способности сосредоточится; она требует настойчивости и закрепляет хорошие навыки работы, формирует характер. Поэтому педагог обязан в индивидуальной работе со студентами разрешать возникающие психолого-педагогические проблемы, связанные с адаптацией к вузовской системе; оказывать помощь на содействие развитию инициативы, навыков самостоятельной работы, уверенности в собственных силах, поддерживать интерес и предрасположенность к процессу обучения, чтобы студент чувствовал себя полноценным участником этого процесса.

Изучение математики совершенствует общую культуру мышления, дисциплинирует её, приучает логически рассуждать, воспитывает точность и обстоятельность аргументации. Математика учит не пренебрегать тем, что имеет принципиальное значение для существа изучаемого вопроса; развивает интеллектуальные свойства логического мышления: дедуктивное рассуждение, способность к абстрагированию, обобщению, способность мыслить, анализировать, критиковать; содействует приобретению рациональных качеств мысли и её выражению: порядок, точность, ясность, сжатость; требует воображения и интуиции; дает чутье объективности, интеллектуальную честность, вкус к исследованию и содействует образованию научного ума.

Ситуация, которая складывается в мире характеризуется возрастающей ролью знаний, как главного двигателя экономического роста, т.е. речь идёт о формировании экономики, основанной на знаниях. В этих условиях высшее образование приобретает решающее значение для формирования интеллектуального потенциала страны. Но знания приносят выгоду лишь тогда, когда используются в рамках комплексной национальной инновационной системы учреждений. Организаций и процессов, другими словами, высшее образование должно стать фактором создания инвестиционной системы России и готовить специалистов, способных создать эту систему. В связи с этим, со стороны общества, базирующего на знаниях, предъявляются к современному специалисту следующие требования : а) умение переводить получаемые знания в инновационные технологии, превращая новые знания в конкретные предложения; в) иметь мотивацию к обучению и владеть навыками самостоятельного получения знаний и проведения научных исследований; г) владеть современными информационными технологиями и ценностями, необходимыми для бытия в условиях сложного демократического общества, быть его ответственным гражданином и обладать необходимыми социальными компетенциями [5]. При этом учебные планы должны быть: гибкими, экономически эффективными, востребованными на рынке образовательных услуг, сочетающими фундаментальную и инновационную подготовку специалистов по стратегическим направлениям и в соответствии с текущими потребностями.

Существуют различные подходы к построению образовательных моделей специалиста. Общим методологическим принципом построения моделей является "восхождение от абстрактного к конкретному", где важным моментом являются процессы абстрагирования. Именно, раскрывая диалектику конкретного и абстрактного в деятельности специалистов разного уровня и профиля, можно построить общую модель специалиста. На этапе движения от чувственного конкретного к абстрактному образуются понятия, отражающие отдельные стороны конкретного; на этапе восхождения от абстрактного к мысленному конкретному отдельные понятия связываются в целостную теоретическую систему, отражающую объективную расчлененность исследуемого объекта, субъект может переходить к объяснению любого чувственного – конкретного предмета конкретного класса, а, владея теоретической моделью специалиста, можно грамотно подойти к анализу деятельности любого специалиста. Эмпирический анализ различных видов деятельности позволяет выделять основные функциональные блоки деятельности:

мотивов, целей, программ, информационной основы, принятия решений и подсистемы деятельности важных качеств специалиста. Очевидно, что конкретная модель по конкретной специальности будет отличаться функциями, компетенциями, качествами и критериями достижения цели. Различия будут наблюдаться и в моделях одного и того же специалиста, отнесенных к разным уровням (бакалавра, магистра) как в наборе параметров специалиста, так и в критериальных значениях по отдельным параметрам (разные требования к теоретической и практической подготовке). Модель специалиста является достаточным условием для организации самостоятельной работы студента и призвана помочь ему понять то, что необходимо для профессиональной деятельности.

Действующие стандарты высшего профессионального образования построены на квалификационной модели специалиста, достаточно жестко привязанной к объекту и предмету труда. В настоящее время наметилась тенденция перейти к компетентностной модели. Такой переход выступает как методологический подход, нежели технологическая схема разработки стандартов образования. В силу отсутствия на сегодняшний день однозначности в понимании компетентностной модели и самих понятий "компетентность" и "компетенция" определим свою позицию.

Компетенция (с латинского яз.) означает; добиваюсь, соответствую, подхожу. Большой энциклопедический словарь (1993г.) поясняет, что компетенция – это знание и опыт в той или иной области, а словарь иностранных слов (1987г.) определяет компетенцию, как круг полномочий какого – либо органа или должностного лица (принадлежит по праву). Компетентность же (с латинского) – осведомленность. Михельсон М.И. в своем труде "Русская мысль и речь" утверждает, что компетентный – значит полноправный, надлежащий – знающий. В словарях иностранных слов и русского языка Ожегова С.И. (1987г.) находим, что компотентный – обладающий компетенцией. Авторы не выходят за рамки предложенных определений, но наблюдаются различия: в понимании компетентности как актуальных качеств личности или скрытых психологических новообразований; в понимании предметной наполненности компетенций, рассматриваемых, как системные новообразования качеств личности.

Когда речь идёт о компетентности как следствии овладения знаниями, навыками, опытом, акцент делается на то, какими они должны быть, а когда рассматриваем компетенции как личностные новообразования, на первый план выдвигаются их структуры, компетентность их составляющих и связей этих компонентов. Говоря о компетенциях, которые должны быть сформированы в процессе образования, выделяется их различное количество. Так, например, Жак Делор выделяет 4 компетенции: научиться познавать, научиться делать, научиться жить вместе, научиться жить.[1] Зимняя И.Я., основываясь на трудах отечественных психологов, выделяет 3 группы компетентностей:

1)относящиеся к самому себе как к личности, как субъекту жизнедеятельности; 2)относящиеся к взаимодействию человека с другими людьми; 3)относящиеся к деятельности человека, проявляющиеся во всех ее типах и формах, а затем детализирует в 10 основных компетенциях. [2]

В компетентностной модели специалиста цели образования связываются как с объектами и предметами труда, с выполнением конкретных функций, так и с междисциплинарными интегрированными требованиями к результату образовательного процесса. Цель профессионального образования состоит не только в том, чтобы научить делать, приобрести профессиональную квалификацию,"но и в более широком смысле, компетентность, которая дает возможность справляться с различными многочисленными ситуациями и работать в группе" [1]. Компетентность не должна противопоставляться профессиональной квалификации, но и не должна отождествляться с ней. Термин "компетенция" служит для обозначения интегрированных характеристик качества подготовки специалиста, выступают категории результата образования. Как отмечает В.И. Бойденко, "компетенция выступает новым типом целепологания…[3] Это, по существу, знаменует новые связи от сугубо (или преимущественно) академических норм оценки к внешней оценке профессиональной и социальной подготовленности специалиста (с ориентацией на её рыночную стоимость)". Обращение к оценке качества образования через компетенцию означает, что образование тесно связывается с "трудоустройством". Компетенции жестко не связаны с конкретной профессией, а предполагают возможность использования в ряде профессий и определяют в них успех. Вовлечение категорий в модель специалиста представляет собой сложную задачу. Результат подготовки, оцененный в компетенциях на гибкости обученных на рынке труда, расширяет область их трудоустройства [3].

Для отечественной системы образования переход к системной модели (квалификационной и компетентностной в их единстве) представляется крайне актуальной: меняются технологии, производство становится гибким. Реализация такой модели требует выстраивания результатов обучения в двух условиях: квалификационно-профессиональном и междисциплинорно -компетентностном. Тогда специалист будет характеризоваться: социально-личностными, общепрофессиональными и специальными компетенциями или профессионально-функциональными знаниями и умениями. Это послужит фундаментом, позволяющим выпускнику ориентироваться на рынке труда и в сфере дополнительного и послевузовского образования [4].

Подводя итог, можно заключить, что модель современного специалиста с высшим образованием должна учитывать: требования к специалисту, вытекающие из экономики, основанной на знаниях; психологические представления о структуре трудовой деятельности;

формирующийся подход к оценке качества образования на основе компетентности специалиста.

Литература

1. Делор Ж. Образование: сокрытое сокровище. UNECCO, 1996г.
2. Зимняя, И.А. Ключевые компетентности как результативно-целевая основа компетентностного подхода в образовании. Авторская версия. / И.А. Зимняя // Россия в Болонском процессе: проблемы, задачи, перспективы: труды методол. семинара. – М.: Исследовательский центр проблем качества подготовки специалистов, 2004.
3. Байденко, В.И. Компетентностный подход к проектированию государственных образовательных стандартов высшего профессионального образования (методологические и методические вопросы): метод. пособие / В.И. Байденко. – М., 2005.
4. Болотов, В.А. Компетентностная модель: от идеи к образовательной программе/ В.А. Болотов, В.В. Сериков // Педагогика. – 2003. – № 10. – С. 12.
5. Заводчиков Д.П. Технологии определения состава ключевых компетенций работников/ Д.П. Заводчиков // Современные проблемы организационной психологии: материалы всерос. науч.-практ. конференции, в 4-х ч. – Екатеринбург: Изд-во ГОУ ВПО "Рос. гос. проф.-пед. ун-та", 2007. – С. 10-22.
6. Об образовании: федер. закон от 10 июля 1992 г. № 3266-1 с посл. изм. от 03 нояб. 2006 г. (Система "Гарант").

Пышная Л.М.
доцент, канд. филол. наук, Запорожская государственная инженерная академия

АНГЛО-АМЕРИКАНИЗМЫ В СОВРЕМЕННОЙ НЕМЕЦКОЙ ТЕРМИНОЛОГИИ

Вопросы проникновения заимствований в языки тех или иных стран всегда интересовали языковедов. Проблему нельзя назвать новой, но и решенной она не является. Многие ученые пытались дать оценку роли заимствований в национальных языках [1; 2], как в лексике повседневной жизни, так и в терминологии.

Взаимовлияние языков происходит уже на протяжении многих веков. Языки Европы и других континентов обогащаются с помощью друг друга. Появление большого числа англицизмов и американизмов в немецком языке XX–XXI веков обусловлено множеством экстралингвистических факторов, прежде всего промышленным подъемом Великобритании, развитием бирж Лондона и Нью-Йорка, достижениями в информационной и компьютерной технике. Интенсивное развитие процесса заимствования слов и выражений из английского языка началось при разделении территории Германии на оккупационные зоны, две из которых занимали США и Великобритания, потому что между этими государствами и ФРГ существовало тесное политическое, экономическое и культурное взаимодействие.

Основными причинами употребления новых иностранных слов в некоторых случаях может быть отсутствие немецкого слова для того или иного предмета, явления или понятия. Однако, англо-американизмы можно встретить и в повседневной речи, когда они являются средством расширения синонимического ряда немецкого языка или экономии языковых средств.

Заимствования в науке и технике являются, исходя из позиций языковой культуры, «необходимыми заимствованиями», в противовес к так называемым «избыточным», которые появились из чужих языков как синонимичные к уже имеющимся. К «необходимым заимствованиям» относят такие новые наименования, которые появляются в связи с новыми объектами обозначения – новыми предметами, техническими изобретениями, новыми идеями, номенклатурами и т.д.

Самая большая группа заимствований на сегодняшний день в области информационной техники и компьютерных технологий. Это прежде всего такие слова, словосочетания и аббревиатуры *Acrobat Reader, Bit, Byte, Browser, CD-Rom, Computer, Cursor, Desktop, Domain, eCommerce, Editor,*

Hit, Homepage, Host, Joystick, Laptop, Link, Login, on-line, PIN, Pixel, Real Player, Router, Scanner, Server, Tag, Traffic, USB, Webmaster, Shopping Mall, Webcam.

Следующей по объему заимствований можно назвать области экономики и менеджмента. В этих областях есть как слова, которые не имеют соответствия в родном языке, так и те, которые существуют только в иностранном, английском, варианте. Прежде всего это: *Boom, Consulting, Controlling, Discount, Eurocard, Holding, Investor, Jointventure, Leasing, Manager, Marketing, Public Relations.*

Современное строительство и охрана окружающей среды также изобилуют англо-американскими заимствованиями. Новые архитектурные стили и виды строений требуют как оригинальности вида, так и решения экологических проблем, например: *Apartment, Blob, Splin, File-to-Factory-Fertigung, Triple Zero, Recycling, Smog, Setter.*

Очень часто, проникшие в немецкую терминологию англо-американизмы, употребляются в словосложениях, где одна композита является немецкого, а другая английского происхождения, к примеру со словом *Software* (материальное обеспечение компьютера): *Software-Entwicklung, Software-Spezialist, Software-Ingenieur.* Также подверженным к образованию композит является слово *Discount* (скидка с цены): *Discountanstalt, Discountbank, Discountgeschäft.*

Не следует также исключать и такой феномен нового века как «псевдозаимствование». Одним из случаев есть тот, когда в немецком языке возникает и обретает огромную популярность и частотность в употреблении слово *Handy*. Это слово имеет английское написание. Однако ни в Англии, ни в США понятие «мобильный телефон» так не называют.

Знаменательным является то, что эти заимствования используются в немецком языке в том виде, в каком они были в оригинале, не подвергаясь фонетической и морфологической ассимиляции. Для них характерна лишь графическая ассимиляция, проявляющаяся в написании существительных с прописной буквы. В большинстве случаев они не имеют немецкого варианта, а если и имеют, то он мало употребим. Лишь в некоторых случаях используются оба варианта, к примеру, «файл» *File* и *Datei*, а национальный вариант преобладает в употреблении.

Однако данный факт является скорее исключением, так как в других случаях предпочитается заимствование уже только по той причине, что оно значительно короче. Убедимся в этом с помощью примеров: *Trucker* (2 слога и 7 букв) и *Lastwagenfahrer* (5 слогов и 15 букв); *Greenpeace* (2 слога и 10 букв) и *Umweltschutzorganisation* (8 слогов и 24 буквы); faxen (2 слога и 5 букв) и fernkopieren (4слога и 12 букв); make-up (3 слога и 6 букв) и dekorative Kosmetik (целое словосочетание).

Становится очевидным, что немецкий язык почти во всех областях научной и общественной жизни заменен ощутимым количеством английских слов. Но если в повседневной жизни он ими даже частично или полностью вытеснен, без особых на то оснований, то в научной сфере это можно отнести к удобству международного общения. В такой тенденции не стоит видеть опасности, поскольку немецкий язык науки и техники не потеряет в результате этого своей выразительности и экспрессивности, поскольку речь идет об «необходимых заимствованиях», а не об избыточных, которые могут только отдать дань моде. То, что английский язык стал международным языком науки остается неоспоримым фактом. Его употребление не приносит никакого вреда национальному языку. Это не представляет национальной угрозы, как Германии, так и другим народам, где используются английские термины.

ЛИТЕРАТУРА

1. Ивлева И. Г. Языковые единицы и генетическая дифференциация (на материале немецкого языка) // Вестн.моск.ун-та. – Сер. 9. – Филология. М.,1990. – №1. – С.72-94
2. Bussmann H. Lexikon der Sprachwissenschaft. – 3. erw. Aufl. — Stuttgart: Kröner Verlag, 2007. – 783S.

Готадзе А.С.
магистрант факультета журналистики,
Белгородский государственный национальный исследовательский университет
alisa.gotadze@gmail.com
Черкашина А.А.

ПРЕСС-РЕЛИЗ КАК ИНСТРУМЕНТ PR-КОММУНИКАЦИИ ПАРЛАМЕНТА ВЕЛИКОБРИТАНИИ

Пресс-релиз (от англ. press release) традиционно рассматривается как основной жанр PR-текста, содержащий предназначенную для прессы актуальную оперативную информацию о событии, касающемся базисного субъекта PR. Жанровое своеобразие пресс-релиза состоит в предельной конкретизации пространственно-временных рамок события. Специфика пресс-релиза заключается в его монотемности и строгой передаче данных о месте, времени и характере повествуемого события [1, 38].

В условиях стремительного развития информационных технологий и средств массовой коммуникации правительственные организации усиливают информационную транспарентность – становятся открытыми для взаимодействия с общественностью, повышая лояльности аудитории и доверие электората. Консерватизм принципов написания материалов сочетается с прогрессивными способами донесения информации до аудитории. Показательны в этом плане медиарилейшенз Парламента Великобритании. Основной площадкой для взаимодействия с журналистами и широкой общественностью для Парламента Великобритании является официальный интернет-портал http://www.parliament.uk/ и сопряжённые с ним аккаунты в социальных сетях Twitter и Facebook.

Исторически Парламент Великобритании разделен на Палату Общин – демократически избираемый орган власти, участвующий в законодательном процессе и контролирующий работу Правительства – и Палату Лордов – совещательный орган, редактируемый законопроекты [2, 32]. Обозначенной организацией политической системы обусловлена и структура связей с общественностью Парламента.

Пресс-служба Парламентской ассоциации Содружества в Великобритании (Commonwealth Parliamentary Association UK Branch) отвечает за коммуникацию с прессой от лица Парламента в целом, без дифференциации на его политические силы. Помимо этого, каждая из палат Парламента Великобритании имеет независимую пресс-службу и коммуницирует с журналистами и широкой общественностью исходя из своих политических функций, целей и направленности взглядов.

Общеизвестно, что целью пресс-релиза является распространение актуальной информации. Специфика жанра обуславливает объем пресс-релизов Парламента Великобритании, не превышающий двух страниц, из которых на первой странице располагается непосредственно сам событийный текст, а на второй – контактные данные лиц, уполномоченных давать комментарии по данному вопросу, а также реквизиты организации и короткая справка о деятельности Парламента или одной из его Палат, выпустившей данный PR-текст.

Пресс-релиз Парламента Великобритании оформляется на фирменном бланке, имеет жанровую идентификацию «press release» или «press notice», заголовок, концентрированно передающий суть новостного события, и лид – расширенный вариант заголовка. Текст пресс-релизов Парламента Великобритании строится по традиционному принципу «перевернутой пирамиды»: каждый последующий абзац представляет собой конкретизацию и иллюстрирование обозначенной в заголовке информации.

Данные структурные и композиционные принципы справедливы как для пресс-релизов Парламента Великобритании в целом, так и для PR-текстов этого жанра каждой из Палат Парламента в отдельности. Основными функциями пресс-релизов британской ветви Парламентской ассоциации Содружеств является информирование о процессах, происходящих в данном государственном органе, а также поддержание и укрепление имиджа Парламента Великобритании как фундаментальной основы демократии и защиты прав человека. Зачастую в пресс-релизах анонсируются визиты делегации Парламента Великобритании в дружественные государства, начало или окончание очередной парламентской сессии, участие в международных конференциях и др.

К функциональному назначению пресс-релизов Палаты Общин и Палаты Лордов помимо информационной роли и функции формирования и поддержания имиджа можно отнести фатическую миссию, направленную на поддержание контакта с целевой аудиторией и удерживание уровня её вовлеченности, а так же функцию убеждения – например, в целесообразности внесения тех или иных законодательных поправок.

Тематическое разнообразие пресс-релизов Палаты Общин и Палаты Лордов обусловлено политическими функциями данных структур. Палата Общин, как законотворческий орган, выпускает пресс-релизы по случаю принятия тех или иных поправок к законодательным актам, а также утверждения назначения на политический пост нового кандидата. Предметом отображения пресс-релизов Палаты Лордов являются встречи и конференции членов Палаты с представителями подотчетных структур, в ходе которых контролируется эффективность работы последних. Регулярно проходят круглые столы с участием ведущих экспертов из разных областей (экономика, юриспруденция, топ-менеджмент международных корпораций), призванные найти оптимальные пути решения возникающих проблем (сокращение издержек, оптимизация расходов природных ресурсов, сокращение уровня безработицы), что также отражается в пресс-релизах.

Эффективность управления связями с общественностью в государственных структурах измеряется политической поддержкой, лояльностью и одобрением правительственных действий гражданами. Пресс-служба Парламента Великобритании в своих PR-коммуникациях делает ставку на высокую информационную прозрачность и активное взаимодействие с целевой аудиторией через современные каналы массовой коммуникации.

Литература

1. Кривоносов А. Д. PR-текст в системе публичных коммуникаций. – 2-е изд., доп. – СПб.: «Петербургское Востоковедение», 2002. – 288 с.
2. Избранные конституции зарубежных стран: учеб. пособие / отв. ред. Б. А. Страшун. – М.: ИД Юрайт, 2011. – 795 с.

Аблова Н.А.
Сибирская государственная геодезическая академия

ИСТОКИ ЭТНОЛИНГВИСТИЧЕСКИХ И ЛИНГВОКУЛЬТУРОЛОГИЧЕСКИХ ТЕОРИЙ В СОВРЕМЕННОМ ГЕРМАНСКОМ ЯЗЫКОЗНАНИИ

Ярким представителем идеализма является К. Фосслер, который опирается на тезис Гумбольдта о том, что «язык – это деятельность», что существует связь между языком и «духом народа». Он убежден, что язык – это не готовый продукт, который следует механическим правилам, а представляет собой деятельность человека. Язык для идеалистов – это искусство и творчество одновременно. Говорящий – это художник, который опирается в своей творческой работе на языковые нормы, следует им, вносит в них индивидуальную оригинальность. Стилистика для идеалистов, таким образом, – важная дисциплина языкознания. Главная задача лингвистики, согласно Фосслеру, – это отражение духа, что является причиной всех языковых форм [1,]. Это утверждение подразумевает, что любой язык в любую историческую эпоху имеет отношение к культуре и идеологии говорящего человека.

Вайсгербер считается главным представителем, так называемой теории сущности языка (Sprachinhaltsforschung) или грамматики смыслов (InhaltsbezogeneGrammatik). Опираясь на идеи В. Гумбольдта, он рассматривал язык как вид «духовного промежуточного мира» ("geistigerZwieschenwelt"). Каждый язык образует, согласно Л. Вайсгерберу, более или менее закрытую систему, которая отличается от других языков и, таким образом, от других систем. Разные языки порождают различные картины мира, и даже различные реальности [2, с. 22].

Европейская школа структурализма опирается большей частью на идеи Фердинанда де Соссюра. Он в свою очередь ввел такие понятия как экстралингвистика и интерлингвистика, причем экстралингвистика имеет много общего с этнологией, а интерлингвистика описывает язык как систему, правил. Он писал: «наше определение языка предполагает устранение из понятие «язык» всего того, что чуждо его организму, его системе, – одним словом, того, что известно под названием «внешней лингвистики», хотя эта лингвистика и занимается очень важными предметами и, хотя именно ее имеют в виду, когда приступают к изучению речевой деятельности» [3, с. 180]. Но для структуралистов интерлингвистика была основополагающей, поэтому экстралингвистика на какое-то время ушла на второй план.

Вновь о взаимосвязи языка и культуры заговорили в США после появления концепции Э. Сепира и Б. Уорфа, согласно которой человек видит действительность через свой родной язык. Э. Сепир утверждал, что менталитет и поведение общества определяется его языком. Э. Сепир был убежден, что языки можно интерпретировать только вместе с их культурой.

Рассматривая вопрос о влиянии языка на мышление, Э. Сепир приходит к выводу, что значения «…не только открываются в опыте, сколько накладываются на него в силу той титанической власти, которой обладает языковая форма над нашей ориентацией в мире» [4, с.55]. Развивая мысли Сепира и наблюдая культуры и языки американских индейцев, Б. Уорф формулирует следующие гипотезы: 1) наши представления (например, времени и пространства) не одинаковы для всех людей, а обусловлены категориями данного языка и 2) существует связь между нормами культуры и структурой языка. Поэтому «формирование мыслей – это не независимый процесс, строго рациональный в старом смысле этого слова, но часть грамматики того или иного языка и различается у различных народов в одних случаях незначительно, в других – весьма значительно так же, как грамматический строй соответствующих языков» [5, с. 28]. Таким образом, согласно этой концепции, особенности каждого языка влияют на особенности мышления людей, пользующихся данным языком, а в результате этого содержание мысли, выраженной на одном языке, в принципе не может быть передано средствами другого языка.

Полностью противоположную точку зрения отражает теория универсалий. Эта теория базируется на существовании общих универсальных черт, связанных с психологией человека, которые присущи всем людям, и которые лежат в основе всех языков. Согласно этому пониманию выделяются четыре категории, которые обозначаются следующими языковыми знаками:
1. Предмет (семантический класс обозначает объект или субъект) = существительное
2. Событие (семантический класс обозначает действие) = глагол;
3. Свойства (семантический класс обозначает качество, степень) = прилагательное;
4. Отношения (связующие слова между другими частями речи).

Эта идея универсальной основы всех языков, в общем и целом, восходит к генеративной трансформационной грамматике Хомского. Он ввел понятие относительной абстрактной, но одинаковой для всех языков глубинной структуры, которая отображает «форму мысли». При помощи различных правил трансформаций глубинные структуры превращаются в различные поверхностные структуры отдельных языков. При этом Хомский преследует цель благодаря системе эксплицитных правил создать имплицитное знание языка и логически обоснованную теорию мышления человека [6, с. 59].

Опираясь на когнитивную теорию и философию языка, можно сказать, что существуют две совершенно противоположных гипотезы: 1) язык и знание не зависят от культуры и языковые значения переводятся с одного языка на другой 1 : 1; 2) языки и культуры невозможно сравнить между собой, поэтому языки непереводимы с одного на другой. Культурная дистанция возводится до максимума. Знание и наука тесно связаны с культурой и интернациональное понимание невозможно. Автор статьи представляет точку зрения, что человеческое познание может быть как культурно специфичным, так и основываться на межнациональной ассоциативной базе. Проведенное автором статьи исследование прозвищ на предмет их лингвокультурологической значимости показало, что соотношение культурологически маркированных прозвищ и тех, которые основаны на межнациональной ассоциативной базе, составляет примерно 1:3.

Список литературы:

1. Фослер, К. Эстетический идеализм: Избранные работы по языкознанию Текст. / К. Фослер. М.: УРСС, 2007. – 137 с.
2. Вайсгербер, Й.Л. Родной язык и формирование духа Текст: монография / Й. Л. Вайсгербер; пер. с нем., вступ.ст. О.А. Радченко. – изд. 2-е, испр. и доп. – М.: Едиториал УРСС, 2004. – 229 с.
3. Соссюр, Ф. де. Заметки по общей лингвистике Текст./ Ф. де Соссюр. М.: Прогресс, 1990. – 280 с.
4. Сепир, Э. Избранные труды по языкознанию и культурологии Текст. / Э. Сепир; пер. с анг. под ред. и с предисл. Кибрика А.Е. – 2-е изд. – М.: Прогресс, 2001. – 655 с.
5. Уорф, Б. Л. Грамматические категории Текст. / Б. Л. Уорф // Принципы типологического анализа языков различного строя. М.: Наука, 1972. – 286 с.
6. Хомский, Н. Аспекты теории синтаксиса Текст./ Н. Хомский, пер. с анг. В.А. Звегинцев. М.: Изд-во Моск. Ун-та, 1972. – 259 с.

Иванов В.В.
кандидат философских наук, доцент кафедры дизайна Северо-Кавказского федерального университета

ЗНАЧЕНИЕ ЭТНИЧЕСКОЙ КУЛЬТУРЫ В МЕНЯЮЩЕМСЯ МИРЕ

Развитие и функционирование этнической культуры выражает специфику и особый способ жизнедеятельности этноса, его мировосприятия в мифах, фольклоре, религиозных верованиях и ценностных ориентациях, придающих смысл существованию человека. При этом каждая культура наиболее ярко осознает свою сущность на границе культурных миров. В диалоге культур происходит взаимообмен ценностями и обретение индивидуальности этнической культуры. Создавая этническую культуру, субъект действует, опираясь на определенные ценностные предпочтения. Специфика ценностных структур представляет собой изначальную характеристику, позволяющую отличать одну этническую общность от другой, и является основой этнической идентичности.

Как естественная характеристика отношения человека к миру, культура дает ему возможность измерять меркой собственного существования, как общественную жизнь, так и общекультурные ценности. Целостность традиционного этнокультурного пространства характеризуется основными параметрами - дифференциацией на уровне этнически маркированных предметов, определяющих его границы, прежде всего, это объективированные формы культуры: типы поселений, жилые и хозяйственные строения, организация интерьеров, комплексы традиционной одежды, ритуальные объекты и т.д.; интеграция на уровне универсальных мировоззренческих категорий, представляющих систему связанных между собой понятий, формирующих картину мира - целостную мировоззренческую модель, присущую данному типу культуры. Отражая наиболее общие способы описания мира и моделируя этнокультурное пространство, они обеспечивают его целостность, находя каждому компоненту культуры соответствие картине мира. Все наиболее значимое в повседневности аккумулируется в традиционной культуре и вновь транслируется в повседневность в форме стереотипов, правил и т.д.

Большинство исследователей констатируют сокращение сферы действия исконных универсальных характеристик традиционной народной культуры - формирование целостной картины мира, нормативно-ценностного регулирования жизни и выражают уверенность в необходимости сохранения и трансляции базовых ценностей культуры в современном мире. Безусловно, большое значение для внутренней интеграции этносов имеет характерная для них общность соционормативной культуры, моральных и соответствующих правовых норм, институтов, обеспечивающая координацию поведения, деятельности, объединенных в их рамках людей.

Особенности поведения в культуре раскрываются через содержание понятий «обычай», «обряд» и «ритуал», которые являются элементами этнических традиций.

В силу своего символического характера обрядовые действия лишены практической целесообразности, но выполняют ряд важных для этноса функций, являясь механизмом регуляции внутриэтнических связей. К их числу относится поддержание определенной иерархии социальных статусов; снятие эмоциональных напряжений, возникающих при повседневном взаимодействии людей; формирование и поддерживание чувства общности, этнической идентичности на уровне этноса в целом, больших и малых групп, семьи. Обрядовые действия сохраняют ценностные ориентации этноса; являются составной частью этнизации личности.

Многие предметы традиционной культуры заключают в себе специфически выраженное мифологическое содержание и являются вещественным воплощением мотивов, образов, представлений мифологического плана. Эти глубинные связи важны для понимания функций вещей, их социальной роли, и только соединением мифа и вещи возможно восстановить нарушенное культурное единство. Семиотический статус вещей является переменной величиной, т.е. может изменяться во времени или в зависимости от ситуации. Можно говорить о художественной культуре в целом и этнической в частности как о предметах искусства (произведениях) и накопленных ценностях, а также о художественной культуре субъекта как об уровне созидания и восприятия произведений. Структуру этнической художественной культуры с этой точки зрения составляют: произведения искусства, созданные народом; совокупность знаний, ценностей, норм, составляющих содержание произведений; художественные знания, восприятие, художественное мастерство и другие элементы, составляющие опыт художественной деятельности индивида, группы и определяющие особенности производства, хранения, распространения, потребления произведений искусства и актуализируемых знаний, ценностей, образцов жизнедеятельности.

Субъектом создания и освоения искусства является народ. Его художественное сознание, мироощущение и идентичность в целом реализуются в предметах искусства в процессе их создания, когда происходит опредмечивание, а также в процессе потребления, когда осуществляется распредмечивание. Эти процессы в этнической художественной культуре неотделимы друг от друга, они синкретичны, здесь нет автора-художника и отдельно публики, творцом и потребителем, хранителем и распространителем является сам народ.

Наиболее полно исследованы в науке элементы, продукты этнической художественной культуры. Меньше внимания авторы уделяют народу как творцу, субъекту художественной культуры. В последние годы появились работы о народном художественном творчестве как фольклоре, хотя термин использовался и раньше, но чаще всего по отношению к художественной самодеятельности или для обозначения творчества народных масс как социального явления. В фольклористике понятие «творчество» появилось давно и использовалось для обозначения искусства, создаваемого народом, «этническое творчество» применялось в значении коллективного творчества народных масс. При этом довольно часто употребляются термины «народнопоэтическое творчество», «устно-поэтическое творчество» «устное народное творчество». Кроме этого понятие «творчество» применяется для характеристики художественной деятельности в различных видах и жанрах: «этническое музыкальное творчество», «драматическое творчество» и т.п.

Словосочетание этническое творчество используется для обозначения художественной деятельности этноса, как в традиционных формах, так и в современных, когда речь идет о творчестве отдельных людей или организованных формах художественной самодеятельности народных масс. При этом оно употребляется, скорее, для характеристики социального явления, форм проявления художественной активности, чем самого процесса творческой деятельности.

Таким образом, этническая культура защищает человека от неопределенности его бытия, структурирует окружающий мир и определяет место человека в этой структуре, обусловливает его идентификацию. Человек воспринимает окружающий мир сквозь призму культурных значений, трансформированных в личностный смысл. Этническая культура определяет саму систему жизнедеятельности народа. В ней наиболее полно отражаются особенности истории и быта народа, она связана не только с отдельными сферами жизнедеятельности этноса, но и с образом жизни как таковым. В культуре находит выражение содержательная связь между ее структурными подразделениями, поэтому она представлена как единое целое. Являясь системным, целостным образованием, культура соответственно придает целостность этнической общности, оказывает на нее интегрирующее воздействие. То есть имеет место взаимовлияние культуры и этноса. При этом системность самой культуры и ее социальноорганизующая роль в жизнедеятельности этноса, а также целостность последнего являются тем «пространством», в котором существует человек и, которое объемлет его, детерминируя сознание и поведение, обусловливая тем самым и его целостность.

Следовательно, выработанная в процессе исторического развития система ценностей этнической культуры, формирующих образ жизни этноса, ориентирована на человека, его самоопределение в мире и является базовым критерием этнической самоидентификации личности.

Бакланов И.С., Бакланова О.А.

Бакланов Игорь Спартакович – доктор философских наук, профессор, профессор кафедры философии Северо-Кавказского федерального университета. baklanov72@mail.ru

Бакланова Ольга Александровна – кандидат философских наук, доцент кафедры философии Северо-Кавказского федерального университета. Mikeewa@yandex.ru

МЕЖДИСЦИПЛИНАРНЫЙ ПРИНЦИП ФИЛОСОФСКОГО ИССЛЕДОВАНИЯ СОЦИАЛЬНОСТИ

Проблема исследования социальности острее всего актуализируется в периоды кризисов, вытеснения старой социальности новой, то есть, именно тогда, когда требуется ревизия самих методологических оснований исследования общества. Различные дисциплинарные направления по-разному откликаются на это требование социальной теории, предлагают собственный инструментарий и варианты решения данной проблемы. Как результат оформляются различные подходы к определению понятия «социальность», среди которых просматриваются по меньшей мере, четыре основных: философский, культурологический, социологический, психологический [3, 139].

Философский подход предлагает отталкиваться от системы общей взаимосвязи людей. Социологические трактовки социальности, как правило, сконцентрированы на структурном описании институциональной системы общества и функциональной составляющей входящих в него индивидов. Российские культурологические и социологические экспликации концепта социальности строятся чаще всего на ролевой реализации индивида в обществе. Именно маркер того, насколько детерминирован, или, напротив, автономен индивид в рамках социальных связей, по большей фундирует (или удостоверяет) типологизацию социальной системы, в которой он действует.

Чаще всего авторы выделяют такие универсальные характеристики социальности как «взаимозависимость», «взаимообусловленность», «совместное бытие людей», то есть, признают в качестве основной детерминанты общий смысл совместного бытия некоторой социальной общности. Однако нужно признать, что эти определения не раскрывают содержательный смысл понятия «социальность» в полной мере. Чем выше уровень абстракции выводимого определения социальности, тем менее содержательным и отражающим (согласно логическому закону) оно становится, более номинальным и требующим дополнительного качественного анализа, раскрывающего его сущность.

Поэтому философский анализ чаще всего требует междисциплинарной поддержки и в своем развернутом виде опирается еще как минимум на три дополнительные характеристики социальности: культурную, социально-структурную и социально-психологическую (последняя, как нам кажется, в большей степени релевантна для анализа специфики индивида, а две первые больше подходят в описаниях функциональной характеристики больших социальных общностей).

Однако и это деление очень условно – оно отражает не реальную демаркацию индивида от общества, а лишь относительность макро- и микроуровня социального исследования. Результирующей такого «четырехстороннего» анализа социальности становится возникновение своеобразной социально-теоретической матрицы социальных связей и состояний, позволяющей давать адекватные и многомерные характеристики как самого общества, так и отдельных индивидов и социальных групп, входящих в него. В этих характеристиках с необходимостью учитывается не только наличное состояние развернутой «сегодняшней» социальности, но и те потенциальные характеристики («социокультурные программы»), которые находятся в латентном виде в сознании индивида и общества, всегда коррелируют с прошлыми состояниями общества и способны в любой удобный момент произвести полномасштабную развертку своих ценностей в масштабах всего общества.

Данные измерения составляют матрицу социальных связей, которая представляет собой систему вертикально и горизонтально выстроенных отношений. Интеграция, «сцепление» этих отношений в составе целого обеспечивается на основе действия принципа согласованного порядка. Данный принцип можно квалифицировать как состояние распределения связей между элементами системы, при котором усилия их взаимного отношения в составе целого, обеспечивают ее устойчивость.

Думается, что различные измерения социальности актуализированы неравномерно, в каждой социальной системе всегда есть доминирующие, имеющие самую высокую динамику. Остальные более зависимы от него и изменяют свои значения в зависимости от доминанты, экзогенных и эндогенных факторов, их взаимного системного взаимодействия в составе целого. Социально-философский анализ социальности отличается от культурологического или социологического. Поэтому считаем необходимым уточнить, какие формы совместного существования с помощью каких понятийных рядов мы можем описать, применяя, скажем, социокультурный подход.

Социальный аспект социокультурной реальности может быть представлен таким образом: *во-первых*, как вертикальная и горизонтальная упорядоченность общества (социальная структура, институциональная и стратификационная диспозиция, функциональность-дисфункциональность социальных структур); *во-вторых*, упорядоченность социальных отношений (тип и особенности социальной коммуникации, интенсивность и тип социального обмена); *в-третьих*, рефлексия социальных порядков (норм) в общественном сознании (характеристика социальной системы с точки зрения «развития-стабильности-нестабильности-кризиса-деконструкции»); *в-четвертых,* динамика изменений социальной системы (на макроуровне – интенсивность и частота структурных трансформаций, на микроуровне – изменения индивидуального взаимодействия, удлинение или укорачивание социальной дистанции между людьми, изменения частоты индивидуальных горизонтальных или вертикальных контактов).

Культурный аспект социокультурной реальности указывает на такие атрибуты совместного человеческого существования, которые составляют содержание общественной жизни. *Во-первых*, это упорядоченность культурного пространства (целостность культуры, ее специализированный и обыденный уровни, специфика освоения и воспроизводства культурного опыта. Специализированный уровень вмещает в себя предметную область, содержание деятельности, технологии, язык и пр. Обыденный уровень содержит в себе типичные повседневные ситуации, содержание и специфику человеческой активности, привычки, ценности и порядки в бытовых отношениях между людьми, обыденный язык повседневного взаимодействия); *во-вторых*, содержание коммуникации (символические формы кодификации сообщений, способы их передачи, особенности понимания и эффективности информационного обмена, культурные различия участников коммуникации); *в-третьих*, обобщенная иерархия культурных уровней (панкультура, культурообразующая идея, остальные культурные и субкультурные единицы, культурный ареал, системные характеристики культуры, организованные по степени сложности); *в-четвертых*, культурная макродинамика (смена культурных парадигм: диалектика традиций-инноваций, вариабельность локальных и базовых культурных конфигураций, процессы культурной диффузии на уровне обыденных практик, закрепление/отвержение культурных образцов) [1, 76].

С помощью культурного аспекта описывается культурная микродинамика социокультурного пространства, с помощью социального аспекта очерчивается упорядоченность социальных отношений данной социокультурной среды. И то, и другое измерение очень важно для определения стратегии исследования проблемы обыденного сознания, поскольку эти аспекты становятся основными компонентами исследования, объединенными общей логикой.

Взаимодополнительность социального и культурного аспектов в философской репрезентации социальности очевидна: исследователи периодически, по мере необходимости, обращаются к культурным аспектам общества (в исследовании норм, ценностей, культурных измерений социальной структуры и пр.). Теоретики культуры, в свою очередь, вынуждены обращаться к социальным характеристикам общества (институциональные особенности, социальное действие, формы коммуникации и т. д.). Существует также ряд междисциплинарных проблем индивидуальной и групповой социации, которые оказываются шире дисциплинарных рамок культурологии или социальной теории, а, соответственно, требуют для своего разрешения междисциплинарной поддержки (например, в социальной теории невозможно адекватно описать общественные изменения без обращения к культурным детерминантам, в культурологии нельзя понять механизмы культурной диффузии, не рассматривая их в плоскости структурирования и формообразования социального взаимодействия).

Подобное понимание социальности приводит к нескольким важным выводам. *Во-первых*, социальность представляется как особое, специфическое качество связей, обменов и зависимостей между индивидами и социальными группами, которые создают и многократно воспроизводят некую исторически обусловленную модель социальных отношений, каждый день и час сообщая ей этим устойчивость и своеобразную уникальность сложившегося социального порядка.

Во-вторых, характеристика типов социальности может даваться исходя из единства четырех измерений, характеризующих несводимые друг к другу биологические, социальные, культурные и психологические особенности протекания социальных процессов и формирования социальных явлений. Причем, мы предполагаем, что каждая из этих четырех составляющих имеет собственную структуру, однако может быть охарактеризована как по «вертикали», так и по «горизонтали» интеграции социальной системы (которые в целом коррелируют и задают основу социального порядка).

В-третьих, подобная методологическая модель исследования социальности должна включать в себя не только структурный и функциональный, но и динамический аспект, который лучше всего отражает особенности быстрого изменения современного общества, его «текучести», постоянной трансформации.

В-четвертых, современному исследователю свойственно многовариантное, альтернативное представление социальности. Философский подход предполагает выявление сложной взаимосвязи различных типов социальных коммуникаций, а также интерсубъективной смысловой структуры, т. е. ценностей и жизненных смыслов, конституирующих изучаемый социальный организм. Он востребует сложного сочетания как социально-структурного (социологического), так и культурологического и социально-психологического анализа, поскольку современная социальность представляет собой причудливую констелляцию различных типологических черт традиционного, индустриального и постиндустриального общества, образующих относительно устойчивую целостность. Поэтому в основе социального мышления современного человека – причудливое сочетание традиционалистского, модернистского и постмодернистского архетипов восприятия социальной реальности, изучение которого требует сложного междисциплинарного подхода.

Литература

1. Орлова Э. А. Социокультурная реальность: к определению понятия // Личность. Культура. Общество. 2007. Т. IX. № 1. С. 70-86.
2. Социальное: истоки, структурные профили, современные вызовы // Гречко П. К., Курмелева Е. М. (общая редакция). М.: РОССПЭН, 2009. – 436 с.
3. Шмерлина И. А. Социальность и проблема смысла: к выработке междисциплинарного понятия // Эпистемология и философия науки. 2009. Т. 21. № 3. С. 137-151.

Михайлов Е.П., Михайлов А.П., Михайлова Н.П.
Алтайский государственный технический университет
им. И.И. Ползунова

ИННОВАЦИОННАЯ МЕТОДОЛОГИЯ ИССЛЕДОВАНИЯ ЕСТЕСТВЕННЫХ СИСТЕМ

Современная противоречивая несовершенная научная система имеет много разработок фундаментального характера, которые можно применить для исследования сложнейших естественных систем: человека и общества. Но человечество пока еще не осознало своих потребностей в познании своей организации и гармоничного мира, в котором оно проживает, совершая множество ошибок.

Причиной этих роковых ошибок, ведущих к нарушению целостности человека и цивилизации, является низкое качество гносеологического процесса. Несмотря на то, что уже в XX веке был накоплен опыт в достижении научно-технического прогресса, благодаря процессу интеграции наук с математикой и теоретической механикой, общественные науки оказались в «запущенном» состоянии. Такую характеристику гуманитарным наукам дал академик А.Г. Аганбегян в 1987 г., выступая с лекцией перед работниками всех уровней общества «Знание». С 1987 г. процесс познания человека, общества и окружающей среды вообще прекратился, и вместо достоверных знаний стала создаваться недостоверная информация о мире. Накопленные драгоценные зерна философии, социологии были забыты. Цивилизация решила руководствоваться в жизни мифами различного рода, что уже привело к глобальной напряжённости.

Вместо исследования надёжности жизнедеятельности общества для сохранения целостности в школах преподают предмет «Основы безопасности», в котором нет мер защиты от сильнейшего эволюционного воздействия, разрушающего целостность человека и общества. Сохранение целостности не стало актуальной темой науки. Категория целостность является сложнейшей потому, что она связана со всеми эволюционными категориями, она требует интеграции гуманитарных наук с математикой, что должно привести к научно-гуманитарному прогрессу. Такое развитие гносеологического процесса от состояния запущенности общественных наук до гуманитарного прогресса в настоящее время вполне возможно, потому что есть «Инновационная методология исследования естественных систем». Эта методология опирается на фундаментальные науки (математику и теоретическую механику) и для создания новых теорий о человеке и обществе имеет большой точный механико-математический аппарат, который имеет много названий, потому что он многофункциональный.

Для гносеологического процесса этот аппарат назовём «автоматизированная система научных исследований «Система простейших процессов»» (АСНИ СПП). Она состоит из нескольких групп простейших процессов. Каждый процесс описывает реальную ситуацию, имеет свою формулу (аналитическое представление), график и требует изучения. Все процессы находятся при исследовании среднего значения случайной величины (СЗСВ) методами дифференциального исчисления для функции семи переменных. По простейшим процессам можно прочитать многие свойства материи.

«Алгоритм равновесия мира» имеет разное представление:
- среднее значение случайной величины (СЗСВ);
- уравнение равновесия, представляющее по форме уравнение равновесия механического рычага, вращающегося вокруг опоры;
- автоматизированная система научных исследований.

Можно сделать следующие выводы:
1. Алгоритм равновесия – это действующий двигатель Вселенной, гармонизирующий весь мир, при условии ограничения дифференциации цикла – меры, содержащий всегда прогрессивную систему ценностей, верхнее значение которой есть цель развития.
2. Гармонизацию системы алгоритм равновесия меры осуществляет циклически в процессе эволюционного развития.
3. Эволюционный процесс – сложный вечный процесс, расщепляющийся на компоненты: равновесный, общий эволюционный и информационный процесс, общий эволюционный гармонический процесс.
4. Гармонический процесс человека и общества может быть двух видов: с сохранением целостности системы и с уничтожением системы. Тип гармонизации определяется характером дифференциации системы ценностей общества.
5. Алгоритм равновесия мира действует локально и тотально: во всей Вселенной и в каждой клеточке человека.
6. В человеке «алгоритм равновесия» образует равновесно-информационную эволюционную систему человека (РИЭСЧ).
7. Для всей материи алгоритм равновесия можно назвать, как равновесно-информационную эволюционную систему материи.
8. В АСНИ СПП можно выделить процессы повышения качества - это механизм созидания и процессы понижения качества – это механизм разрушения.

С помощью автоматизированной системы научных исследований «Система простейших процессов» разработаны новые науки: общая теория равновесия естественных систем, общая теория цикличности естественных систем, общая теория гармонизации естественных систем и другие.

Все эти теории дают оптимальное направление совершенствования всей научной системе в соответствие с потребностями человека и общества, которые не понимают, что такое эволюционное воздействие, но постоянно испытывают его, подвергаясь опасности.

Илела А.Э., Лямина Г.В., Тайыбов А.Ф.
Томский политехнический университет
E-mail: alfa.ilela@yahoo.co.id

ПОЛУЧЕНИЕ НАНОПОРОШКОВ ОКСИДА АЛЮМИНИЯ И ЦИРКОНИЯ С ПОМОЩЬЮ МЕТОДА ОБРАТНОГО ОСАЖДЕНИЯ

Введение

Химический метод синтеза нанокристаллических оксидных порошков представляет собой двухстадийный процесс, заключающийся в синтезе прекурсора с последующей его термообработкой до нанокристаллических оксидов. Данный метод позволяет в широких пределах варьировать морфологию (размер и форму), кристаллическую структуру и химический состав получаемых частиц (в случае многокомпонентных систем). Основные преимущества данного метода перед другими – низкая себестоимость продукции и возможность получения порошков заданного состава в промышленных масштабах. Однако, наряду с преимуществами этот метод имеет и существенный недостаток – порошки, получаемые таким способом, имеют высокую степень агрегации и агломерации продуктов осаждения и прокаливания осадков, а также широкий спектр размеров, как первичных частиц, так и агломератов.

Для получения нанопорошков оксида алюминия и циркония в данной работе использовали установку Nano Spray Dryer B-90. Эта установка может быть использована для получения небольших партий чистых порошков, используемых в качестве добавок для получения керамики.

Целью работы было получить порошки оксида алюминия и оксида циркония из водных и водно-спиртовых растворов их солей методом обратного осаждением и оценить влияние на их свойства (морфологию, химический состав) условий синтеза и природы компонентов раствора.

Экспериментальная часть

В работе использовали 0,5 М ; 0,25 м ; 1 м водные растворы сульфата алюминия и оксихлорида циркония, содержащего Y 5 % мас. Здесь изучено два способа получения оксидов на установке Nano Spray Dryer: извлечение из золей, полученных с помощью метода обратного осаждения и растворов солей. В качестве осадителя использовали гидроксида натрия (для сульфата алюминия) и 10 % NH_4OH (для оксихлорида циркония) [1, 2].

Затем извлеченные из раствора порошки подвергали термообработке в различных режимах и на конечном этапе изучали фазовый состав и морфологию полученного продукта.

Аппарат распылительной сушки позволяет получать гранулы (рис. 1). В случае использование обратного осаждения структура гранул оксида циркония более рыхлая, по сравнению с гранулами, полученными из раствора. И очевидно, что в этом случае получается более тонкодисперсный осадок. При этом производительность установки в этом случае намного выше, чем при использовании растворов.

Однако в случае использования суспензий, полученных методом обратного осаждения в продукте содержится значительно большее количество примесей (таблица 1).

Рис. 1 – РЭМ-изображения порошков (а) оксида алюминия и (б) оксид циркония, полученных распылительной сушкой из золей, сформированных методом обратного осаждения

Таблица 1 – Результаты элементного анализа порошков оксида алюминия и циркония, полученной распылительной сушкой (энергодисперсионный анализ)

ТИП	СОСТАВ РАСТВОРА	ХИМИЧЕСКИЙ СОСТАВ, МОЛ, %
Al_2O_3	$Al_2(SO_4)_3 - H_2O$	(O) 51,25 (Al) 48,75
Al_2O_3	$Al_2(SO_4)_3 - H_2O - NaOH$ (обратное осаждение)	(O) 52,65 (Na) 1,08 (Al) 42,29 (C) 3,92 (Cl) 0,05
ZrO_2	$ZrOCl_2 - H_2O$	(O) 57,64 (Y) 3,46 (Zr) 39,01
ZrO_2	$ZrOCl_2 - H_2O - NH_4OH$ (обратное осаждение)	(O) 67,13 (Cl) 0,59 (Sr) 0,58 (Y) 0,22 (Zr) 31,48

Таким образом, в результате работы мы можем предложить методику получения оксидов алюминия и циркония из растворов, преимуществами которой являются возможность получать чистый гранулированный продукт, с минимальными потерями.

Методика с использованием суспензий позволяет увеличить производительность, однако требует значительной доработки.

Выводы
1. Использование золей оксидов алюминия и циркония методом обратного осаждения обеспечивает большую производительность установки, снижая качество продукта (фазовый состав, содержание примесей).
2. Режим синтеза оксида алюминия: скорость газового потока 140 л/мин, относительная интенсивность распыления – 56% , Т = 70°С.

Литература

1. Илела А. Э., Лямина Г. В., Двилис Э. С., Божко И. А., Гердт А. П. Синтез наноразмерных оксидов алюминия и циркония из водных и водно-спиртовых растворов с полиэтиленгликолем.*Бутлеровские сообщения*. **2013**. Т.33. №3. С.55-62.
2. Илела А. Э., Лямина Г. В., Качаев А. А., Амантай Д. , Колосов П. В., Чепрасова М. Ю. Получение нанопорошков оксида алюминия и циркония из растворов их солей методом распылительной сушки.*Бутлеровские сообщения*. **2013**. Т.33. №2. С.119-124.

Елина В.В.
магистр 1 года обучения ХФ, ФГБОУ ВПО АГУ,
Садомцева О.С.
к.х.н, доцент кафедры АФХ ФГБОУ ВПО АГУ
Шакирова В.В.
к.х.н, доцент кафедры АФХ ФГБОУ ВПО АГУ,
Зверева М.А.
магистр 2 года обучения ХФ, ФГБОУ ВПО АГУ
Бровко Е.В.
студент 2 года обучения ХФ, ФГБОУ ВПО АГУ,
Кожина А.Д.
студент 1 года обучения ХФ, ФГБОУ ВПО АГУ,
Россия, Астрахань
fibi_cool@list.ru

СОЗДАНИЕ НОВОЙ ДИАГНОСТИЧЕСКОЙ ТЕСТ-СИСТЕМЫ ИНДЕФИКАЦИИ ПИРИДОКСИНА

Одним из главных направлений развития современной аналитической химии является разработка эффективных методов исследования и анализа органических соединений, имеющих фармацевтическое значение. Это актуально особенно в последнее время, когда на рынке все чаще появляются некачественные препараты. Создание новых, удобных в работе методик и тест-систем по контролю качества препаратов может позволить повысить качество лечения и профилактики ряда заболеваний.

Для испытаний подлинности, доброкачественности и для количественного определения лекарственных веществ мы выбрали физико-химические методы, так как важная особенность этих методов — объективность оценки качества препарата по фармакологически активной части молекулы. Нами проведена работа по созданию новой оригинальной тест-системы, которая включает в себя несколько методов определения: спектрофотометрический метод и метод сорбционного концентрирования на сорбентах, с последующим определением качественного и количественного состава анализируемого образца. В качестве носителей применяют целлюлозу, кремнеземы, пенополиуретаны, полиметакрилат и другие синтетические материалы. Перспективной твердофазной матрицей для сорбционного концентрирования является кремнийсодержащий материал, обладающий такими преимуществами, как ненабухаемость, жесткий каркас, развитая поверхность, термическая и гидролитическая стабильность, устойчивость к действию органических растворителей [1, 30].

В качестве объекта исследования нами был выбран витамин B_6 (пиридоксин) – один из представителей группы оксиметилпиридиновых витаминов. В связи с тем, что выбранный лекарственный препарат обладает способностью поглощать излучение в УФ области спектра, нами разработана методика спектрофотометрического определения пиридоксина в присутствии железа (II) и бромфенолого синего. В связи с тем, что методика количественного определения пиридоксина гидрохлорида в субстанции – неводное титрование – требует использования дорогостоящих реактивов и высокотоксичных растворителей. Поэтому актуальным является совершенствование метода количественного определения пиридоксина гидрохлорида с использованием тест-систем [2, 35].

В качестве металла комплексообразователя было выбрано железо (II), так как оно образует многочисленные комплексные соединения с реагентами, включающими окси - и азотсодержащие функциональные группы. Спектрофотометрическим методом изучены условия комплексообразования в системе железо (II) - пиридоксин - БФС. Максимум поглощения бромфенолового синего 590 нм ; комплекса железо (II) – бромфеноловый синий - 590 нм; трехкомпонентной системы железо (II) – пиридоксин – БФС - 440 нм. Изучение оптимальных условий комплексообразования показало, что максимальный выход комплекса наблюдается в нейтральной среде pH(7).

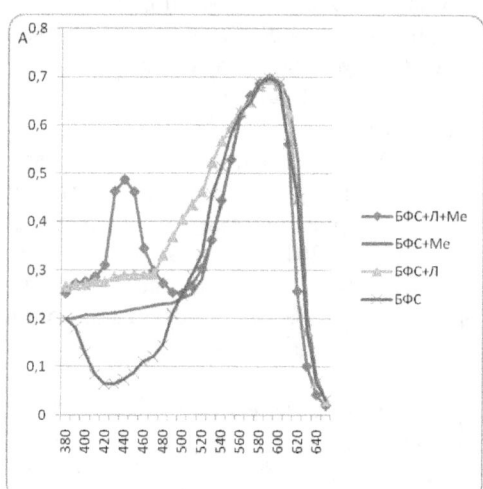

Рис.1. Спектры светопоглощения
$C(Fe^{2+}) = 1 \cdot 10^{-4}$ М; $C(БФС) = 0,5 \cdot 10^{-4}$ М; $C(B_6) = 5 \cdot 10^{-4}$ М; pH = 7; l= 0,5 см; ПЭ-5400.

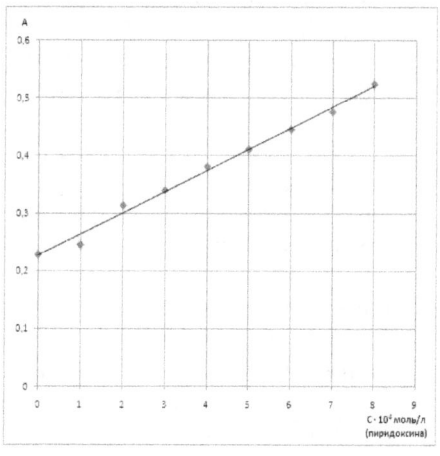

Рис.2. Экспериментальный градуировочный график. $C(БФС.) = 5 \cdot 10^{-5}$ моль/л, $C(Fe^{2+}) = 1 \cdot 10^{-4}$ моль/л, λ = 440нм, pH = 7.0, l = 0,5 см, ПЭ-5400.

Методом изомолярных серий, основан на определении стехиометрического соотношения реагирующих веществ, отвечающего максимальному выходу образующегося комплексного соединения, определили стехиометрические соотношения компонентов в разнолигандном комплексе (Fe^{2+} : БФС : B_6 = 1:1:1).

Рассчитанная методом Комаря величина молярного коэффициента светопоглощения разнолигандного комплекса Fe^{2+} - БФС - B_6 - $\varepsilon = 4{,}6 \cdot 10^3$ указывает на высокую чувствительность данной фотометрической реакции.

$$y = (0{,}220 \pm 0{,}023) + (0{,}531 \pm 0{,}154)\,x$$

С использованием метода математической статистики вычислили градуировочные характеристики исследуемой системы.

Полученная трехкомпонентная система ляжет в основу экспресс-метода определения пиридоксина [3, 140].

Известно, что для создания аналитических экспресс-методов определения веществ используют твердофазные матрицы, созданные на основе целлюлозы, кремнезема, пенополиуретанов, полиметакрилатов и других синтетических материалов. Разработан способ получения силикагеля, на основе опок Астраханкой области. Полученный силикагель обладает такими преимуществами, как ненабухаемость, жесткий каркас, развитая поверхность, термическая и гидролитическая стабильность, устойчивость к действию органических растворителей [4, 183]. На основе экспериментального и теоретического изучения сорбционной способности полученного силикагеля предполагаем, что данный сорбент будет являться отличной твердой матрицей для создания тест-индикатора (качественный анализ), а так же для тест-шкалы (количественный анализ).

Литература

1. Хабарова О.В., Елина В.В., Данилова М.С., Великородов А.В., Тырков А.Г. «Определение тетрациклина реакцией с молибденом и люмогаллионом». // Научно-технический журнал «Химия и химическая технология». вып. 2. - Иваново. Из-во: ИГХТУ, 2013 г. – с. 29-31.
2. Карибьянц М.А., Мажитова М.В.. «Исследование возможности определения эмоксипина с м-крезолфталексоном SA и в присутствии ионов железа». // «Естественные науки», №1. – Астрахань. Из-во: «Астраханский университет», 2009 г. – с. 33-40.
3. Калюжина А., Карибьянц М.А., Мажитова М.В., Утеулиева Г.К. « Исследование влияния ионов меди на равновесия в растворах лидокаина». // «Современные проблемы теоретической и экспериментальной химии», вып.7. – Саратов. Из-во: «КУБиК», 2010 г. – с. 139-141.
4. Когановский А.М. Адсорбция органических веществ из воды / А.М. Когановский, Н.А. Клименко, Т.М. Левченко, И.Г. Рода. Л.: Химия, 1990. 256 с.

Пискунов В.А.
доктор экономических наук, профессор,
Самарский государственный экономический университет,
piskunov-va@mail.ru
Маняева В.А.
доктор экономических наук, профессор,
Самарский государственный экономический университет,
manyaeva58@mail.ru

АНАЛИЗ, УЧЕТ И КОНТРОЛЬ В СТРАТЕГИЧЕСКОМ УПРАВЛЕНИИ ХОЗЯЙСТВУЮЩИМ СУБЪЕКТОМ

Стратегическое управление выдвигает требования к формированию экономического информационного пространства, обеспечивающего интересы широкого круга пользователей, которые одновременно занимаются планированием, организацией, учетом, анализом, контролем и регулированием. Речь идет об интегрированном подходе к формированию информации, создаваемой учетом, анализом и контролем.

Особенностью интегрированного информационного пространства стратегического управления заключается в том, что оно содержит данные не только о внутренней среде, но и информацию о внешней среде - о рынках, конкурентах, товарных запасах и др., а также при определении его состава учитывается зависимость между выбранной миссией (стратегией) и применением методологии учета, контроля и анализа.

Выполнение миссии и достижение поставленных стратегических целей невозможны без анализа внешней и внутренней среды экономического субъекта, что является предметом стратегического экономического анализа. По мнению Н.С. Пласковой: «Стратегический экономический анализ представляет собой новое научное направление прикладного характера, целью которого является адекватное формализованное системное представление стратегических финансово-экономических и иных бизнес-целей, способствующих максимизации рыночной стоимости организации, на основе комплексного изучения сложившегося и будущего характера воздействия внутренних и внешних факторов на результативность ее деятельности» [1,17].

Внешняя среда анализируется для того, чтобы вскрыть те угрозы и возможности, которые организация должна учитывать при определении своих целей и при их достижении. Внешнее окружение включает в себя социальные, технологические, экономические и политические воздействия, которые, как правило, находятся за пределами сферы влияния самого хозяйствующего субъекта. В этой связи стратегия организации обычно строится с учетом ее способности реагировать на изменения, происходящие в макроокружении.

Внутренняя среда организации является источником ее жизненной силы. Анализ внутренней среды организации направлен на то, чтобы помочь менеджменту детально разобраться в вопросах деятельности компании, понять, оправдывают ли себя применяемые организацией стратегии, выяснить, насколько эффективно используются ресурсы компании для поддержания этих стратегий. Значение исследования внутренней среды очень велико, так как именно деятельность компании определяет ее способность опережать своих конкурентов, позволяет менеджерам выявить потенциал конкурентного преимущества, определить те области, которые требуют экстренного вмешательства для обеспечения ее выживаемости на рынке.

На основании результатов анализа внешней и внутренней среды происходит формирование стратегии организации. Стратегию необходимо рассматривать как комбинацию из запланированных действий и быстрых решений по адаптации к новым достижениям на поле конкурентной борьбы. Стратегия сочетает в себе запланированную и продуманную линию поведения, а также возможность реагировать на запланированное новое.

Основная направленность учета - это обеспечение менеджеров информацией, необходимой для принятия обоснованных оперативных и стратегических управленческих решений. Это в полной мере относится к стратегическому учету, под которым понимается «система регистрации, обобщения и представления данных, необходимых для принятия стратегических управленческих решений менеджерским аппаратам хозяйствующего субъекта» [2, 48]. Таким образом, стратегический управленческий учет обеспечивает информационную поддержку анализа и контроля. Именно в учете происходит формирование информации для проведения стратегического экономического анализа, выводы которого принимаются в основу при разработке стратегических планов, бюджетов, целевых комплексных программ. Осуществляя сбор информации о фактическом состоянии системы, учет формирует данные для анализа и контроля оценочных показателей в процессе принятия регулирующих стратегических управленческих решений.

Учетная информация о внешней и внутренней среде позволяет определить, насколько эффективно работает организация с точки зрения различных групп участников бизнес-сообщества: акционеров, потребителей, своих менеджеров и работников, государственных структур, поставщиков, кредиторов и др. Для защиты стратегической позиции компании и определения ее стратегии, улучшения ее будущей конкурентоспособности, менеджерам требуется информация, которая указывает, с кем организация соперничает, как и почему выигрывает или проигрывает в конкурентной борьбе. Эта информация становится своевременным предупреждением о необходимости внесения изменений в конкурентную стратегию. Имея сведения о прогнозировании будущего сокращения расходов у соперников и, как результат, о снижении ими цены реализации продукции, организация обращает внимание на важность своевременного накопления своего опыта о новом продукте, рассматривая данный процесс как средство обеспечения преимущества над конкурентами. Компания-лидер может снизить свою цену реализации продукции (благодаря эффекту от кривой обучения), в результате чего можно увеличить объем ее реализации и соответственно рыночную долю.

Контроль в стратегическом управлении заключается в установлении стандартов (оценочных показателей), в измерении фактически достигнутых результатов и их отклонений от установленных стандартов, в отслеживании хода выполнения принятых управленческих решений и оценке достигнутых результатов в ходе их выполнения. Следует согласиться с мнением, что: «В случае разработки стратегических задач возникает необходимость агрегирования разносторонних показателей и наоборот – поиск узких мест в бизнесе предполагает аналитическую «расшивку» информационной базы с целью нахождения причин отрицательных явлений» [3,12]. Контроль, являясь связующими звеньями между учетом и анализом, позволяет менеджерам отслеживать, каким образом реализуется исполнение управленческого решения, и на основе собранных и проанализированных фактических данных делать выводы относительно принятия и реализации будущих решений, осуществлять регулирование стратегии и стратегических целей.

В заключении следует отметить, что подход к построению учета, анализа и контроля в стратегическом управлении представляет собой высший уровень формирования учетно-контрольно-аналитической информационной системы управления хозяйствующим субъектом. На данном уровне происходит выбор оценочных финансовых и нефинансовых ключевых показателей результативности и строится информационная система для их оценки.

Литература

1. Пласкова, Н.С. Методология стратегического анализа результативности бизнеса [Текст] : монография / Н.С. Пласкова. - М. : Креативная экономика, 2007. - 256 с.
2. Стратегический учет [Текст] : учеб. пособие для студентов, обуч. по спец. «Финансы и кредит», «Бухгалтерский учет, анализ и аудит» / под ред. В.Э. Керимова.- М. : Омега-Л., 2005. - 168 с.
3. Фомин, В.П. Анализ сбалансированности показателей развития предприятия [Текст] : науч.-практ. изд. / В.П. Фомин. - Самара: Содружество, 2008. - 208 с.

Бондаренко Е.С.
кандидат экономических наук, доцент, докторант
Киевский национальный университет технологий и дизайна

ОБОСНОВАНИЕ ФАКТОРОВ ВЛИЯНИЯ НА УПРАВЛЕНИЕ ФИНАНСОВЫМИ ПОТОКАМИ В ЛОГИСТИЧЕСКИХ СИСТЕМАХ

Внедрение современными предприятиями методов логистического управления обусловлено необходимостью разработки прогрессивных механизмов, которые обеспечат широкие возможности и перспективы повышения их эффективности и конкурентоспособности. Вместе с этим, изменения в философии управления хозяйственной деятельностью, трансформация конкурентных отношений побуждают теоретиков и практиков к углублению исследований логистических подходов с целью определения доминирующих логистических потоков и разработки современных моделей управления ими. В этом направлении существенная роль отводится финансовым потокам, которые в рамках логистических систем все больше поддаются влиянию внутренних (эндогенных) и внешних (экзогенных) факторов.

В исследованиях ученых просматриваются разные подходы к определению факторов влияния на управление финансовыми потоками. Одни исследователи их рассматриваю с позиции финансового управления предприятием [2,242; 3,31; 4,45], другие – с позиции логистического управления [1, 221; 5,19]. Однако, полная оценка влияния факторов на управление финансовыми потоками в логистических системах возможна лишь при условии их единовременного рассмотрения с позиции финансового и логистического управления. Анализ научных трудов исследователей данной проблемы дал возможность выделить ряд факторов и обосновать, согласно этому, перечень внешних и внутренних факторов.

Таблица 1
Факторы влияния на управление финансовыми потоками в логистических системах

Фактор	Внешнее влияние	Внутреннее влияние
Нормативно-правовой	- законодательные нормы и частота их изменения; - соответствие законодательства в разных сферах деятельности международным требованиям, правилам, стандартам; - регламентирование процедур ведения финансового и	- обеспеченность внутренними нормативными документами; - действенность систем внутреннего контроля, мониторинга, управленческого учета - отлаженность системы прохождения информации между элементами

	налогового учетов	логистической системы; - соблюдение правил ведения учета и составления форм отчетности
Экономический	- динамика основных макроэкономических показателей; - уровень внедрение стратегических программ; - уровень сотрудничества с зарубежными партнерами; - параметры монетарной и фискальной политики	- динамика показателей ефективности функционирования логистической системы; - политика ценообразования; - политика диверсификации; - стратегия развития логистической системы
Научный	- уровень финансирования государством научных исследований; - возможности обмена и использования научных разработок; - развитость отношений с зарубежными научными учреждениями	- сотрудничество предприятий с научными учреждениями; - уровень мониторинга и внедрение научных разработок; - уровень привлечение работников с учеными степенями и званиями
Политический	- политическая стабильность; - участие страны в мировых процессах и целевых программах разных стран; - степень развития международных отношений	- участие в обсуждении законопроектов и других законодательных актов; - участие в реализации целевых государственных программ; - участие в мероприятиях государственного и регионального уровня
Инфраструктурный	- уровень развития рыночной инфраструктуры; - уровень интегрированности инфраструктур разных рынков; -территориальное и географическое размещение логистических объектов - экономическая безопас-	- уровень формирования инфраструктуры логистической системы; - уровень обеспечения элементов логистической системы информацией об изменениях в деятельности участников логистической ифраструктуры; - наличие альтернативных

	ность локализации логистических объектов	вариантов изменения логис-тической инфраструктуры
Технологический	- уровень стимулирования государством обновления техники и технологий; - уровень поддержки государством внедрения новых прогрессивных технологий; - существование конкурирующих технологий; - стоимость разработки и внедрения технологий;	- степень обеспечения технологическим оборудованием и его обновление; - наличие взаимосвязей между элементами логистической системы; - способность к моделированию и прогнозированию логистических процессов; - возможность сокращения длительности логистического цикла
Социальный	- демографические тенденции; - уровень образования; - уровень социальной ответственности бизнеса; - уровень жизни населения; - качество подготовки квалифицированных специалистов	- уровень корпоративной социальной ответственности; - обеспеченность логистической системы персоналом необходимой квалифи-кации; - уровень мотивации и наличие социальных гарантий
Инновациионный	- общегосударственный уровень и качество инноваций; - инновационная стратегия развития экономики и ее отраслей; - уровень внедрения инноваций	- уровень инновационной активности логистической системы; - объемы вложений в организационные и технологические инновации; - возможности внедрения инновационных проектов
Экологический	- состояние природных ресурсов; - уровень экологического сознания населения; - способность преодолевать глобальные и национальные экологические угрозы	- способность улучшать экологические характеристики; - качество управления природоохранными мероприятиями; - уровень формирования системы экологического менеджмента

Нормативно-правовой фактор предусматривает соблюдение требований законодательства и разработку в рамках логистической системы соответственного нормативного обеспечения. Под воздействием этого фактора осуществляется разработка положений, инструкций, методик, которые направлены на обеспечение эффективного управления входящими и исходящими финансовыми потоками.

Экономический фактор, определяя хозяйственный механизм, осуществляет влияние на особенности функционирования логистической системы, обуславливая ее элементы, подсистемы, инфраструктуру, а также предпочтительные методы, рычаги, инструменты управления логистическими потоками. Поэтому параметры финансовых потоков существенно зависят от влияния этого фактора.

Влияние научного фактора особенно характерно для логистических систем и управления в них финансовыми потоками. Это объясняется тем, что в современных условиях определение первоначальной роли финансовых потоков в логистических системах, их взаимосвязей с материальными и информационными потоками может быть установлено только с помощью научных исследований на основании использования базовых положений логистики и финансового менеджмента.

Политический фактор, характеризуя уровень политической стабильности в стране, определяет возможности развития логистической системы путем реализации соответственной стратегии, которая на каждом этапе отражает управление финансовыми потоками. Исходя из этого, принятие решений в рамках логистической системы относительно формирования и использования финансовых ресурсов, направленности движения финансовых потоков должно осуществляется исходя из сложившейся политической ситуации

Влияние инфраструктурного фактора обусловлено уровнем развития логистической инфраструктуры и местом размещения того или иного логистического объекта. Поэтому, прогнозирование направлений движения входящих в логистическую систему и исходящих финансовых потоков должно осуществляться еще на этапе принятия решений о расположении логистических объектов и выборе для них наиболее привлекательных территорий.

Технологический фактор отражает рациональное создание технологий управления логистической системой и технологий производства. При этом учет факторов внешнего и внутреннего влияния обеспечит разработку механизмов управления финансовыми потоками, ориентированных на решение задач тактического и стратегического характера.

Ключевая роль в формировании идеологии, целей, миссии логистической системы отведена социальному фактору. Его положительное влияние обеспечивает развитие логистической системы. В этом случае управление финансовыми потоками в логистической системе зависит от уровня подготовки специалистов. При этом наиболее важным остается мотивационный аспект. Внутренняя мотивация логистов, подкрепленная соответственными компетенциями и корпоративной преданностью, является гарантией эффективного управления финансовыми потоками.

Влияние инновационного фактора объясняется значением для логистических систем инновационных разработок. В данном случае при выборе инновационных процессов управление финансовыми потоками должно учитывать цели логистической системы и приоритеты их достижения.

Экологический фактор отражает влияние на логистическую систему уровня стабилизации экологической ситуации, без которого невозможно обеспечить ее устойчивое и долгосрочное развитие. В этом случае управление финансовыми потоками должно осуществляться при условии формирования сбалансированной системы природопользования и экологизации технологий.

Таким образом, учет логистами выделенных факторов обеспечит принятие обоснованных управленческих решений и разработку эффективных механизмов управления финансовыми потоками в логистических системах предприятий.

Литература

1. Алькема В. Г. Система економічної безпеки логістичних утворень: [монографія] /В. Г. Алькема. – К.: Університет економіки та права «КРОК», 2011. – 378 с.

2. Єрмошкіна О.В. Управління фінансовими потоками промислових підприємств: теорія, практика, перспективи: [монографія] / О.В. Єрмошкіна– – Донецьк: національний гірничий університет, 2009. – 479 с.

3. Каламбет С.В., Якимова А.М. Управління операційними грошовими потоками підприємства: [монографія] /С.В. Каламбет, А.М. Якимова. – Донецьк: Вид-во Дніпр. нац. університету залізничного транспорту ім. академіка В. Лазаряна, 2009. – 122 с.

4. Мельникова К.В. Фінансові потоки в логістичних системах: конспект лекцій /К.В. Мельникова: конспект лекцій – Харків, вид-во ХНЕУ, 2008. – 84 с.

5. Чеботаев А.А. Логистика – синергетическая качественная услуга в цене поставляемых товарных ресурсов: учебник/А.А. Чеботаев, Д.А. Чеботаев. – М.: ЗАО Издательство «Экономика», 2009. – 262 с.

6. Подлесных В. И. Новые подходы и методы обеспечения устойчивого развития предпринимательских структур: теория организации, самоорганизации и управления: [монографія] / В. И. Подлесных, Н.В. Кузнецов, О.Г. Тихомирова. – М.:Инфра-М, 2011. – 304 с.

Пацукова И.Г.
доцент, к.э.н., Белгородский государственный национальный исследовательский университет

ФИНАНСОВАЯ УСТОЙЧИВОСТЬ ПРЕДПРИЯТИЙ

Большое значение на современном этапе имеет определение финансовой устойчивости предприятий; критериев и системы показателей ее измеряющих; факторов, на нее влияющих и дестабилизирующих экономику в целом и искажающих оценки результатов финансово – хозяйственной деятельности субъектов хозяйствования. Финансовая устойчивость естественных монополий оказывает существенное влияние на финансовую устойчивость других субъектов экономики, особенно реального сектора.

«Финансовую устойчивость хозяйствующих субъектов» можно рассматривать как социально – экономическое явление, раскрывая ее содержание, критерии и систему показателей, учитывая совокупность внешних и внутренних факторов. Ее оценка относится к числу наиболее важных финансово – экономических проблем.

Обобщая различные мнения, имеющиеся в литературе, считаем, что финансовая устойчивость субъекта экономики характеризуется его финансовой независимостью, а также определенной степенью обеспеченности собственным капиталом и кредитами банка его внеоборотных активов, производственных запасов и затрат, денежных средств и дебиторской задолженности в пределах соответствующего норматива.

«Финансовая устойчивость» вообще может быть определена как синтетическая категория, отражающая ликвидность активов, платежеспособность, деловую активность и другие моменты финансово – хозяйственной деятельности субъекта рыночных отношений. При этом финансовая устойчивость в научной экономической литературе рассматривается как составная часть общей устойчивости хозяйствующего субъекта. Такое их соотношение показывает обеспеченность последнего финансовыми ресурсами.

В целом, представляется, что содержание финансовой устойчивости и финансового состояния отражают финансовую независимость, степень обеспеченности собственным капиталом и кредитами банка внеоборотных активов, производственных запасов и затрат, денежных средств и дебиторской задолженности в пределах соответствующего норматива. Финансовая устойчивость отражает ликвидность активов, платежеспособность, деловую активность и другие моменты финансово – хозяйственной деятельности субъекта рыночных отношений. Она зависит от внутренней и внешней среды.

Для обеспечения финансовой устойчивости предприятие должно обладать гибкой структурой капитала и уметь организовать его движение так, чтобы обеспечить постоянное превышение доходов над расходами, сохранив тем самым платежеспособность и создав условия для нормального функционирования. Параметры финансовой устойчивости трансформируются под влиянием совокупности факторов, таких как:
- количественные и качественные;
- внутренние и внешние;
- имеющие краткосрочный и долгосрочный характер.

Одной из наиболее серьезных причин, приведших к резкому ухудшению финансовой устойчивости предприятий реального сектора экономики, стала либерализация (освобождение) цен, включая банковские услуги за кредит, депозит, когда их цены многократно возросли. Предприятия вступили в эпоху рыночного ценообразования в условиях полного отсутствия конкуренции производителей. Поэтому следствием либерализации цен стал непрерывный рост цен в разных секторах экономики страны.

Финансовую устойчивость отождествляют не только с состоянием пассивной безубыточности, но и со стабильным развитием предприятия. Для рыночной экономики нужна стабильность, в основе которой лежит управление по принципу обратной связи, т.е. активного реагирования управления на изменения внешних и внутренних факторов.

Политика поддержания финансовой устойчивости субъекта экономики многогранна, но, на наш взгляд, она заключается во взаимодействии внутренних и внешних факторов. Естественные монополии (электро – и теплоэнергетика, транспорт, включая железнодорожный, нефтегазовые отрасли) существенным образом влияют на общеэкономические показатели и финансовую устойчивость других субъектов экономики.

Сделать какие либо точные прогнозы по поводу формирования финансовой устойчивости организации с учетом изучения внешних факторов практически невозможно. Поэтому их следует отнести к разряду неуправляемых. При этом внешние факторы влияют на внутренние. Конечно, бороться со многими внешними факторами отдельным предприятиям не по силам, но в создавшихся условиях, им остается проводить такую собственную стратегию, которая позволяла бы смягчить негативные последствия общего спада производства [1].

Внутренние факторы считаются зависимыми, поэтому предприятие посредством влияния на них в состоянии корректировать свою финансовую устойчивость. Группу внешних факторов, влияющих на платежеспособность предприятия, составляют ориентированность спроса на импорт, слабость правового режима, инфляция издержек, противоречивая государственная финансовая политика, чрезмерная налоговая нагрузка, бюджетное недофинансирование, государственное или муниципальное участие в капитале предприятия. К внутренним факторам, оказывающим дестабилизирующее воздействие на финансы предприятия, относят дисбаланс функционально – управленческой конфигурации, неконкурентоспособность продукции, неинтенсивный маркетинг, нерентабельность бизнеса, износ основных средств, неоптимальные долги и запасы, раздробленность уставного капитала [2]. Влияние перечисленных факторов может ослаблять финансовую устойчивость предприятия и снижать ее платежеспособность.

К направлениям обеспечения финансовой устойчивости инструментами тактического финансового менеджмента можно отнести выбор целевой структуры финансирования оборотных средств, установления принципов оптимизации политики управления затратами (обоснованности, минимизации, планирования), который позволяет уточнить мероприятия по достижению целевой финансовой устойчивости предприятия.

Традиционные методы финансовой устойчивости базируются на довольно большом количестве показателей, разносторонне оценивающих структуру баланса:

- соотношение заемных и собственных средств;
- долей собственных средств в капитале;
- долей имущества, составляющего производственный потенциал хозяйствующего субъекта в общей стоимости активов.

Финансовая устойчивость – это комплексное понятие, обладающее общими формами проявления, формирующееся в процессе всей финансово – хозяйственной деятельности, находящееся под влиянием множества различных факторов, таких как:

- положение организации на рынке;
- производство дешевой и пользующейся спросом продукции;
- его потенциал в деловом сотрудничестве;
- степень зависимости от внешних кредиторов и инвесторов;
- наличие платежеспособных дебиторов;
- эффективность хозяйственных и финансовых операций.

Литература

1. Алябьева, В.А. Факторы и пути повышения финансовой устойчивости [Электронный ресурс]. – Режим доступа: http://library.krasu.ru/ft/ft/b72/0227142/pdf/13/26b.pdf

2. Павленко, М., Смирнова, Н. Инструменты оценки финансовой устойчивости [Электронный ресурс]. – Режим доступа: http://consulting.1c.ru/ejournalPdfs/pavlenkov.pdf

Черноножкина Н.В.
старший преподаватель кафедры управления, политики и права
НОУ ВПО «Омская гуманитарная академия»
e-mail:mailchnv@inbox.ru

ПОВЫШЕНИЕ ЭФФЕКТИВНОСТИ ИСПОЛЬЗОВАНИЯ ЗЕМЕЛЬНЫХ РЕСУРСОВ В АГРАРНОМ СЕКТОРЕ ЭКОНОМИКИ ОМСКОЙ ОБЛАСТИ

Земля является фундаментальным фактором производства в сельском хозяйстве, образуя пространственно-территориальную основу размещения населённых пунктов, предприятий, структуру отраслей сельского хозяйства. От эффективного использования земель сельскохозяйственного назначения зависит устойчивое развитие сельского хозяйства и продовольственная безопасность отдельных регионов и страны в целом.

В результате аграрной реформы, проводимой в современной экономике России, обострились проблемы эффективного использования земли, не был создан механизм перехода права собственности на землю в руки эффективных пользователей, способных обеспечить стабильный производственный процесс в изменяющихся рыночных условиях.

Проблема эффективного использования земель выражается в сокращении наиболее продуктивных видов сельхозугодий, увеличении площади под залежными землями.

Эффективность использования земли отражает уровень ведения сельского хозяйства. Использование сельскохозяйственных земель характеризуется экономической, экологической и социальной эффективностью.

Экономическая эффективность оценивается совокупностью показателей, отражающих выпуск сельскохозяйственной продукции и структуру использования земель сельскохозяйственного назначения. Экологическая эффективность использования земли обусловлена её качественными характеристиками и обеспечивается проведением мероприятий по восстановлению плодородия сельскохозяйственных земель. Социальная эффективность использования земли достигается через обеспечение населения необходимыми продуктами сельскохозяйственного производства и развитие социальной инфраструктуры в сельской местности.

В современных рыночных условиях эффективное использование земель является основой устойчивого функционирования и развития сельскохозяйственного производства. Для обеспечения конкурентоспособности производства и сохранения рыночных позиций товаропроизводителя особое значение приобретает экономическая эффективность.

Экономическая эффективность оценивается совокупностью показателей, отражающих структуру использования сельскохозяйственных угодий и выпуск сельскохозяйственной продукции.

Анализ данных об использовании сельскохозяйственных угодий в Омской области показывает, что за последнее десятилетие произошли изменения в их структуре. Наблюдается тенденция сокращения площади пашни и увеличения площади залежи и земель, занятых зелёными насаждениями. Такие изменения связаны, прежде всего, с недостатком финансовых и материально-технических ресурсов для обеспечения ведения сельскохозяйственного производства.

Одним из показателей, характеризующих экономическую эффективность использования земли, является урожайность сельскохозяйственных культур.

В сравнении с предыдущим периодом в 2012 году в результате неблагоприятных природно-климатических условий произошло сокращение урожайности практически всех видов сельскохозяйственных культур относительно предыдущего периода, за исключением озимой ржи (прирост составил 1,5%), подсолнечника (прирост 1%) и кормовых корнеплодов (рост урожайности в 2 раза)[1,160; 2,10]. Изучение динамики данного показателя за период 2000 – 2012 г.г. позволяет сделать вывод об отсутствии стабильной тенденции к росту урожайности по всем видам культур, что свидетельствует о преобладании экстенсивного землепользования.

На использование земельных ресурсов и размещение сельскохозяйственного производства по территории области влияет разнообразие почвенного покрова.

В зависимости от природно-климатических условий и особенностей структуры и качества почв в Омской области выделяются четыре природно-экономические зоны: степная, южная лесостепная, северная лесостепная и северная. В структуре сельскохозяйственных угодий степной и южной лесостепной зоны преобладает пашня. Пахотные земли в обеих зонах расположены крупными массивами. В степной зоне распространены черноземные почвы. «Пахотнопригодность данной зоны достигает 81,5%. Северная лесостепь характеризуется разнообразием почвенного покрова. Пахотнопригодные почвы в данной зоне составляют 31,8%. Почвы сенокосно-пастбищного назначения составляют 32% территории северной лесостепи»[3,12]. Северная зона Омской области характеризуется заболоченностью, наличием крупных лесных массивов. Пахотные земли в данной зоне расположены небольшими участками и рассредоточены по территории.

Следует отметить, что при размещении посевов сельскохозяйственных культур зачастую нарушаются севообороты и не учитывается почвенный состав в разрезе различных производственных зон Омской области. В частности, наблюдается тенденция повсеместного посева пшеницы яровой как наиболее востребованной на рынке сельскохозяйственной культуры. Расширение посевных площадей пшеницы без учёта природно-климатических условий приводит к углублению диспропорций в сельском хозяйстве области.

Экономическая эффективность использования земли в сельском хозяйстве тесно взаимосвязана с экологической эффективностью.

Экологическая эффективность использования земли обусловлена её качественными характеристиками и обеспечивается проведением мероприятий по восстановлению плодородия сельскохозяйственных земель.

Сельскохозяйственные угодья Омской области в результате их хозяйственного использования подвержены различным деградационным процессам, среди которых наиболее широко распространены: дефляция, эрозия, совместная деградация почв ветром и водой, переувлажнение и подтопление отдельных территорий.

Результаты агроэкологической оценки почвенного покрова Омской области показывают, что «площадь сельскохозяйственных угодий, расположенных на землях лучшего качества составляет 1,6 % от территории области, 82 % занимают земли низкого качества, требующие мелиоративных, агрохимических, гидротехнических, химических, культурнотехнических мероприятий»[4,107]. Однако в последние десятилетия практически не реализуются и нарушены существовавшие ранее системы почвозащитного земледелия.

Эффективность использования земли зависит не только от площади земельного участка и качественного состава почвы, но и от обеспеченности хозяйства финансовыми, трудовыми, материально – техническими ресурсами.

За период с 1990г. по 2012г. ухудшилась материально-техническая база сельского хозяйства Омской области. Для всех видов техники коэффициент выбытия в несколько раз превышает коэффициент обновления. Значительно сократилась обеспеченность сельскохозяйственных организаций различными видами сельскохозяйственной техники. Например, если «в 1990 г. на 1000 га пашни приходилось 7,2 трактора в среднем по области, то в 2012 г. – 3 трактора»[5,10].

Износ и выбытие техники, рост нагрузки на единицу техники приводят к нарушению сроков проведения полевых работ, потерям урожая, росту издержек на ремонт и, как следствие, снижению рентабельности сельскохозяйственного производства.

На решение проблемы повышения эффективности использования земельных ресурсов направлены ряд государственных программ, реализуемых на территории Омской области. Однако программы не имеют комплексного характера и не предполагают выделение существенных средств на проведение мониторинга земель.

Можно выделить следующие основные направления повышения эффективности использования земельных ресурсов в сельском хозяйстве Омской области: проведение комплексной оценки качественного состояния почв на территории области, разработка и реализация системы мероприятий по повышению плодородия почв, развитие системы льготного кредитования и страхования сельскохозяйственных производителей.

В современных условиях мероприятия, направленные на повышение эффективности использования сельскохозяйственных земель должны занимать центральное положение при разработке экономической политики в аграрном секторе региональной экономики.

Литература

1. Омский областной статистический ежегодник:Стат. сборник . Ч.2./Омскстат. – Омск,2012. – 406с.
2. Посевные площади и валовой сбор урожая сельскохозяйственных культур в хозяйствах всех категорий Омской области в 2012 году: Стат.бюллетень / Омскстат. – Омск,2013. – 70с.
3. Доклад о состоянии использования земель в Омской области в 2012 году. – Омск, 2013.[Электронный ресурс] – Режим доступа: http://www.to55.rosreestr.ru/kadastr/zemleustroistvo/svedeniya_o_zemle/(Дата обращения:15.09.2013.)
4. Рейнгард Я.Р. Агроэкологическая оценка почвенного покрова и районирование территории Омской области:Монография /Я.Р. Рейнгард, О.В.Нежевляк. – Омск: Изд-во ФГОУ ВПО ОмГАУ,2008. – 166с.
5. Наличие тракторов, сельскохозяйственных машин и энергетических мощностей в сельскохозяйственных организациях Омской области на 1 января 2013:Стат. бюллетень/Омскстат. – Омск, 2013. – 27с.

Сабирова Г.Т.
к.э.н., доцент кафедры
институциональной экономики

ПРЕДПРИНИМАТЕЛЬСТВО В УСЛОВИЯХ ИННОВАЦИОННОГО РАЗВИТИЯ

В последнее десятилетие модернизация и инновационное развитие стали основными стратегическими целями экономического развития национальной экономики. Основное внимание в выступлениях, публикациях уделяется технико-экономическим вопросам: повышение эффективности, снижение издержек, усиление конкурентоспособности предприятий, улучшение качества производимой продукции и другим аналогичным показателям. Однако, вопрос о построении новой модели предпринимательства в условиях инновационного развития, по-прежнему остается недостаточно разработанным.

Инновационное развитие, определяя условия, в которых живет экономика, становится императивом существования и предпринимательства. Целью модернизации предпринимательства в России выступает именно создание новой модели функционирования бизнеса. В этой модели государство должно определять векторы развития, а российский бизнес на любых уровнях предпринимательской общности будет заинтересован в решении инновационных задач.

Руководством страны была поставлена задача к 2014 г. обеспечить не менее 40% формирования валового национального продукта за счет развития инновационного малого и среднего предпринимательства.

Практически 2014 год наступил, но малые и средние предприятия создают всего 11-12% валового внутреннего продукта, в то время, как в развитых странах, как известно, этот показатель достигает 50-60%. Уровень развития малого и среднего предпринимательства в России остается очень низким. Количество предприятий, занятых в этой сфере, в последние годы достигает 850 тыс. - 1 млн. Доля занятых на малых и средних предприятиях в общей численности занятых определяется 10-16%. Отраслевая структура достаточно примитивная: основная масса предприятий малого и среднего бизнеса по-прежнему работает в торговле и общественном питании – более 50%. Инновационный бизнес в этой сфере практически не развивается; доля субъектов малого и среднего предпринимательства в научно-технической сфере не превышает 1,5-2 %.

Россия по мировым оценкам еще только находится в процессе перехода к следующей, инновационной стадии развития ввиду значительного роста ВВП на душу населения на протяжении последних лет.

Причины создавшегося положения: расхождения между декларируемыми целями и реальной практикой - анализируются многими исследователями экономических процессов. Основными являются: административные барьеры, неразвитость инфраструктуры, несовершенная система финансирования и кредитования, отсутствие партнерских взаимосвязей между сферами малого, среднего предпринимательства и крупного бизнеса.

Законодательное регулирование предпринимательства опирается на Федеральные законы «О государственной поддержке малого предпринимательства в РФ» (1995г.) и «О развитии малого и среднего предпринимательства в Российской Федерации»(2007г.). существует множество нормативно-правовых актов, которые регулируют деятельность субъектов этой сферы. В результате наблюдается хаотичность, множество пробелов, нестыковок в регулировании предпринимательства, его поддержки.

В последнее десятилетие активно ведется работа по формированию институтов инфраструктуры развития предпринимательства, как на федеральном, так и региональных уровнях. Вместе с тем, развитие инфраструктуры происходит в условиях высокой степени инновационных изменений, нестабильности развития факторов внешней и внутренней среды. В результате, несмотря на множество созданных программ, инновационных бизнес-инкубаторов, технопарков и т.д. не создана скоординированная система реальной помощи реальному сектору малого и среднего бизнеса. Для многих субъектов этой сферы эти программы остаются недоступными, сложными, требующими преодоление многих административных барьеров.

По-прежнему, неэффективно налоговое регулирование. Отсутствуют механизмы, которые бы защищали капиталы, вложенные в производственный сектор, инновационные проекты. Например, отсутствует ускоренная амортизация, которая защищает от рисков обесценения капитал, или не создаются свободные от налогов резервные фонды для защиты от рыночных рисков. НДС как налог на импорт новых машин и технологий отрицательно сказывается на обновлении производственных фондов, поскольку его уплата предусмотрена до установки и введения в производство нового оборудования.

Во многих странах существует эффективно действующая льгота для инноваций: налоговый кредит как разовое и безвозвратное уменьшение налогового платежа предприятия на сумму средств, инвестированных в развитие производства (инвестиционный налоговый кредит), на внедрение новых технологий (инновационный налоговый кредит), на создание новых рабочих мест и др. Это стимулирует малый и средний бизнес эффективно использовать инновации. В Российской экономике пока еще не отработан похожий механизм.

Таким образом, в российской экономике еще не создана именно система работающих рычагов управления и стимулов инновационными процессами в развитии предпринимательства.

Литература:

1. О развитии малого и среднего предпринимательства в Российской Федерации.Федеральный закон. Собрание законодат.РФ 30.07. 2007. № 31.
2. Основные итоги социально-экономического развития в 2012г. Экономический обзор. // Экономист,2013.- №3
3. Аганбегян А.Г. О модернизации общественного производства России.//Инновации, 2012.- №1
4. Сулейманов М.Д. Без инвестиций нет развития // Российское предпринимательство, 2013.- № № 2,3
5. Кузнецова Е.А. Определение понятия «малый инновационный бизнес» // Российское предпринимательство,2012.- № 18

Славиковская Т.О., Кравченко М.В.
Сибирский государственный технологический университет

ПРЕИМУЩЕСТВА ИСПОЛЬЗОВАНИЯ ИНТЕРНЕТ-САЙТА МАЛЫМ БИЗНЕСОМ

На сегодняшний день интернет – это не только средство коммуникаций, но и многообещающая среда обитания для бизнеса. Свидетельством этому служит стабильное и неуклонное увеличение пользователей мировой паутины, а также рост конкуренции, связанный с развитием экономики на российском рынке. И в этой конкурентной борьбе победу одерживает тот, кто использует новые более эффективные способы коммуникации для продвижения и позиционирования своей продукции.

Интернет предлагает множество преимуществ, касающихся возможностей установить и поддерживать взаимоотношения между клиентами и компанией. Так через интернет-магазин потребители могут заказывать товары в течение двадцати четырёх часов независимо от географического положения. Потребитель может ознакомиться с информацией о товарах, сравнить их с аналогичными товарами конкурентов, сравнивать с продукцией розничных точек, а затем купить там, где товар будет дешевле. Если производитель установил опцию обратной связи, потребитель легко получает консультацию в виде текстового и/или видео формата. Такая работа напрямую с клиентами позволяет более точно и глубоко изучить индивидуальные потребности клиента, найти к нему подход и создать долговременные и взаимовыгодные отношения. [1]

Использование интернета в бизнесе также ведёт к уменьшению издержек:

- электронные каталоги позволяют значительно сэкономить на создании печатных изданий каталогов;
- снижаются издержки времени для информирования клиентов;
- отпадает необходимость создания филиалов и представительств, т.к. информация о компании и товаре может быть предоставлена на различных языках;
- снижение финансовых и временных издержек для проведения пробного маркетинга в отношении нового продукта.

Несмотря на растущие возможности, российские предприниматели часто действуют стереотипно, не поспевая за изменившимся потребителем. Сайт компании всё ещё модная тенденцией, поэтому в интернете частенько можно встретить сайты-визитки и мало кто осознает, что бизнес в Интернете способен приносить прибыль. [4]. Так, по данным PricewaterhouseCoopers объем рынка электронных покупок составил 10,4 млрд.долларов, что составило 2,2% от общего розничной торговли в России.

Конечно, многие предприниматели стараются соответствовать тенденциям и создают сайт «раз и навсегда». Это одна из типичных и грубейших ошибок при разработке и развитии сайта.

Одним из преимуществ Интернета является оперативность, которая позволяет обновлять информацию с минимальными затратами времени. Если информация «застаивается», страница становится малопривлекательной для посетителей, а это значит, что просмотры будут только сокращаться. Интересный контент дает возможность выводить интернет-продукт на первые позиции в поисковой строке, не вкладывая при этом в раскрутку интернет-продукта серьёзных затрат.

В тоже время необходимо знать какую именно информацию отразить на сайте и как её представить посетителю. То есть, нужно решить не только, что сказать, но и как сказать, и, как бы это парадоксально не звучало, основное свойство информации – это не её полнота, а её привлекательность для пользователя.

Также контент не должен быть сплошным технически сложным текстом. Во-первых, это отпугивает, а во-вторых, не даёт возможности посетителю путешествовать по сайту. Необходимо помнить правило «трех кликов» которое гласит, что посетитель должен иметь возможность добраться до интересующей его информации не более чем за три перемещения по структуре сайта. Слишком сложная структура сайта всегда вынуждает посетителей покинуть сайт[3].

Необходимо представить себя на месте посетителей, что бы они захотели увидеть и прочитать, как удобней представить им контент. Так же не стоит забывать, что сейчас выйти в Мировую паутину можно не только с персонального компьютера, но и также с различных гаджетов, где скорость Интернета значительно ниже, отчего изобилие графики может просто не дать потенциальному посетителю дождаться загрузки страницы.

Важным инструментом для интернет-маркетинга является счётчик, который позволяет отслеживать количество посетителей сайта, пути их перемещения, а также некоторые особенности их компьютеров, например, скорость соединения, место расположения и др. Это позволяет лучше узнать и ознакомиться с индивидуальными потребностями посетителей сайта.

Случается так, что для удовлетворения любопытства компании устанавливают по три и более счётчиков, статистика которых отличается друг от друга, и, в итоге, это приводит к разочарованию и неуверенности правильности действий по продвижению сайта. Рекомендуется пользоваться двумя счётчиками одновременно [5].

Сайт – отличное поле для проведения маркетинговых исследований. На сайте можно провести опрос, заполнить анкету, оставить мнение в гостевой книге о сайте или компании.

Одна из проблем- это продвижение сайта в сети Интернет. Наиболее эффективными способы считаются поисковая оптимизация сайта, - размещение баннерной и текстовой рекламы, использование e-mail маркетинга, размещение пресс-релизов компании, использование партнёрских программ.

Оптимизация связана с запросами в поисковой строке, так называя релевантность, то есть совпадение запроса с содержанием веб-страницы. Для увеличения релевантности создаётся ядро потенциальных запросов.

Баннерная и текстовая реклама считается самым распространённым и эффективным способом привлечения внимания. Баннеры представляют собой кликабельное графическое изображение, которое имеет гиперссылку на сайт рекламодателя. Текстовая реклама представляет собой текст, имеющая гиперссылку на сайт компании. Этот тип рекламы тесно связан с таргетингом: географическим, временным и тематическим, т.е. тот или иной баннер или текст будет показан в определённом регионе, в определённое время и на ресурсах с одинаковой тематикой.

Посоревноваться с баннерной и текстовой рекламой может e-mail маркетинг, т.е. персональная рассылка информации на почту клиентов. Единственным «но» в этом случае является то, что клиент должен дать согласие на рассылку новостей [6].

Стоит обратить внимание на пресс-релизы компании. С помощью них можно привлечь десятки тысяч покупателей, лишь только разместив статью на сайте со схожей тематикой.

Под партнёрскими программами понимается деловое сотрудничество между продавцом и партнёрами, которые и привлекают посетителей на сайт продавца. Партнёр размещает гиперссылки с переходом на сайт рекламодателя, тот в свою очередь платит либо за клик, либо за показ сайта, либо за продажу, либо за какие-либо совершённые действия на сайте и двухуровневые услуги (например, оплата за клик и совершённое действие).

Социальные сети также можно причислить к способам продвижения сайта, так как они сосредотачивают огромное количество потенциальных клиентов. Основным же инструментом для продвижения продукта посредством социальных сетей является баннерная и текстовая реклама. Также с помощью социальных сетей можно провести маркетинговое исследование, в виде диалогов с потенциальными клиентами, создания сообществ и спецпроектов (игры, тесты, конкурсы и т.д.) [2].

При создании сайта главное значение имеет аналитика, анализ обстановки в сети Интернет, это позволяет за короткое время привлечь большую аудиторию, а также не отстать от конкурентов или опередить их.

Список используемой литературы:

1. А. В. Яковлев, Способы продвижения в сети Интернет / А. В. Яковлев // Маркетинг в России и за рубежом. – 2006. – № 3. – С.70-75.
2. О. В. Фёдорова, Маркетинг в социальных сетях / О.В. Фёдорова // Маркетинг в России и за рубежом. – 2010. – № 3.
3. Виртуальный тамагочи / Б О С С. – 2001. – № 12
4. А. Климов, «Мы поставляем глобальные интернет-решения для бизнеса, которые будут приносить прибыль» / А. Климов // Б О С С. – 2001. – № 9
5. Как российские компании применяют инструменты веб-аналитики / Агентство интернет-маркетинга Matik. – 2009.
6. Популярные среди интернет-пользователей России каналы коммуникации / Subscribe.ru. – 2013.

Фещенко Е.С., Кравченко М.В.
Сибирский государственный технологический университет

ОЦЕНКА ИСПОЛЬЗОВАНИЯ ИНТЕРНЕТ-САЙТОВ МАЛЫМ БИЗНЕСОМ

В настоящее время каждая компания имеет свой web-сайт, но большинство из них устаревает раньше, чем об этом догадается предприниматель, такие сайты не привлекают никакого внимания посетителей. Только не очень привлекательный дизайн может отпугнуть потребителя навсегда.

Удержание посетителей после их первоначального привлечения на web-сайт является одной из важнейших задач. Как показывает практика, удержание посетителей обычно обходится для компании значительно дешевле, чем привлечение новых. Поэтому компания должна пытаться использовать все возможные способы, чтобы вызвать заинтересованность у посетителей в периодическом посещении ее сайта[1].

Для оценки эффективности деятельности web-сайтов малого бизнеса в России, было проведен анализ 50 российских сайтов, в различных сферах деятельности, таких как кейтеринг, оказание юридических услуг, салоны красоты, служба такси и ветеринарные клиники. Для более точного анализа были представлены сайты десяти различных городов. Сайты оценивались по следующим критериям с использованием пятибальной шкалы: контент, структура и навигационные функции, дизайн, функциональность, наличие обратной связи, общее впечатление.
Рассмотрим более подробно описание критериев.

Контент - информационное наполнение сайта, является для большинства сайтов необходимым фундаментом для привлечения и удержания на них посетителей.

Структура и навигационные функции - четкая структура позволяет посетителю быстро найти необходимую информацию, тем самым увеличивая вероятность повторного посещения.

Дизайн - общий дизайн сервера должен отвечать его основной идее и информационному содержанию, при этом его структурное построение, оформление web-страниц, графические изображения, их количество и размеры должны быть в максимальной степени оптимизированы и приспособлены под потребности и возможности целевой аудитории сервера.

Функциональность - этот критерий характеризует технологическую сторону сайта. Хорошая функциональность означает, что сайт быстро загружается, что все его ссылки "живые", а технологии применяются к месту и отвечают предполагаемой аудитории.

Наличие обратное связи - инструменты организации обратной связи с аудиторией являются неотъемлемой составляющей современного web-сайта, они позволяют учитывать мнение клиентов и устранять недостатки сайта.

По данным анализа были сделаны нижеприводимые выводы относительно оцениваемых характеристик сайта, а также представлены рекомендации по продвижению web-сайта.

1. Доставка еды. Среди 67% оцениваемых сайтов, достоинствами являются высокая функциональность и хорошая обратная связь, представленная в различных формах, а недостатком является часто повторяющийся дизайн, который не является запоминающимся. По внутренней структуре сайта можно предложить следующие рекомендации: четкая проработка информации и своевременное обновление контента; создание дизайна, отличающего от других сайтов, что в следствии приведет к повторному посещению сайта и повышению прибыли компании. А в сфере продвижения сайта можно использовать размещение баннерной рекламы и e-mail маркетинг.

2. Услуги юриста. 76% web-сайтов данной сферы отличаются хорошим содержанием и удобной навигацией по сайту, а также наличием обратной связи. В целом сайты не имеют серьезных недостатков, однако желательно учитывать связь целей компании с его визиткой - web-сайтом, только 24% учли факт визуального восприятия сайта, остальные владельцы надеялись на контент. Такое предположение верно, только при обострении конкуренции среди представленных сайтов будет выигрывать сайт с сильным дизайном, потому что потребитель голосует за привлекательные предложения. Размещение пресс-релизов и поисковая оптимизация сайта являются эффективными методами для продвижения web-сайта в интернете.

3. Салоны красоты. У 47% сайтов главным достоинством сайта является яркий дизайн, за счет которого посетители заходят на сайт повторно. Минусы заключаются в слишком большом объеме информации. Это и акции, и бонусные программы, и сезонные скидки, которую сложно структурировать. Использование партнерских программ и размещение баннерной и текстовой рекламы помогут продвинуть сайт и выделить компанию, на фоне конкурентов.

4. Служба такси. Навигация по сайту удобная, но в связи с часто изменяющимся условиями оказания услуг, контент заполнен не в полной мере в 46% случаев. В целом сайты не плохие, но дизайн имеет существенные недостатки. Среди анализируемых сайтов у 29% за графикой на главной странице сайта следует технический текст на плохо проработанном фоне.

Для продвижения сайтов компании пользуются e-mail маркетингом и баннерной рекламой, эти методы оказывают достаточно эффективное влияние на деятельность фирмы.

5. Ветеринарные клиники. В 87% случаев сайты имеют плохо заполненный контент, но привлекательный дизайн и превосходную функциональность. Нужно организовать небольшую команду, которая будет заполнять содержание сайта и своевременно обновлять информацию, ведь устаревшая информацию будет отталкивать посетителей, которые не вернутся на данный сайт. Кроме того, сайт с которого ушел клиент, будет являться для него эталоном того, как не следует делать.

Исследовав web-сайты малого бизнеса в России можно проследить следующие моменты, отраженные в анализе по различным сферам деятельности:

В большинстве случаев содержанию сайта уделяется недостаточное внимание, зачастую это технический текст, малопонятный пользователю и не привлекает внимания;

Структура и навигационные функции сайта очень часто являются сложными и многоэтапными, в связи с чем посетитель не может найти нужную информацию и просто покидает сайт;

На многих сайтах можно увидеть не проработанный дизайн, который совершенно не отражает цели и миссию организации. Во многих компаниях сайт создается «раз и навсегда» и кардинальных изменений с течением времени и изменениями условий оказания услуг он уже, к сожалению, не претерпевает.

Что же касается функциональности сайта, то она очень порадовала, за счет появления новых IT-технологий, графика и анимация не затрудняют работу сайта.

Качество обратной связи можно оценить как отличное, связь представлена в различных формах, что позволяет компании снизить издержки для изучения мнения клиентов, а потребителю легче донести свои пожелания и недовольства руководству фирмы.

В целом web-сайты организаций имеют множество недостатков, вследствие чего сайт не запоминается и не привлекает внимание партнеров и потребителей.

Таким образом, можно сделать вывод, что интернет-маркетинг в России еще стоит на ступени развития. Для продвижения сайтов нужно использовать различные методы, которые могут выполняться либо специализированной компанией, либо самостоятельно. Благодаря четко проработанному сайту и грамотно использованным методам продвижения компания привлечет дополнительную прибыль, постоянных клиентов и повысит свою конкурентоспособность на рынке.

Список используемой литературы:

1. Успенский И.В. Интернет-маркетинг: учебник.-СПб.:Изд-во СПГУЭиФ,2003 г.
2. Бокарев Т.Л. Оценка эффективности рекламных компаний в Интернет//Маркетинг и маркетинговые исследования в России.-2000 г.-№2.
3. Галкин С.Е. Бизнес В Интернет.-М.: «Центр»,2005 г.
4. Голик В.С. Эффективность интернет- маркетинга в бизнесе.-Динта,2008 г.
5. Холмогоров В. Интернет-маркетинг.Краткий курс.-СПб.:Питер, 2001 г.

Болсуновская Ю.А.
аспирантка кафедры Экономики природных ресурсов,
Национальный исследовательский Томский политехнический университет,
e-mail: ju_al@inbox.ru

РИСКИ РАЗВИТИЯ ТРАНСПОРТНОЙ ИНФРАСТРУКТУРЫ АРКТИЧЕСКОГО РЕГИОНА РОССИЙСКОЙ ФЕДЕРАЦИИ

В настоящее время Арктика представляет собой регион стратегического значения в связи с наличием внушительных запасов углеводородов, особыми климатическими условиями, а также другими экономическими и политическими факторами.

Для современного масштабного промышленного освоения Арктического региона характерна интенсивная эксплуатация углеводородных ресурсов, что, в свою очередь, предполагает совершенствование транспортной инфраструктуры, которая представляет собой один из особо важных геополитических приоритетов, как арктических стран, так и государств, расположенных далеко от этого региона.

Российская Федерация обладает уникальными транспортно-логистическими возможностями, которые благодаря естественным природным предпосылкам могут значительно содействовать ее превращению в конкурентоспособное транзитное государство с развитой сферой услуг и сервисной экономикой. Однако слаборазвитая или местами полностью отсутствующая транспортно-логистическая инфраструктура приводит к несоответствию значимости освоения природно-ресурсного потенциала российской арктической зоны и шельфа арктических морей требованиям обеспечения национальной безопасности, к снижению конкурентоспособности России, имеющей уникальные географические преимущества [1]. В связи с этим в настоящее время государством предпринимаются попытки формирования такой полноценной транспортной инфраструктуры, которая позволит перейти на новый уровень использования транзитного потенциала региона.

Единая Арктическая транспортная система Российской Федерации включает в себя следующие основные элементы:
- Северный морской путь (СМП);
- Комплекс транспортных средств и траекторий морского и речного флота, траектории и маршруты авиации, трубопроводного, железнодорожного и автомобильного транспорта;
- Береговую инфраструктуру, включающую порты, средства навигации и средства связи [2, 74].

Северный морской путь – главная арктическая транспортная магистраль РФ, объединяющая региональные северные подсистемы – будет иметь решающее значение в развитии арктической транспортной системы РФ (согласно Транспортной стратегии РФ на период до 2030 г.).

Основным геополитическим и экономическим преимуществом СМП является факт, что он представляет собой наиболее эффективный и безопасный транспортный коридор, соединяющий европейские и дальневосточные порты, обеспечивающий снабжение северных территорий страны и осуществление грузоперевозок при освоении и эксплуатации углеводородных месторождений. Однако, несмотря на очевидный потенциал, развитие СМП сопряжено с существенными рисками, а именно:

1. Неопределенностью правового статуса Северного морского пути.

Судоходство по СМП имеет прямую зависимость от климатических условий. В течение года трасса может смещаться на довольно большие расстояния, а протяженность трассы зависит от ледовой обстановки арктических морей. Отсутствие фиксированной трассы, а также климатические изменения, приводящие к все более быстрому таянию полярных льдов, и, как следствие, расширению морских границ, становятся поводом для сомнений относительно правового статуса СМП. Об этом свидетельствуют, например, такие инициативы, как:

1) предложения США по интернационализации СМП, создание трансарктического консорциума для международного управления СМП,

2) попытки Дании отстоять свои исключительные права на хребет Ломоносова и др.

2. Состоянием ледокольного и арктического транспортного флота.

На сегодняшний день инфраструктура СМП недостаточно сформирована и адаптирована к современным условиям Арктического региона. Неразвитость инфраструктуры северного транспорта не позволяет объединить все арктические транспортные ресурсы в эффективные логистические системы. Учитывая климатические изменения и прогнозируемое увеличение объемов грузопотоков на трассах СМП, возникает необходимость модернизации арктического флота.

В случае дальнейшего освобождения ото льда арктических вод немалые экономические выгоды предполагает использование Северного морского пути для круглогодичного транзита грузов кратчайшим путем из Европы в страны Азиатско-Тихоокеанского региона [3, 43].

Оценка выявленных рисков позволяет сделать вывод, что при реализации стратегий развития транспортной инфраструктуры Арктического региона, России в настоящее время необходимо сосредоточиться, прежде всего:

1) на создании системы флота ледового класса, учитывая особые природные условия Арктики,

2) на формировании прочной законодательной базы, обеспечивающей сохранение правого статуса СМП как единой транспортной магистрали России.

Таким образом, Российская Федерация имеет все предпосылки для осуществления полномасштабной реализации транспортно-транзитного потенциала Арктического региона под своей юрисдикцией. Однако эффективность данного направления будет зависеть от корректного выбора способов решения существующих проблем, учета выявленных рисков и политической обстановки, а также соответствия международным требованиям.

Литература:

1. Эффективное освоение арктических территорий // RUSSIANCOUNCIL.RU: официальный сайт Российского совета по международным делам. URL: http://russiancouncil.ru/inner/?id_4=1328#top (дата обращения: 25.11.2013).

2. Половинкин В., Фомичев А. Перспективные направления и проблемы развития Арктической транспортной системы Российской Федерации в XXI веке // Арктика: экология и экономика. 2012. № 3 (7). С. 74-83.

3. Конышев В., Сергунин А. Арктика на перекрестке геополитических интересов // Мировая экономика и международные отношения. 2010. № 9. С. 43-53.

Довган Б.В.
аспирантка ГОУ ВПО «Сургутский государственный университет Ханты-Мансийского автономного округа-Югры» Россия, г.Сургут

УЧАСТИЕ КОРЕННЫХ НАРОДОВ В ОТПРАВЛЕНИИ ПРАВОСУДИЯ

Привлечение граждан к отправлению правосудия позволяет обеспечить соблюдение важнейшего принципа правосудия — коллегиальности, которая, в свою очередь, повышает уверенность в правильности и справедливости решения суда.

Государства по-разному решают задачу вовлечения представителей общественности в отправление правосудия, в зависимости от своих исторических, политических, экономических, культурных, правовых и даже климатических особенностей. Эти различия касаются как количественного состава представителей народа, так и форм и степени их участия в принятии решения. Особый интерес в вопросе участия граждан в отправлении правосудия представляет реализация права на участие в отправлении правосудия коренными народами.

В истории советской судебной системы в первую очередь необходимо отметить так называемые туземные суды. Гордостью судебной системы, свидетельствующей о ее демократичности, является, как показала мировая практика, воплощение в жизнь принципа отделения суда от администрации.

20 января 1927 г. было принято постановление Президиума ЦИК СССР "О возложении судебных функций на туземные органы управления северных окраин», которое разрешило в северных окраинах РСФСР возложить исполнение судебных функций на туземные органы управления (административные) в лице родовых (тундровых, островных) Советов. Особенностью являлось и то, что органы туземного управления при рассмотрении судебных дел могли применять местные обычаи, если последние не противоречили советскому законодательству. Таким образом, в силу неразвитости судебной системы наряду с советским законодательством использовались и нормы обычного права.[1, 151]

Всероссийскому Центральному Исполнительному Комитету было предоставлено право в тех частях северных окраин РСФСР, где в силу местных условий или кочевого образа жизни обитающих в них народностей не представлялось возможным в то время полностью осуществить общий судебный порядок, возложить в качестве временной меры исполнение судебных функций на туземные органы управления и установить необходимые отступления от общих судопроизводственных и материальных норм.

К подсудности туземных органов были отнесены возникавшие среди местного населения гражданские и уголовные дела в тех случаях, когда стороны принадлежали к одному племени или когда истец либо потерпевший, хотя и принадлежал к другому племени или к другой народности, обратился в тот орган туземного управления, которому подсудна противная сторона.

Стороны как в гражданских, так и в уголовных делах могли обращаться в общие судебные учреждения с просьбой о новом рассмотрении судебных дел, разрешенных туземными органами управления.

Надзор за выполнением судебных функций органами туземного управления был возложен на народные суды и прокуратуру.

Постановлением Всероссийского Центрального Исполнительного Комитета и Совета народных комиссаров РСФСР этот порядок был распространен в 1927 г. на Мурманский округ Ленинградской области, на некоторые уезды и районы Архангельской губернии, автономной области Коми, Тобольского округа, Уральской области, Томского, Красноярского, Канского, Иркутского, Киренского и Тулуновского округов Сибирского края и другие местности.

Указанным постановлением ВЦИК была уточнена подсудность этих местных органов управления. К их подсудности, в частности, были отнесены все гражданские дела, проистекающие из брачных и семейных отношений, а также все дела имущественно-правового характера, о разделе семейного имущества, об удостоверении права на наследование, об истребовании имущества из чужого владения, о праве пользования пастбищами, рыболовными, охотничьими и другими угодьями. Из их подсудности изымались гражданские дела, если иски по ним были основаны на актах и договорах, удостоверенных нотариально; если одной из тяжущихся сторон являлось государственное учреждение или предприятие, кооперативная организация или иное приравненное к ним учреждение или предприятие; если дело было связано с нарушением интересов государства; если предметом иска служило предъявленное к должностным лицам требование о возмещении убытков, причиненных незаконными или неправильными действиями по службе, и другие.

Из уголовных дел туземным органам управления были подсудны преступления, направленные против частных лиц, оскорбление словами и действием, клевета, хулиганство, кража и покупка краденого, присвоение, мошенничество, вымогательство, ростовщичество, умышленное истребление или повреждение имущества.

Решения и приговоры родового (тундрового, островного) Совета в двухмесячный срок могли быть обжалованы в районный туземный исполнительный комитет, который пересматривал эти дела по существу в судебных заседаниях, а решение районного туземного исполкома в двухмесячный срок можно было обжаловать в народный суд. Отсюда другая особенность этих судов - установление дополнительных судебных инспекций, что не вписывалось в действующую в РСФСР судебную систему.

Безусловно, что соединение функций управления и правосудия было мерой вынужденной и объяснялось, прежде всего, отсутствием собственных национальных юридических кадров. При этом таких органов специальной юрисдикции действовало достаточно много. Например, в Уральской области имелось 75 туземных управлений, а в одном лишь районе Восточно-Сибирского края действовало 16 судебных управлений, в то время как туземных судов насчитывались единицы. В 1930-1932 гг. в трех районах Северного края имелось 5 туземных судов, в Бурят-Монгольской АССР - 3, в Западно-Сибирском крае - 3, в Ленинградской области - 8, в Восточно-Сибирском крае - 1, в Дальневосточном крае - 29, Туруханском крае - 55.

Возложение на туземные органы управления судебных функций, как вытекает из самого постановления, было мерой временной. Являясь жизненно необходимым, оно было переходным этапом к тому, чтобы, подготовляя местные национальные кадры в области юриспруденции, в дальнейшем перейти к организации нормально действующих общих судов. [2, 68]

Указом Президиума Верховного Совета СССР от 26 апреля 1940 года в связи с принятием Закона «О судоустройстве СССР, союзных и автономных республик» постановление Президиума ЦИК СССР от 20 января 1927 г. признано утратившим силу.

Следует отметить, что опыт участия коренных народов в осуществлении полномочий судебной власти в настоящее время широко распространен в зарубежных странах.

К примеру, в Соединенных Штатах Америки действуют традиционные суды и индейские племенные суды.

Работа традиционных судов организована на основе принципов самоуправления. Племенные советы и племенные религиозные лидеры сами определяют состав судов и правила, которыми эти суды руководствуются в своей деятельности. Суды разрешают споры среди жителей индейских сообществ и действуют на основе принципов примирения и так называемых «кругов правосудия». Судьями традиционных судов являются должностные лица племен, назначенные религиозными лидерами. Решения в традиционных судах принимаются на основе неписанного обычного права и традиций. Юридическая сила решений традиционных судов обеспечивается авторитетом племенных советов и религиозных лидеров. Апелляции на решения традиционных судов рассматриваются племенным советом.

Индейские племенные суды так же действуют на основе принципов самоуправления и создаются в соответствии с племенными Конституциями. Индейские племенные суды разрешают гражданские дела и некоторые уголовные дела о правонарушениях индейцев. Лица, осужденные племенным судом к лишению свободы, вправе обратиться с требованием о разбирательстве того же самого дела в федеральном суде. В состав жюри обычно отбирают индейцев из числа включенных в списки кандидатов в присяжные заседатели, хотя не запрещено включать в эти списки и других лиц, проживающих в резервации, в том числе и тех, кто по федеральному законодательству не вправе быть присяжным заседателем. Участие в разбирательстве гражданских дел в племенных судах не предусмотрено.

Индейские племенные суды руководствуются не только традициями и обычаями, но и Актом о гражданских правах индейцев, Биллем о правах США, решениями федеральных судов. [3, 386]

Для поддержания деятельности индейских племенных судов в США созданы более десяти ассоциаций, которые обеспечивают квалифицированное разбирательство в этих судах.

В индейских племенах семейные и племенных сходы имеют определенные полномочия. Сходы основываются на неписанных нормах обычного права и на традициях. Юридическая сила их решений обеспечивается авторитетом племенных кланов и их старейшин. Что примечательно, решения сходов не обжалуются, но дело может быть рассмотрено федеральным судом.

Таким образом, предоставление прав на участие в отправлении правосудия коренным народам следует рассматривать как одну из необходимых составляющих права на участие в осуществлении правосудия.

К сожалению, отечественный и зарубежный опыт вовлечения коренных народов в отправление правосудия в настоящее время напрямую не используется. Федеральное законодательство России не предоставляет субъектам Российской Федерации права на разработку правовых актов, которые бы регулировали участие коренных народов в отправлении правосудия.

Список литературы:
1. Кряжков В. А. Коренные малочисленные народы Севера в российском праве/ В. А. Кряжков - Москва: НОРМА, 2010.- 298с.

2. Агеева Г.Н. Законодательство о судоустройстве в СССР. Москва: 2005.- 343с.

3. Руденко В.Н. Участие граждан в отправлении правосудия в современном мире/ В.Н. Руденко - Екатеринбург: УрО РАН, 2011.- 644с.

Камилова Д.В.
к.ю.н., доцент кафедры конституционного и муниципального права Дагестанского государственного университета
Мусалова З.М.
к.ю.н., доцент кафедры конституционного и муниципального права юридического факультета ДГУ
kartlanov@mail.ru

КОНСТИТУЦИОННО-ПРАВОВЫЕ ОСНОВЫ ПРОТИВОДЕЙСТВИЯ ЭКСТРЕМИЗМУ В РОССИЙСКОЙ ФЕДЕРАЦИИ[1]

Проблемы противодействия экстремизму уже не первый год находятся в центре пристального внимания российского государства. Сегодня в Российской Федерации действует комплексная правовая база по противодействию экстремизму, это и Конституция Российской Федерации и принятый 25 июля 2002 г. № 114-ФЗ Федеральный закон от "О противодействии экстремистской деятельности; внесены изменения в УК РФ и КоАП РФ; высшая судебная инстанция обобщила практику применения антиэкстремистских уголовно-правовых норм и изложила рекомендации по их квалификации и т.д. Принимаются и меры организационного характера - в структуре правоохранительных органов созданы специальные подразделения, деятельность которых ориентирована именно на противодействие экстремизму[1, 9-13].

Конституция Российской Федерации в статье 13 закрепляет принцип идеологического многообразия, определяя вектор развития всех идеологических процессов в России.

При этом далее в части 5 статьи 13 Конституции РФ определяются конституционные рамки деятельности общественных объединений путем установления запрета на создание и деятельность общественных объединений, цели или действия которых направлены на насильственное изменение основ конституционного строя и нарушение целостности Российской Федерации, подрыв безопасности государства, создание вооруженных формирований, разжигание социальной, расовой, национальной и религиозной розни. По сути это границы любых форм и проявлений различных идеологических установок.

Заложенное в статье 13 Конституции РФ идеологическое содержание, будучи основанным на конституционных принцах правового демократического государства, признании и обеспечении приоритета прав

---

[1] Исследование выполнено в рамках программы стратегического развития ФГБОУ ВПО «Дагестанский государственный университет», проект «Разработка эффективных механизмов взаимодействия органов государственной власти Российской Федерации по борьбе с экстремизмом посредством анализа конституционно-правовых основ».

и свобод человека и гражданина и верховенства права, является наиболее общим, отражающим выработанную человечеством «некую сумму ценностей, рационально отражающих и интересы личности, и ее потребности, в том числе общественно-политические» [1, 2], а существующие в стране социальные группы, политические партии могут исповедовать лишь ту идеологию, которая вписывается в конституционную модель и не противоречит ей. Лишь при соблюдении этого условия возможно достижение в обществе согласия. Как справедливо отмечают Беджанова Т.Е. и Исаева К.М., «закрепленный в Конституции РФ принцип идеологического многообразия означает не просто признание различных идеологий, а лишь тех, которые не противоречат конституционным нормам»[3, 29].

Противодействие экстремизму и любым формам его проявления с точки зрения конституционного регулирования, прежде всего, предполагает определенное ограничение конституционных прав и свобод личности. В тоже время возможность ограничения или запрета каких-либо идеологических установок и их проявлений вытекает из статьи 55 Конституции РФ, устанавливающей основания ограничения прав и свобод человека и гражданина. Такими основаниями выступают защита основ конституционного строя, нравственности, здоровья, прав и законных интересов других лиц, обеспечения обороны страны и безопасности государства.

Как отмечает Д.Ш. Пирбудагова «выработка государственно-правовых мер противодействия экстремизму должна базироваться, прежде всего, на признании идеологемы высшей ценности прав и свобод человека и необходимости их практического обеспечения исключительно на конституционно-правовой основе и конституционно-правовыми средствами»[4, 66].

Анализ конституционных положений и законодательства РФ позволяет сделать вывод, что система противодействия экстремизму включает:

1. Федеральные органы государственной власти;
2. органы государственной власти субъектов Российской Федерации;
3. органы местного самоуправления.

Органы государственной власти Российской Федерации, органы государственной власти субъектов Российской Федерации и органы местного самоуправления осуществляя полномочия по противодействию экстремистской деятельности действуют в рамках закрепленных в Конституции РФ конституционно-правовых основ разграничения предметов ведения и полномочий между уровнями публичной власти.

При осуществлении противодействия экстремистской деятельности органы государственной власти РФ и органы местного самоуправления должны осуществлять свои полномочия исходя из следующих принципах:

- признание, соблюдение и защита прав и свобод человека и гражданина, а равно законных интересов организации;
- законность;
- гласность;
- приоритет обеспечения безопасности Российской Федерации;
- приоритет мер, направленных на предупреждение экстремистской деятельности;
- сотрудничество государства с общественными и религиозными объединениями, иными организациями, гражданами в противодействии экстремистской деятельности;
- неотвратимость наказания за осуществление экстремистской деятельности [5].

В заключении хотелось бы также отметить, что закрепление в статье 2 Конституции РФ в качестве ключевых обязанностей государства признание, соблюдение и защиту прав и свобод человека и гражданина, предполагает обязанность государства всеми существующими законными методами и средствами противодействовать экстремизму.

Список литературы:

1. Юрчевский С.Д. Некоторые проблемы противодействия политическому экстремизму (региональный аспект) // Административное и муниципальное право. 2012. № 2. С. 9 - 13.
2. Авакьян С.А. Ни одна страна не может жить без идеологии // Российская Федерация сегодня. 2009. № 6. С. 2.
3. Беджанова Т.Е., Исаева К.М. Идеология – важный вектор развития современной России // Юридический вестник ДГУ. 2011. С.27
4. Пирбудагова Д.Ш. К вопросу о защите прав и свобод личности в условиях борьбы с политическим экстремизмом // Юридический вестник ДГУ. 2012. С.66.
5. О противодействии экстремистской деятельности: Федеральный закон от 25.07.2002 № 114-ФЗ (ред. от 02.07.2013) // СПС КонсультантПлюс.

Тогайбаева Ш.С.
доцент, кандидат юридических наук, Карагандинский государственный университет академика Е.А. Букетова
togaibaeva@mail.ru

УГОЛОВНАЯ ОТВЕТСТВЕННОСТЬ ЗА РАЗГЛАШЕНИЕ ИНСАЙДЕРСКОЙ ИНФОРМАЦИИ

Одним из злоупотреблений на рынке является использование инсайдерской информации.

Согласно пункту 1 ст. 1 Директивы 2003/6/ЕС «Об инсайдерской деятельности и рыночном манипулировании (злоупотреблениях на рынке)» определяет инсайдерскую информацию как информацию точного характера, которая не была публично раскрыта, относящуюся, прямо или косвенно, к одному или более эмитентам финансовых инструментов или к одному или более финансовому инструменту и, которая, если бы она была публично раскрыта, с определенной долей вероятности повлияла бы на цены на указанные финансовые инструменты или на цены на соответствующие деривативы на финансовые инструменты [1].

На сегодняшний день термины «инсайдерская информация», «инсайд» в Казахстане законодательно закреплены в законе Республике Казахстан от 2 июля 2003 года «О рынке ценных бумаг» [2], законе Республики Казахстан от 19 февраля 2007 года N 230 «О внесении изменений и дополнений в некоторые законодательные акты Республики Казахстан по вопросам защиты прав миноритарных инвесторов» [3], постановлении Правления Национального Банка Республики Казахстан от 24 февраля 2012 года № 69 «Об утверждении Правил раскрытия инсайдерской информации на рынке ценных бумаг» [4] и др.

В соответствии с п. 36 ст. 1 закона от 2 июля 2003 года «О рынке ценных бумаг» инсайдерская информация - достоверная информация о ценных бумагах (производных финансовых инструментах), сделках с ними, а также об эмитенте, выпустившем (предоставившем) ценные бумаги (производные финансовые инструменты), осуществляемой им деятельности, составляющая коммерческую тайну, а также иная информация, не известная третьим лицам, раскрытие которой может повлиять на изменение стоимости ценных бумаг (производных финансовых инструментов) и на деятельность их эмитента[2].

В связи с вступлением Казахстана в таможенный союз с Россией, **Беларусией** настала необходимость более глубокого изучения законодатель
тельств, регулирующих рынок (фондовый рынок, в частности).

Что понимает законодатель под инсайдерской информацией в России.

Согласно ст. 2 п.1 федерального закона Российской Федерации от 27 июля 2010 г. N 224-ФЗ "О противодействии неправомерному использованию инсайдерской информации и манипулированию рынком и о внесении изменений в отдельные законодательные акты Российской Федерации" (вступил в силу 27 января 2011 г.) инсайдерская информация - точная и конкретная информация, которая не была распространена или предоставлена (в том числе сведения, составляющие коммерческую, служебную, банковскую тайну, тайну связи (в части информации о почтовых переводах денежных средств) и иную охраняемую законом тайну), распространение или предоставление которой может оказать существенное влияние на цены финансовых инструментов, иностранной валюты и (или) товаров (в том числе сведения, касающиеся одного или нескольких эмитентов эмиссионных ценных бумаг (далее - эмитент), одной или нескольких управляющих компаний инвестиционных фондов, паевых инвестиционных фондов и негосударственных пенсионных фондов (далее - управляющая компания), одного или нескольких хозяйствующих субъектов, указанных в пункте 2 статьи 4 настоящего Федерального закона, либо одного или нескольких финансовых инструментов, иностранной валюты и (или) товаров) и которая относится к информации, включенной в соответствующий перечень инсайдерской информации, указанный в статье 3 настоящего Федерального закона [5].

В Казахстане по вышеуказанным законодательствам вообще отсутствует указание на влияние цены на иностранную валюту и (или) товаров при разглашении и использовании инсайдерской информации.

В России существует мнения практиков об исключения из списка инсайдеров нерезидентов, а также исключения иностранной валюты из списка инструментов, подверженных влиянию инсайдерской информации [6].

Какие сведения относятся к инсайдерской информации?

В соответствии со ст.3 федерального закона Российской Федерации от 27 июля 2010 г. N 224-ФЗ "О противодействии неправомерному использованию инсайдерской информации и манипулированию рынком и о внесении изменений в отдельные законодательные акты Российской Федерации" относится информация, исчерпывающий перечень которой утверждается нормативным правовым актом федерального органа исполнительной власти в области финансовых рынков. Лица, указанные в настоящей части, обязаны утвердить собственные перечни инсайдерской информации) [5].

К инсайдерской информации органов и организаций, указанных в пункте 9 статьи 4 настоящего Федерального закона, Банка России относится: 1) информация о принятых ими решениях об итогах торгов (тендеров);2) информация, полученная ими в ходе проводимых проверок, а также информация о результатах таких проверок;3) информация о

принятых ими решениях в отношении лиц, указанных в пунктах 1 - 4, 11 и 12 статьи 4 настоящего Федерального закона, о выдаче, приостановлении действия или об аннулировании (отзыве) лицензий (разрешений, аккредитаций) на осуществление определенных видов деятельности, а также иных разрешений;
4) информация о принятых ими решениях о привлечении к административной ответственности лиц, указанных в пунктах 1 - 4, 11 - 13 статьи 4 настоящего Федерального закона, а также о применении к указанным лицам иных санкций;5) иная инсайдерская информация, определенная их нормативными актами.

Органы и организации, указанные в пункте 9 статьи 4 настоящего Федерального закона, Банк России обязаны утвердить нормативные акты, содержащие исчерпывающие перечни инсайдерской информации, в соответствии с методическими рекомендациями федерального органа исполнительной власти в области финансовых рынков.

Хотелось отметить сразу, что в Республике Казахстан не имеется отдельного закона как в РФ "О противодействии неправомерному использованию инсайдерской информации и манипулированию рынком ».

Но в ст. 56-1 закона Республики Казахстан от 2 июля 2003 года N 461 « О рынке ценных бумаг » (Ограничения на распоряжение и использование инсайдерской информации) говорится о том, что внутренними документами эмитента устанавливаются: перечень информации, относящейся к инсайдерской; порядок и сроки раскрытия инсайдерской информации; правила внутреннего контроля для разграничения прав доступа к инсайдерской информации и недопущения возможности неправомерного использования такой информации инсайдерами и т.д.

Однако,уголовная ответственность за неправомерное использование инсайдерской информации в Казахстане не предусмотрена.

Законом КР от 10 августа 2012г. № 164 введена в УК КР ст. 194 [1].

Диспозиция ч.1 ст. 194[1] УК КР предусматривает уголовную ответственность за инсайдерские сделки на рынке ценных бумаг, то есть умышленное совершение одного из следующих деяний : осуществление инсайдером или его аффилированным лицом сделок с ценными бумагами с использованием инсайдерской информации ; незаконная передача (разглашение) третьим лицам инсайдерской информации или незаконное предоставление доступа третьим лицам к инсайдерской информации или основанной на ней информации, а равно предоставление третьим лицам рекомендации о совершении сделок с ценными бумагами, основанной на инсайдерской информации, если вышеуказанные деяния совершены из корыстной или иной личной заинтересованности, в интересах третьих лиц, без согласия эмитента и с нарушением законодательства Кыргызской Республики либо если лицо в момент совершения сделки с ценными бумагами знало, что информация носит конфиденциальный характер [7].

Ч.2 ст. 194 [1] УК КР предусматривает уголовную ответственность за те же деяния: совершенные группой лиц по предварительному сговору или ор- ганизованной группой; сопряженные с извлечением дохода в особо крупном размере [7].

Несмотря на отсутствие норм об уголовной ответственности в УК РК, представляет научный интерес практика применения данной нормы в зарубежных странах и взгляды ученых на данную проблему.

В настоящее время законодательство многих стран предусматривает суровое наказание за использование инсайдерской информации.

В США за использование инсайдерской информации законом предусмотрен штраф до 2,5 млн. долларов либо тюремный срок от 10 до 25 лет .

Приведем пример.

Так, Гонконгский суд приговорил бывшего управляющего директора инвестиционного банка Morgan Stanley Asia Ду Цзюня к семи годам тюремного заключения по обвинению в торговле инсайдерской информацией

Согласно решению суда, Цзюнь также обязан выплатить штраф в размере 3 миллионов долларов США.

Бывший руководитель банка был признан виновным по девяти пунктам обвинения, в частности в том, что за период с февраля по апрель 2007 года, используя конфиденциальную информацию, он приобрел 26,7 миллиона акций CITIC Resources Holdings Limited, готовившейся к покупке нефтяного месторождения в Казахстане за 1 миллиард долларов.

Через два месяца после официального объявления о сделке Ду Цзюнь продал акции, заработав на продаже 4,3 миллиона долларов.

Данный случай явился самым крупным расследованием с момента признания инсайдерских сделок уголовным преступлением в Гонконге в 2003 году [8].

Необходимо отметить, что в научной литературе поднимается вопрос о введении в Уголовный кодекс специальной нормы, предусматривающей ответственность за инсайдерские действия. Вопросы инсайдерской торговли затрагивали в своих работах Русеева С.В. [9],Новиков С. [10] , Мирзалимова Р.[11] и другие исследователи.

Список использованной литературы:

1. Директивы 2003/6/ЕС «Об инсайдерской деятельности и рыночном манипулировании (злоупотреблениях на рынке)».// ИС Параграф.

2 Закон Республики Казахстан от 2 июля 2003 года N 461 « О рынке ценных бумаг » // Ведомости Парламента Республики Казахстан, 2003 г., N 14, ст. 119 // "Казахстанская правда" от 10 июля 2003 года N 199-200 (с последующими изменениями и дополнениями). // ИС Параграф.

3 Закон Республики Казахстан от 19 февраля 2007 года N 230 « О внесении изменений и дополнений в некоторые законодательные акты Республики Казахстан по вопросам защиты прав миноритарных инвесторов » // ИС ПАРАГРАФ.

4 Постановление Правления Национального Банка Республики Казахстан от 24 февраля 2012 года № 69 «Об утверждении Правил раскрытия инсайдерской информации на рынке ценных бумаг» // Казахстанская правда" от 24.05.2012 г. № 150-151 (26969-26970).

5 Федеральный закон Российской Федерации от 27 июля 2010 г. N 224-ФЗ "О противодействии неправомерному использованию инсайдерской информации и манипулированию рынком и о внесении изменений в отдельные законодательные акты Российской Федерации" (Опубликовано 30 июля 2010 г.) // http://www.consultant.ru/law/revier/fed/iv 2010-0824

6 ФСФР: исключение участников валютного рынка из списка инсайдеров преждевременно http://www.uralprofi.ru/info/ffsm_13_09_2011.php

7 Уголовный кодекс Кыргызской Республики.-Б.:Академия, 2011.-192 с.

8 В Гонконге глава Morgan Stanley Asia приговорен к семи годам лишения свободы за торговлю инсайдерской информацией о сделках в Казахстане// http://news.gazeta.kz/art.asp?aid=268422

9 Русеева С. В. Уголовная ответственность за преступления, совершаемые при размещении ценных бумаг. Дис...на соискание ученой степени к.ю.н. -Нижний Новгород.2001. -185 с.

10 Новиков С. Криминологическая характеристика экономических преступлений, совершенных организованными преступными группами на рынке ценных бумаг и их предупреждение органами внутренних дел. Дис...на соискание ученой степени к.ю.н. – М.-2011. -185 с.

11 Мирзалимова Р. А. Предупреждение преступлений в сфере выпуска и обращения ценных бумаг: уголовно – правовые и криминологические аспекты. Дис. ...на соискание ученой степени канд. юрид. наук . Алматы. 2009.- 190 с.

www.ingramcontent.com/pod-product-compliance
Lightning Source LLC
Chambersburg PA
CBHW051634170526
45167CB00001B/185